跨平台
桌面应用开发

基于Electron与NW.js

Cross-Platform Desktop Applications:
Using Electron and NW.js

〔丹〕Paul B. Jensen 著

Cheng Zhao 作序

Goddy Zhao 译

电子工业出版社·
Publishing House of Electronics Industry
北京·BEIJING

内 容 简 介

本书是一本同时介绍 Electron 和 NW.js 的图书，这两者是目前流行的支持使用 HTML、CSS 和 JavaScript 进行桌面应用开发的框架。书中包含大量的编码示例，而且每个示例都是五脏俱全的实用应用，作者对示例中的关键代码都做了非常详细的解释和说明，可让读者通过实际的编码体会使用这两款框架开发桌面应用的切实感受。除此之外，在内容上，本书非常系统，分为 4 大部分：第 1 部分介绍两个框架的历史背景，并教大家编写第一个桌面应用，让读者对这两个框架有一个初步的感受；第 2 部分深入讲解 NW.js 和 Electron 的内部工作原理，帮助大家剖析这两个框架的底层机制，让读者对它们有更深入的理解；第 3 部分介绍使用框架提供的大量 API 来构建多款实用的桌面应用，全方位地让读者体会使用这两个框架开发桌面应用带来的舒适体验；第 4 部分为大家讲解了，当开发完成后，如何对应用进行测试、跨平台打包和发布。可以说这 4 部分结合起来将开发桌面应用的整个流程系统化地讲解得非常清楚、到位。相信结合书中大量的示例，读者一定能很快掌握并自己使用 Electron 和 NW.js 构建出跨平台的桌面应用。

Original English Language edition published by Manning Publications, USA. Copyright © 2017 by Manning Publications. Simplified Chinese-language edition copyright © 2018 by Publishing House of Electronics Industry. All rights reserved.

本书简体中文版专有出版权由 Manning Publications 授予电子工业出版社。未经许可，不得以何方式复制或抄袭本书的任何部分。专有出版权受法律保护。

版权贸易合同登记号　图字：01-2017-4423

图书在版编目（CIP）数据

跨平台桌面应用开发：基于Electron与NW.js/（丹）保罗·B.詹森（Paul B. Jensen）著；Goddy Zhao 译. —北京：电子工业出版社，2018.3
书名原文：Cross-Platform Desktop Applications:Using Electron and NW.js
ISBN 978-7-121-33474-0

Ⅰ. ①跨… Ⅱ. ①保… ②G… Ⅲ. ①JAVA语言—程序设计 Ⅳ. ①TP312.8

中国版本图书馆CIP数据核字（2018）第008147号

策划编辑：张春雨
责任编辑：刘　舫
印　　刷：北京虎彩文化传播有限公司
装　　订：北京虎彩文化传播有限公司
出版发行：电子工业出版社
　　　　　北京市海淀区万寿路173信箱　　邮编：100036
开　　本：787×980　　1/16　　　印张：22.5　　字数：403千字
版　　次：2018年3月第1版
印　　次：2019年3月第4次印刷
定　　价：99.00元

凡所购买电子工业出版社图书有缺损问题，请向购买书店调换。若书店售缺，请与本社发行部联系，联系及邮购电话：（010）88254888，88258888。
质量投诉请发邮件至 zlts@phei.com.cn，盗版侵权举报请发邮件至 dbqq@phei.com.cn。
本书咨询联系方式：010-51260888-819，faq@phei.com.cn。

译者序

Stack Overflow 的联合创始人 Jeff Atwood 说过一句非常经典的话：Any application that can be written in JavaScript, will eventually be written in JavaScript，翻译过来就是：任何能使用 JavaScript 来编写的应用，最终都会用 JavaScript 来实现。这句话被誉为 Atwood 定律。事实上，这句话正在不同领域被一次一次地验证。以前 JavaScript 只是运行在浏览器沙箱环境中的脚本语言，而自从 2009 年 Node.js 问世后，JavaScript 在服务器端、物联网领域、移动原生应用开发领域，乃至桌面应用开发领域都大放异彩。

以往要开发桌面应用，针对 Windows、Linux 以及 Mac OS 三大平台要专门去学习各自平台的编程语言和框架，成本高昂而且要做一款支持兼容三种平台的桌面应用非常费时，基本都需要针对不同平台的不同团队才能实现。就我个人而言，几年前我一直想学习 Objective-C 以及 Cocoa 来开发 Mac OS X 桌面应用，但是始终没有成功。现如今，JavaScript 让这一切都变得无比简单。一名 Web 开发者就能开发出兼容三大操作系统的桌面应用。不仅大大降低了学习曲线，而且开发效率可以说呈指数级提升。这要归功于 NW.js 和 Electron 这两款目前最流行的使用 Web 技术开发桌面应用的开发框架。这两款框架将 Chromium 和 Node.js 非常好地结合起来，Chromium 使得 Web 开发技术能够在桌面应用中得以施展，Node.js 则提供了访问操作系统 API 的能力，两者的结合使得使用 JavaScript 开发桌面应用成为可能。

目前，NW.js 和 Electron 这两款框架在全世界各大公司被广泛使用。近几年红遍全球的 Slack 就是使用 Electron 来开发他们的桌面应用的，国内阿里巴巴的企业应用——钉钉桌面应用，就是用 NW.js 来开发的，除此之外，全球范围内越来越多的桌面应用都在采用这两种框架进行开发。

本书是一本专门介绍如何使用 NW.js 和 Electron 框架来开发桌面应用的书。在国内，目前本书应该是第一本同时介绍 NW.js 和 Electron 开发桌面应用的图书。而且本书内容非常系统，从框架的背景介绍、教你开发第一款桌面应用、深入剖析框架内部原理、通过丰富的示例应用介绍框架提供的多个 API，再到应用的测试、调试、跨平台打包、构建和最终的发布，涵盖整个开发到发布流程中的所有环节。而且本书的每一章中都有大量的实用示例，通过实际的编码让你感受使用 NW.js 的 Electron 开发桌面应用的体验。书中每个示例应用都会分别介绍 NW.js 和 Electron 两个版本如何实现、过程中需要注意的地方有哪些，非常有实践价值。总的来说，本书不论是对于初学者还是有一定经验的开发者，都是一本相当好的学习使用 NW.js 和 Electron 开发桌面应用的图书。

最后，非常感谢电子工业出版社计算机出版分社的张春雨编辑对我的信任，将这本书交给我来翻译；感谢本书的责任编辑刘舫对本书的辛苦付出；还要感谢本书的原作者 Paul B. Jensen，翻译过程中遇到模棱两可的地方，通过 Twitter 联系他，他都能及时回复我，并给予详细的解释。

翻译和写书一样，都是需要花费大量精力和时间的事情，自从翻译完上一本《了不起的 Node.js》后，我就对自己说我再也不会干翻译图书的事情了，实在是太累了。但是，当出版社编辑找到我，给我看了原版样书后，我还是没忍住，因为虽然过程很累很苦，但是在书出版的那一刻，除了自己小小的虚荣心能够得到一点满足，更多的是一想到可以帮助到很多学习使用 NW.js 和 Electron 开发桌面应用的开发者，就觉得非常自豪，再累再苦都是值得的！当然，翻译过程中难免会有错误的地方，也希望大家能够多多指正！

谨以此书献给在背后默默支持我的家人，特别是我的两个孩子——木木和一一，希望你们能够健康快乐地成长，爸爸爱你们！

Goddy Zhao

2017 年 12 月 12 日于上海

推荐序

Electron 框架诞生于 2013 年，那个时候 Node.js 才刚刚流行起来。整个社区因 JavaScript 能够在客户端和服务器端运行而兴奋不已，并且也在尝试使用 JavaScript 来开发桌面应用。

我个人也对 JavaScript 技术很热衷，而且 GUI 编程是我比较喜欢的领域。我自己写过一些 Node.js 的模块，这些模块对主流的 GUI 工具提供了 JavaScript 的绑定，不过都做得一般，也没有引起太多关注。

之后我发现了一个非常有趣的 Node.js 模块，叫作 node-webkit：这个简单的模块可以实现在 WebKit 浏览器中插入执行 Node.js 代码。于是我有了一个点子，可以用它来开发一个具备完整功能的客户端开发框架：我可以用 Chromium 来显示 Web 页面，就像桌面窗口一样，然后其他的都用 Node.js 来控制！

当时 node-webkit 的开发并不活跃，于是我接手了这个项目并进行重写，将它打造成一个完善的用于桌面应用开发的框架。当我完成第一版的时候，它可以用于开发小型的跨平台应用，效果奇好！

与此同时，GitHub 正在秘密开发一款基于 Web 技术的 Atom 编辑器，而且他们非常希望可以有一个更好的工具来替代目前 Atom 不尽如人意的 Web 运行时。GitHub 曾尝试将 Atom 迁移到 node-webkit，但是遇到了很多问题。我和他们的开发者碰了面并且最终我们达成一致：由我来开发一款新的框架，让开发者使用 Node.js

技术和浏览器相关技术就可以开发桌面程序，然后再帮他们把 Atom 迁移过来。

这款新的框架起初命名为 atom-shell；一年后，在正式开源的时候将其改名为 Electron。Electron 是从零开始开发的，并且使用了和 node-webkit 完全不同的底层架构，它可以让开发者开发大型且复杂的桌面端应用。（如今，node-webkit 交由其他开发者在维护开发，项目状态也比较活跃。它现在叫 NW.js，使用也很广泛 。）

因为使用 Electron 可以既简单又快速地构建出复杂的跨平台应用，所以它得到了许多开发者的关注，发展也很迅速。现如今，许多大公司都基于 Electron 开发了他们的桌面端产品，除此之外，小型创业公司也围绕这个平台在构建他们的业务。

使用 Electron 和 NW.js 开发桌面应用要求开发者掌握一些新的概念。桌面应用开发和前端程序开发截然不同，对于初学者来说也更难。不过本书可以帮助到大家。

本书将带你一览 Electron 和 NW.js 丰富的 API、教你如何开发桌面应用。你会学到许多使用 JavaScript 开发桌面应用的技术细节，包括如何构建和分发应用，以及如何将现有应用集成到桌面应用中的一些深度小技巧。本书还涵盖了一些高级话题，如调试、分析以及在不同平台发布应用，哪怕是有经验的开发者也可以从中学到不少东西。

我建议所有想要开发桌面应用的读者都来阅读本书。读完后你会惊讶于使用 JavaScript 和 Web 技术来进行跨平台的桌面应用开发是一件多么简单的事情。

Cheng Zhao

Electron 框架开发者

序言

几年前我在一家叫 Axisto Media 的公司工作时，我们需要为一个健康行业大会开发一款桌面应用，用来展示大会的视频、议题信息以及海报。当时这款应用是用 Adobe AIR 开发的。但是开发过程并不容易，而且客户需要进行一些操作才能让应用在他们的计算机中运行起来。好在我们后来找到了更好的解决方案。

我大概从 2013 年年底开始学习 NW.js（那个时候它叫 node-webkit）。我发现使用 NW.js 开发的桌面应用客户用起来更方便，因为他们不再需要安装 Adobe Flash 播放器，也不用把应用文件放到 U 盘里来加载。他们只需双击应用就可以运行了。不仅如此，我们还能提供 Linux 版本，而且其技术栈和我们的业务本身的技术栈很契合，因为我们在其他地方也都使用 Node.js 技术。

我抓住了机会，使用 NW.js 去重新构建这款桌面应用并且摒弃一切，勇往直前。NW.js 让一切都变得更加简单，这得益于它可以从大会网站的 Web 应用重用 HTML、CSS 和 JS 代码，我们可以让桌面应用看上去样式更加统一。这是一个巨大的好处。

我当时对这个框架非常满意，于是决定在 2014 年 6 月的伦敦 Node.js 用户组聚会上进行分享。后来我就把演示稿放到了网上。几个月后，我发现这个演示稿在 SlideShare 网站上很快被查看了 20 000 次。这太棒了，我以为这事就这样了。

然而并没有。

2014 年 12 月，我收到了一封来自 Manning 出版社 Erin Twohey 的电子邮件，他问我是否有兴趣写一本关于 node-webkit 的书。这简直太棒了，我立刻就投入到这本书的写作中。

那段时间发生了很多事情。Node.js 社区 fork 了 Node.js 项目并命名为 IO.js，他们加快了平台新特性的开发，后来 IO.js 项目又合并回了 Node.js 项目。node-webkit 框架切换到了 IO.js，并且由于它使用了 Blink 而非 WebKit，因此改名为 NW.js。一年过去了，本书的写作也临近尾声，就在这个时候，我们发现了另外一个可以用 Node.js 开发桌面应用的框架，叫 Electron。仔细一看，我发现 Electron 和 NW.js 很像，而且它的作者以前就是开发 NW.js 的。于是我们决定将 Electron 也写到本书中。

写一本书同时涵盖两种 Node.js 桌面应用开发框架是一个挑战，不过最终还是完成了。本书涵盖了使用 NW.js 和 Electron 开发桌面应用的基础知识。尽管本书没有面面俱到地介绍这两个框架，但是足够让你了解它们的大部分特性以及如何使用的知识，这样你就可以根据你的需求，选择其中一个框架来构建桌面应用。

对于开发者来说这是一个很好的时代，有了像 NW.js 和 Electron 这样的工具，构建桌面应用变得再简单不过。我希望你喜欢这本书，如果对于这两个框架有问题想问我的话，可以通过我的电子邮箱 paulbjensen@gmail.com 或者通过我的 Twitter 账号 @paulbjensen 联系我。

Paul B. Jensen

致谢

写书是非常艰难的项目之一，它需要投入大量的时间和精力。同时，还需要不少人的协助。我要感谢的人很多，他们都或多或少帮助过我。

首先我要感谢 Manning 出版社负责本书的团队：Erin Twohey、Ana Romac、Candace Gillhoolhey、Rebecca Rinehart、Aleksandar Dragosavljević、Toni Bowers、Mehmed Pasic、Karen Gulliver、Katie Tennant、Janet Vail 以及 Lynn Beighley。促成本书的工作量之大是你难以想象的，在此过程中他们都极力帮助我完善本书。我还要感谢技术审校 Clive Harber 和以下这些审校人员：Angelo Costa、Daniel Baktiar、Darko Bozhinovski、Deepak Karanth、Fernando Monteiro Kobayashi、Jeff Smith、Matt Borack、Nicolas Boulet-Lavoie、Olivier Ducatteeuw、Patrick Regan、Patrick Rein、Robert Walsh、Rocio Chongtay、Stephen Byrne、Toni Lähdekorpi、William Wheeler、Yogesh Poojari 以及 Marcelo Pires；同时感谢 Natko Stipaničev 在图片方面提供的帮助。

感谢 Marjan Bace 给我写作本书的机会。能为 Manning 写书是一种荣誉；我的书架上有不少 Manning 出版社的书，现在他们的书架上多了一本我的书。还要感谢 Michael Stephens 在写书之初帮助我制订了本书的大纲、感谢他在面对我各种拖稿的时候能够妥善处理、感谢他当我遇到个人困难的时候给予理解。

感谢我的开发编辑——Cynthia Kane。她完成了最困难的工作——激励我完成每一个章节的内容。这是我的第一本书，你可以想象这个过程有多么痛苦。我有一份电子邮件归档，里面包含超过 150 封邮件，这些都是她在我写书阶段发给我的，那个时候我在伦敦、阿姆斯特丹、爱尔兰、意大利、纽约，然后又到阿姆斯特丹，最后又回到伦敦。在非常困难的 2016 年，Cynthia 始终耐心地激励我将本书完成，而且尽管有时区问题，她都能及时地提供支持和帮助。万分感激，谢谢 Cynthia。

感谢 Roger Wang 和 Cheng Zhao 开发了 NW.js 和 Electron——没有他们的努力，这本书压根就不可能存在。

感谢在伦敦 Starcount 的 Edwina Dunn 和 Clive Humby，很荣幸可以和他们共事，非常感激他们给予我的支持。

感谢 Purple Seven 的 Stuart Nicolle。Stuart 当年带我入职并带我领略了如何从艺术和戏剧分析世界中收集有用的信息。

感谢我的家人：我的母亲 Jette、妹妹 Maria 和她的伙伴 Mark，已故的 Gran Lis 以及 Brenda 和 Jim。他们抚育我成人、在我人生道路上为我披荆斩棘。

我还想特别感谢 Fiona。她容忍了我写书过程中的一切，甚至更多。本书能够成功出版和她对我的支持和爱是分不开的。

最后我还想提一下我的父亲 Wily，他是一名硬件和软件工程师，非常聪明却又不好相处。虽然我们从未正眼看过对方，但还是要感谢有这样一位父亲。

关于本书

NW.js 和 Electron 是基于 Node.js 开发的桌面应用框架。它们可以让开发者使用 HTML、CSS 和 JavaScript 来构建跨平台的桌面应用。它们为 Web 设计师和开发者新开辟了一条路，可以让他们将已有的开发 Web 应用和界面的技能同样用于桌面应用的开发。这两个框架还支持将同一份应用代码分发到 Mac OS、Windows 和 Linux，这意味着开发者在构建全平台可用的应用时可以大大节约时间和精力。

NW.js 和 Electron 有一段共同的历史，并且对部分特性的支持有类似的实现方式。本书在介绍每一个主题的时候都会同时介绍这两个框架，帮助你了解两者的共性和区别。这将有助于你判断哪个框架更适合自己的需求。本书会介绍各类应用以及特性，从而激发你的学习热情和兴趣，还会对一些你可能想要开发但又不知如何开发的应用提供建议和想法。

希望你喜欢这本书，也希望你可以用本书中介绍的知识做一些很棒的事情。

谁应该阅读本书

任何有过 HTML、CSS 和 JavaScript 开发经验的人都可以阅读本书并快速上手。Node.js 的开发经验不是必需的，但是有的话读起来会更加得心应手。如果你对于 HTML、CSS 和 JavaScript 完全陌生，那么在开始阅读本书之前最好先去熟悉一下。

本书是如何组织的

本书共 18 个章节，分为 4 个部分。

第 1 部分主要介绍框架。

- 第 1 章介绍 NW.js 和 Electron 的入门知识，介绍它们是什么，缘何而来，介绍用这两个框架开发出来的 Hello World 应用是怎样的，还会介绍一些用它们开发出来的实用的应用。
- 第 2 章通过构建一个文件浏览器应用来直接对比这两个框架的异同。
- 第 3 章继续完成文件浏览器应用的部分功能。
- 第 4 章通过构建可以在不同操作系统中运行的应用来结束第 1 部分的内容。

读完第 1 部分后，你将学会如何使用这两个框架开发一个功能完整的应用。

第 2 部分（第 5 章和第 6 章）从技术角度介绍了 NW.js 和 Electron 的内部原理。

- 第 5 章介绍 Node.js，它是 NW.js 和 Electron 底层使用的编程框架。本章介绍了 Node.js 是如何工作的，异步编程和同步编程的区别以及如何使用回调、流、事件和模块。
- 第 6 章介绍了 NW.js 和 Electron 是如何将 Chromium 和 Node.js 整合起来的，以及它们是如何处理前后端的状态管理的。

这部分内容揭示了 NW.js 和 Electron 框架的内部机制，同时也有助于对 Node.js 陌生的人理解 Node.js。

本书的第 3 部分介绍了如何使用 NW.js 和 Electron 实现桌面应用的特定功能。

- 第 7 章介绍了如何设置桌面应用的显示、控制窗口大小和屏幕的各种模式以及如何进行不同模式之间的切换。
- 第 8 章介绍了如何构建在桌面托盘区域显示托盘应用程序。
- 第 9 章介绍了如何构建应用菜单以及应用内的上下文菜单。
- 第 10 章介绍了如何在应用内实现拖曳文件以及如何在不同的操作系统中提供一致的样式。
- 第 11 章介绍了如何使用计算机的摄像头实现一个自拍应用以及如何将拍摄的照片存储到计算机中。
- 第 12 章介绍了如何存取应用程序的数据。

- 第 13 章介绍了如何在 NW.js 和 Electron 中使用剪贴板 API 实现应用程序和操作系统之间的内容复制和粘贴。
- 第 14 章通过构建一个 2D 游戏介绍了如何在应用中支持快捷键，还介绍了如何实现系统级的快捷键操作。
- 第 15 章通过构建一个推特消息流客户端介绍了如何实现桌面消息提醒，以此来结束第 3 部分的内容。

这部分介绍了绝大部分 NW.js 和 Electron 都支持的特性，可帮助你了解这些特性框架是如何支持以及如何使用的，同时有助于判断到底哪个框架更适合你的需求。

本书最后一部分介绍了应用发布前需要做的工作：写测试、调试代码以及最终产出一个可执行的二进制包分发给客户。

- 第 16 章介绍了如何在不同粒度上测试桌面应用。介绍了单元测试、功能测试以及集成测试的概念，还介绍了使用 Cucumber 编写应用特性需求文档，使用 Spectron 为桌面应用做自动化集成测试。
- 第 17 章介绍了如何调试代码，以此发现应用的性能瓶颈和缺陷，还介绍了如何使用像 Devtron 这样的工具来更进一步地分析你的应用。
- 第 18 章介绍了针对不同操作系统为应用程序构建二进制执行文件以及安装文件的多种方式，以此来结束这部分内容。

学完这部分内容后，你应该已经掌握了如何测试自己的应用、调试应用缺陷以及最终完成应用并分发给你的客户。

关于代码

本书包含诸多示例代码，有标明序号的多行代码，也有直接在正文中的单行代码。不论是哪种形式,代码都是以等宽字体的形式来表示的,以此来和正文进行区分。大多数情况下，源代码都是格式化过的；为了适应书页的空间添加了必要的换行和缩进。除此之外，当有专门解释源代码的文字时，代码注释通常就被去掉了。一般在多行代码以及高亮显示的重要概念时会有代码注解。

本书中的示例代码可以通过出版社网站 www.manning.com/books/cross-platform-desktop-applications 或 GitHub 的 http://github.com/paulbjensen/cross-platform-desktop-applications 下载得到。

作者在线

购买本书之后，读者可以免费访问 Manning 出版社的私有论坛，在那里，可以对本书进行评论、提问技术问题，作者和论坛中的其他用户都会给予解答。要访问和订阅该论坛，请访问 www.manning.com/books/cross-platform-desktop-applications。

读者服务

轻松注册成为博文视点社区用户（www.broadview.com.cn），扫码直达本书页面。

- **提交勘误**：对书中内容的修改意见可在提交勘误处提交，若被采纳，将获赠博文视点社区积分（在你购买电子书时，积分可用来抵扣相应金额）。
- **与我们交流**：在页面下方读者评论处留下疑问或观点，与我们和其他读者一同学习交流。

页面入口：http://www.broadview.com.cn/33474

关于作者

  Paul B. Jensen 是英国伦敦一家名为 Starcount 公司的高级售前顾问。他曾在创业公司工作过，还在网络代理商 New Bamboo（现在属于 Thoughtbot）、AOL 工作过，后来开办了他自己的咨询公司 Anephenix Ltd。他在一些大会（伦敦 Ruby 用户组，2013 年的 Cukeup 以及伦敦用户组）上做过演讲，创建了他自己的实时仪表盘（Dashku），也曾是 Web 框架 Socketstream 的项目带头人。他喜欢麦芽酒和骑行，他的 Twitter 账号是 @paulbjensen。

关于封面

  本书封面插图的标题为"来自穆尔西亚的男人",这幅插图取自《异国服饰风俗集》中的一幅于 1797 年在法国出版的 *Costumes de Différents Pays*,作者是 Jacques Grasset de Saint-Sauveur (1757–1810)。书中所有插图都是手工精心绘制并上色的。Grasset de Saint-Sauveur 的画专注于丰富多样的服饰,生动地描述了 200 多年前世界上不同城镇和地区的文化差异,人们相互隔绝,说着不同的方言和语言,仅仅从穿着就可以判断他们是住在城镇还是乡间,知悉他们的工作和身份。

  随着时间的流逝,人们的着装风格发生了很大变化,曾经丰富多彩的地区多样性也已经逐渐消失——现在仅仅通过穿着已经很难区分不同大洲的居民,更别说是不同城镇和地区了。也许我们已经舍弃了对文化多样性的追求,转为拥抱更丰富多彩的个人生活以及更多样和快节奏的技术生活了。

  同样的,在这个难以分辨不同计算机书籍的时代,Manning 出版社希望通过 Saint-Sauveur 的作品,将两个世纪前丰富多彩的地区生活融入本书封面,以此来赞美计算机行业不断创新和敢为人先的精神。

目录

第1部分 欢迎来到 Node.js 桌面应用开发的世界

第2部分　深度剖析

第3部分　精通Node.js桌面应用开发

第4部分 准备发布

第1部分

欢迎来到 Node.js 桌面应用开发的世界

说到使用 Node.js 构建桌面应用就不得不提这两个框架：NW.js 和 Electron。本书第 1 章将为你介绍这两个框架，以及它们相比其他框架的优势在哪里，还会介绍如何使用 NW.js 和 Electron 快速构建一个 Hello World 应用，然后介绍已有的使用这两个框架构建的应用有哪些。

第 2 章通过构建一个文件浏览器应用，介绍如何使用这两个框架。我们会从头开始构建这个应用，并逐步添加更多的特性，构建过程中会介绍 NW.js 和 Electron 在实现这个应用上的区别。

第 3 章我们会继续为这个文件浏览器应用添加更多的特性，比如，搜索文件和打开文件。随后在第 4 章我们会完成这个应用并针对 Mac OS、Windows 和 Linux 构建应用的可执行版本。读完第 1 部分后，你就会对 NW.js 和 Electron 有所了解，并可以将你学到的知识用于实际应用的开发中。

Electron和NW.js入门 1

本章要点

- 介绍为何 Node.js 桌面应用近期热度如此之高
- Node.js 桌面应用开发框架 Electron 和 NW.js 一览
- 使用 Node.js 以及这两个框架构建跨平台桌面应用
- 介绍两个框架的异同
- 介绍市面上使用 Electron 和 NW.js 开发的应用

Node.js 是一种编程框架，它可以让开发者使用 JavaScript 来构建服务端应用。自 2009 年诞生以来，它衍生出许多流行的 Web 框架，比如，Express 和 Hapi，还有像 Meteor 和 Sails 这样的构建实时应用的 Web 框架。它还可以让开发者使用像 Facebook 的 React 这样的工具开发复杂的 Web 应用，React 是近几年在 Web 开发领域影响非常大的 UI 库。对 Node.js 的第一印象固然是它是用于 Web 应用开发的，然而事实却是它远不止于此。

Node.js 还可以用来构建跨平台的桌面应用，而且也许你现在就在使用它构建出来的应用。如果你工作的时候用的是 Slack，编辑代码的时候使用的是 GitHub

的 Atom 编辑器，或者看电影的时候用的是 Popcorn Time，那么你实际上就在使用 Node.js 开发的桌面应用。越来越多的开发者，特别是没有桌面应用开发经验的 Web 开发者，开始尝试使用 Node.js 来开发桌面应用——甚至连微软都已经在用 Node.js 开发它的 IDE（Visual Studio Code）了。

在 Node.js 的生态中，有两个主流的桌面应用开发框架：NW.js 和 Electron。这两者都得到了大公司的支持（NW.js 背靠英特尔和 Gnor Tech，Electron 则背靠 GitHub），它们都拥有庞大的社区，而且在实现支持构建桌面应用方面都采用类似的解决方案。也许你会为它们有众多共同点而感到惊讶——实际上，它们有过一段共同的历史，这部分会在后续章节中进行介绍。现在，让我们来看看使用 Node.js 开发桌面应用之所以这么流行其背后的原因到底是什么，以及它们会在你工作的哪些方面起到帮助。

1.1　为什么要用 Node.js 构建桌面应用

要回答这个问题，我们得先来看看软件在过去一代进程中发生了怎样的变化以及它们将会如何发展下去。

1.1.1　桌面应用到 Web 应用，再回到桌面应用

2000 年年初，绝大多数软件都是以桌面应用的形式存在的，它们被放在一个包装盒里，通过像百思买这样的商店进行售卖。你还得看它对系统的要求，确保它兼容你使用（绝大部分人用 Windows）的操作系统（OS）。然后，从包装盒中取出 CD 光盘，并将它安装到你的计算机中。

随着时代的发展，改变也渐渐开始了：Web 浏览器的崛起，网速的提高，网络访问便捷性的提升，以及软件的开源思潮，都对软件的构建和分发方式产生了巨大的影响。AJAX 的优势，让软件进入了一个以 Web 应用进行分发的新时代。这类应用不需要下载任何东西到你的计算机中，而且还可以在不同的操作系统中运行。像谷歌和脸书这样的公司在业界激发了 Web 应用作为强大平台的崛起，而且随着人们在线免费使用这些应用成为习惯之后，迫使传统软件服务商也开始提供线上版本。

看似 Web 应用已经获胜，然而随着移动设备的兴起，引领了针对苹果的 iPhone 手机和 Android 手机开发的原生应用的潮流。业界又发生了一轮改变，开发者们发现他们需要让他们的产品也支持这样的设备。

反观十多年的软件开发进程，你会发现业界发生了巨变，作为开发者，我们渐渐觉得支持多计算平台的时代正在慢慢来临：桌面系统、Web 浏览器、移动设备，甚至更多。我们正处于多平台计算的时代。

那么桌面应用呢？桌面应用已经成为我们在日常生活中使用的计算平台之一。自 21 世纪以来，发生了很多变化。那时，微软的 Windows 系统是桌面计算机操作系统领域绝对的霸主，后来苹果公司的操作系统以它的创新性和专业性削弱了 Windows 的统治力。不仅如此，在 2016 年第一季度，谷歌的 Chromebook 成为全美最畅销的笔记本电脑。或许属于 Linux 系统的时代也终将会到来。关键是：现如今，你已经不能开发只支持 Windows 系统的应用了——还得让你的应用支持 Mac OS 和 Linux。

跨平台的桌面应用并不是什么新鲜的东西；像 Mono 和 Qt 这样的框架早就可以让你开发出支持主流操作系统的应用了。通常，有像 C、C++，以及 C# 这样编程语言经验的开发者会选择这样的框架来开发软件，其他像 Web 开发者，面对这样的框架时则需要新学一门语言，可见开发桌面应用对他们来说多少有些门槛。

NW.js 和 Electron 出来的时候，它们可以让你重用 Web 应用的代码来构建桌面应用——而且不仅如此，构建出来的应用可以同时在 Windows、Mac OS 和 Linux 上运行。这带来一个巨大的好处——代码和技能都可以复用，并且释放了一拨儿新的应用。

除此之外，Node.js 的流行也意味着开发者们在构建他们的桌面应用时也可以受益于 Node.js 巨大的开源生态系统。Node.js 和 Web 开发者们都可以快速构建桌面应用，而且有些应用还真的很不错。其中我第一个想到的就是一款由 Feross Aboukhadijeh 开发的 WebTorrent，如图 1.1 所示。

WebTorrent 和 BitTorrent 很像，它是一款桌面应用，可以让你上传文件供他人进行下载。它使用 WebRTC 技术建立点对点的连接，而且这个桌面应用使用的技术库和 Web 应用所使用的是完全一样的，代码高度复用。这是最妙的地方。

支持多种操作系统，而软件本身可以使用同一种流行的编程语言编写，这种能力可以带来非常多的好处。正如此前所提到的，尽管新的移动计算平台正在崛起，但是桌面计算机至今仍然是人们常用的。这也是为什么使用 Node.js 构建桌面应用正变为一种有意思的分发软件的方式。接下来我将详细介绍为什么你更应该在 Web 应用基础上使用 Node.js 构建桌面应用。

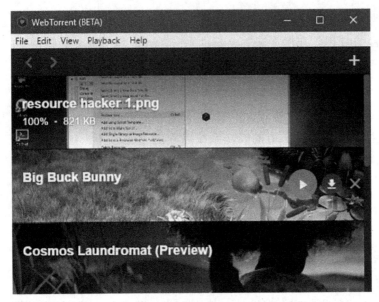

图 1.1　Feross Aboukhadijeh 开发的 WebTorrent 应用

1.1.2　Node.js 桌面应用相比 Web 应用有什么优势

Web 应用的繁荣主要源于以下几个原因：

- 网速的提升以及使用互联网的人越来越多，更重要的是，使用互联网的成本越来越低，使得相比其他通信渠道，互联网的使用人口基数正在大规模增加。
- Web 浏览器受益于不断加剧的竞争。随着 IE 之外的浏览器不断出现，这些浏览器拥有了新的特性，继而让 Web 应用也可以利用这些新特性做出一些新的东西来。
- 相比学习像 C 和 C++ 这样的底层语言，简单易学的 HTML、CSS 和 JavaScript 降低了开发者制作 Web 应用的准入门槛。
- 开源软件的崛起意味着分发和获取软件的成本大大降低，这就使得开发者哪怕只有有限的资金和精力，只要拥有对应的开发技能都可以构建他们自己的 Web 应用。

通过上述这几点就不难理解，对于开发者而言，为何 Web 是一个非常重要的平台了。不过现如今，还是存在一些因素对 Web 应用产生了一定的制约和挑战：

- 网络不是一直可用的。当你在火车上或者在隧道里的时候，就可能没有网络。如果你的 Web 应用需要保存数据，那么理想状态下应当是先在本地保存一份，然后当网络恢复的时候再同步到云端。
- 如果你的应用有大量特性，那么为了让应用运行起来，需要通过网络传送的数据量可能非常大，而且可能会拖慢应用的加载。如果传输时间太长的话，用户就可能会放弃转而使用其他应用了——有研究表明网页加载速度变慢会影响线上交易。
- 如果你的应用需要处理计算机中的大文件（比如高清图片和视频），那么将它们上传到网上再通过 Web 应用进行编辑操作就不是一个好的方案了。
- 由于 Web 浏览器有安全策略，因此 Web 应用对于访问计算机中的软硬件资源是受限的。
- 你无法控制用户使用哪个浏览器来访问你的 Web 应用，因此不得不使用特性检查的方式来区分不同的浏览器，这会限制应用可用的特性。用户体验（UX）也会区别很大。

Web 应用主要受限于网络和浏览器特性。在这些方面，桌面应用要优于 Web 应用。下面列出了桌面应用的一些优点：

- 启动和运行应用不依赖网络。
- 桌面应用可以即时启动，不需要等待资源从网络下载下来。
- 桌面应用可以访问计算机的操作系统和硬件资源，包括可以读写用户计算机中的文件系统。
- 桌面应用可以更好地控制软件的用户体验。不需要担心不同浏览器处理 CSS 的规则以及哪些 JavaScript 特性是被支持的。
- 一旦桌面应用安装到用户计算机中后，它就在那儿了。它不像 Web 应用那样需要一台 Web 服务器，还要提供 7×24 小时的支持，以防 Web 应用宕机，甚至更糟糕的，Web 服务托管商遇到技术问题。

通常，开发桌面应用要求开发者们精通像 C++、Objective-C，或者 C# 这样的语言以及像 .NET、Qt、Cocoa 或者 GTK 这样的框架。对于部分开发者而言，准入门槛有点高，很可能会放弃使用这些技术来构建桌面应用。

像 Electron 和 NW.js 这样的 Node.js 桌面应用框架最棒的地方就在于它们大大降

低了开发者的准入门槛。支持开发者使用 HTML、CSS 和 JavaScript 开发桌面应用，而且还可以在 Web 应用和桌面应用之间共享同一份代码，这无异于是给 Web 开发者打开了一扇通往成为桌面应用开发者的门。

现在是时候开始介绍这两个框架了。正如前面章节中提到的，Electron 和 NW.js 有过一段共同的历史，所以我先来介绍一下这两个框架的起源，然后再对它们进行详细的介绍。

1.2　NW.js 和 Electron 的起源

早在 2011 年，Roger Wang 想要找一个方法将 WebKit（当时是 Safari、Konqueror 以及谷歌的 Chrome 浏览器所使用的浏览器引擎）和 Node.js 整合起来，这样就可以让 Web 页面中的 JavaScript 代码访问到 Node.js 模块了。当时，这个项目作为一个 Node.js 的模块在开发，取名为 node-webkit。Roger Wang 在中国的英特尔开源技术中心做这个项目，公司给予支持让他全职做这个项目。不仅如此，还允许他招聘其他工程师一起来做。

到了 2012 年夏天，一位叫赵成的大学生作为实习生加入了英特尔，参与到了这个项目中。他帮助 Roger Wang 一起改进其内部架构，包括改变了 WebKit 和 Node.js 整合的方案。随着项目的发展，node-webkit 从单纯的 Node.js 模块发展为一个用于构建桌面应用的框架。第三方应用慢慢对 node-webkit 产生了兴趣。Light Table 编辑器 [1] 是首个使用 node-webkit 开发的应用，并且其开发者还帮助改进了框架本身。

2012 年 12 月，赵成离开了英特尔，为 GitHub 提供外包服务。他的任务是帮助把 GitHub 的 Atom 编辑器从使用嵌入的 Chromium 框架和原生的 JavaScript 绑定迁移到 node-webkit 上。

把 Atom 迁移到 node-webkit 困难重重（可参见 https:// github.com/atom/atom/ pull/100 上的文章），因此他们放弃了这个方案。取而代之的是为其重新开发一个新的原生 shell，取名为 Atom Shell。这个整合了 WebKit 和 Node.js 的方案和 node-webkit 所使用的不同。赵成倾尽全力在 Atom Shell 这个项目上，后来 GitHub 在开源 Atom 编辑器后很快就开源了 Atom Shell。

那个时候，Node.js 经历了一段分裂期——为了更快地推进 Node.js 项目，社区

---

[1]　可访问http://lighttable.com/了解更多相关知识。——译者注

成员克隆了一份 Node.js 并取名为 IO.js；与此同时，在 WebKit 社区，谷歌声明打算克隆谷歌 Chrome 浏览器的 WebKit 项目并开发一个变种版本——Blink。这些变化导致了 node-webkit 也将项目改名为 NW.js，GitHub 也将 Atom Shell 框架改名为 Electron。随着时间的推移，Electron 快速获得了一批粉丝，而且被像 Slack 和 Visual Studio Code 这样知名度很高的应用所使用。最终它发挥出了始料未及的巨大力量，远不是当初仅仅是作为 Atom 背后的工具。

尽管 NW.js 是首个桌面应用开发框架，但是 Electron 还是快速发展为一个流行的框架，风头盖过了 NW.js。尽管两者都是由同样的作者只是在不同时间开发的，并且在用来创建桌面应用的 API 方面共享了许多代码，但它们在内部架构上采用了不一样的方案，而且各自衍生出了各自的社区，社区都积极地帮助改进了各自的项目。

有鉴于此，本书主要介绍这两个框架，因为它们用略微不同的方式完成同一件事情。这两个框架拥有那么多共同的历史，而且实在是太相似了，这种情况也是相当独特的，值得拿出来互相对比。既然是对比，就很自然会想知道哪个更好，这个问题的答案应当是 Electron（从流行度和发展势头），不过也有人更喜欢 NW.js，因为相对而言，它在代码运行和应用加载方面更加简单，而且它还支持像谷歌的 Chromebook 这样的计算平台，也可能是出于其他编程方面的考虑。我更倾向于给你提供客观的信息，把决定权交到你自己手里。相比告诉你使用哪个框架，本书只陈述客观事实供你自己做决定。

如果你想了解更多关于这两个框架的历史细节，可以参阅下面的链接：

- http://cheng.guru/blog/2016/05/13/from-node-webkit-to-electron-1-0.html
- https://github.com/electron/electron/issues/5172#issuecomment-210697670

如果你想找一些关于这两个框架对比的文章，可以看看下面的这几篇：

- http://electron.atom.io/docs/development/atom-shell-vs-node-webkit/
- http://tangiblejs.com/posts/nw-js-and-electron-compared-2016-edition

以上就是这两个框架的简史以及它们各自的发展进程。现在我们要深入介绍这两个框架了，首先出场的是 NW.js。

1.3 NW.js 介绍

简单来说，NW.js 是一个框架，它支持用 HTML、CSS 和 JavaScript 来构建桌面应用。起初它于 2011 年 11 月，由 Roger Wang 在英特尔中国开源技术中心创建。其背后的想法就是通过整合 Node.js 和 WebKit（Chromium 使用的 Web 浏览器引擎，Chromium 是开源版的谷歌 Chrome 浏览器），支持使用 Web 技术来创建桌面应用。所以一开始它被命名为 node-webkit。

　　通过整合 Node.js 和 WebKit，Roger 发现不仅可以在应用视窗内载入 HTML、CSS 和 JavaScript 文件，还可以通过 JavaScript API 和 操作系统进行交互。通过这个 JavaScript API 可以控制视窗的视觉元素，比如，视窗大小、工具条以及菜单项，而且还可以访问本地文件系统——这些是 Web 应用无法做到的。

　　为了让你对 NW.js 有一个形象的认识，我们来用 NW.js 构建一个 Hello World 示例应用。

1.3.1　使用 NW.js 构建 Hello World 应用

　　这个示例应用将帮助你理解使用 Node.js 开发出来的桌面应用是什么样子的。图 1.2 是我们即将构建的示例应用设计稿。

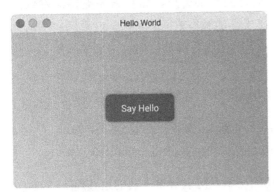

图 1.2　我们即将构建的 Hello World 示例应用设计稿

　　示例应用的代码可以通过本书的 GitHub 仓库进行查看，http://mng.bz/4W7Y。

　　参照里面的 README.md 文件就可以把代码运行起来并看到效果。里面写得很清楚。不过，如果你想知道是怎么构建起来的，那就继续看下面的内容，我们会从头开始把它构建起来。

　　第一步，你得检查 Node.js 是否已经安装好了。如果已经安装好了，那太棒了，直接移步到本章后面的"安装 NW.js"部分。如果还没安装，可参照本书附录 A 中的安装指南进行安装。

安装 NW.js

Node.js 内置了一款包管理器工具，名字叫 npm，可以用它来安装 Node.js 模块。NW.js 也可以用 npm 来安装。打开操作系统的命令行程序（Windows 用户可以打开命令提示符应用或者 PowerShell，Mac OS 和 Linux 用户可以打开 Terminal）。

打开命令行程序后，输入如下命令：

```
npm install -g nw
```

完成后，NW.js 会以 Node.js 模块的形式安装在你的计算机中，所有的 Node.js 桌面应用都可以使用。

构建 Hello World 应用

这个应用很小，你可以手动来创建文件。不过你至少需要下面这两个文件。

- package.json 文件——这个文件是 NW.js 要求必须要有的，其包含了应用的配置信息。
- 一个 HTML 文件——这个文件声明在 package.json 中，会被自动加载并显示在应用视窗中。在本例中，我们将这个文件取名为 index.html（不过你可以随便为它取名字，比如 app.html 或者 main.html）。

先来新建一个应用文件夹。在你的计算机中，找到一个你觉得合适的存储应用代码的位置，新建一个名为 hello-world-nwjs 的文件夹。然后在该目录下就可以新建一个 package.json 文件了。

在 hello-world-nwjs 文件夹中用你的文本编辑器或者 IDE 创建一个名为 package.json 的文件，并插入如下代码：

```
{
  "name" : "hello-world-nwjs",
  "main" : "index.html",
  "version" : "1.0.0"
}
```

package.json 文件包含了一些与应用相关的配置信息：应用的名字、应用启动时要加载的主文件以及版本号。这些字段是必需的（其中 version 字段是 npm 要求的）。name 字段只能包含小写的英文字母或者数字，且不能有空格。

main 字段指定了应用入口文件的路径。在 NW.js 中，这个文件可以是 JavaScript

文件也可以是 HTML 文件，不过通常倾向于使用 HTML 文件。HTML 文件会被加载显示到应用视窗中，为了验证，我们来创建一个 index.html 文件。

　　在 hello-world-nwjs 文件夹中，创建一个名为 index.html 的文件，并插入代码清单 1.1 所示的代码。

代码清单 1.1　Hello World 应用的 index.html 文件的代码

```html
<html>
  <head>
    <title>Hello World</title>                   使用 title 元素设置        内联样式表用于设置
    <style>                                       应用视窗的标题            应用背景和更好看的
      body {                                                             按钮样式
        background-image: linear-gradient(45deg, #EAD790 0%, #EF8C53 100%);
        text-align: center;
      }

      button {
        background: rgba(0,0,0,0.40);
        box-shadow: 0px 0px 4px 0px rgba(0,0,0,0.50);
        border-radius: 8px;
        color: white;
        padding: 1em 2em;
        border: none;
        font-family: 'Roboto', sans-serif;
        font-weight: 100;
        font-size: 14pt;
        position: relative;
        top: 40%;
        cursor: pointer;
        outline: none;
      }

      button:hover {
        background: rgba(0,0,0,0.30);
      }
    </style>
    <link href='https://fonts.googleapis.com/css?family=Roboto:300'
     rel='stylesheet' type='text/css'>           使用外联 CSS 指向谷歌字体
    <script>                                     链接，用于按钮上的文字字体
      function sayHello () {
        alert('Hello World');                    内嵌的 JavaScript 代码
      }                                          用于在警示窗口中显示
    </script>                                    "Hello World"
  </head>
  <body>
    <button onclick="sayHello()">Say Hello</button>   body 元素包含了
  </body>                                             button 元素，该元素
</html>                                               被单击的时候就会调
                                                     用 sayHello JS 函数
```

　　保存 index.html 文件后，就可以在计算机中运行这个应用了。进入 hello-world-nwjs 文件夹，输入如下命令：

nw

　　如果使用的是 Mac OS，会看到图 1.3 所示的样子。

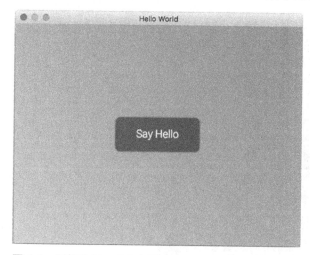

图 1.3　运行在 Mac OS 上的 Hello World 应用。这个应用截图和设计稿除了窗口大小之外几乎完全一样

　　如果在 Linux（openSUSE 13.2）上运行，就会看到如图 1.4 所示的样子（Linux 有很多发行版，openSUSE 是知名的发行版之一）。

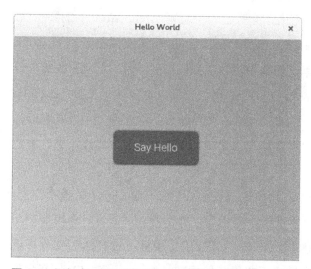

图 1.4　运行在 openSUSE 13.2 上的 Hello World 应用。它看起来和 Mac OS 上的差不多，视窗标题、颜色以及字体渲染效果略有不同

Windows 10、Mac OS 以及 Linux 版本的 NW.js 采用的启动应用方式相同，都很简便。在 Windows 10 的计算机中，打开命令提示符应用并输入同样的命令，就能看到图 1.5 所示的样子。

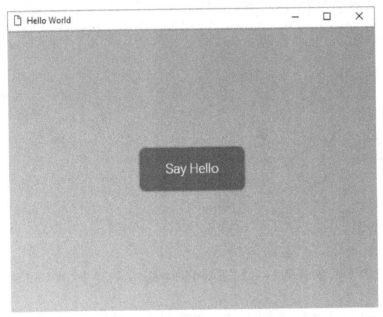

图 1.5　运行在 Windows 10 上的 Hello World 应用。它和 openSUSE Linux 上应用的样子几乎一样（除了应用视窗和字体渲染效果略有不同之外）

如果单击屏幕中间的 Say Hello 按钮，会弹出一个写着"Hello World"的警示框。如果使用谷歌的 Chrome、微软的 Edge 或者 Mozilla 的 Firefox 浏览器打开 index.html 文件，也能看到同样的界面，单击按钮后也会看到同样的结果。这就是关键——代码不需要修改，你就可以直接将网站的 HTML 页面转变为 NW.js 开发的桌面应用。

关于这点你也许会说"好吧，那既然这样，我为什么不用这样一个方案呢——用一个桌面应用模版，将 HTML 页面渲染在视窗中？"这个问题问得还不错，有些应用就是这么做的。

但这个方案不好的原因是没有简化开发。因为你可能不懂 C++，又或者你懂，但你也许不想每次做了一点改动都要重新编译代码才能运行。又或者，你可能想用原生桌面应用才有的特性，而这些特性在一个内嵌在应用视窗中的 HTML 文件中无法使用。另外一个主要原因是，作为桌面应用开发框架，Electron 和 NW.js 都为你开发桌面应用提供了丰富的特性，这部分会在接下来的内容中介绍。

1.3.2　NW.js 有哪些特性

NW.js 为开发者构建桌面应用提供了一些非常好用的特性。概括来说，有以下这几点：

- 一套可以创建和操作原生 UI 的 JavaScript API 以及和操作系统进行交互的 API：控制视窗、添加菜单项、托盘应用菜单、读写文件、访问剪贴板等。
- 支持在应用中使用 Node.js，也可以通过 npm 安装和使用大量的 Node.js 模块。
- 支持为同一套应用代码针对不同的操作系统构建各自可执行的文件。

接下来我会详细介绍上述每一点内容。

通过 JavaScript 访问操作系统原生的 UI 和 API

一款好的桌面应用都和用户的操作系统高度集成：与音乐相关的应用支持用户使用键盘快捷键来控制音乐的播放、聊天应用会在操作系统的托盘区域放置自己的菜单图标，以及与效率相关的应用都可能会在某个动作完成之后进行系统提示。

NW.js 提供了大量访问操作系统特性的 API，支持：

- 控制应用视窗的大小和行为。
- 在应用视窗中显示带菜单项的工具条。
- 在用户右击的时候，在应用视窗中添加上下文菜单。
- 在操作系统托盘菜单中添加应用的菜单项。
- 访问操作系统的剪贴板，读写其中的内容。
- 使用计算机中默认指定的应用打开文件、文件夹以及 URL。
- 通过操作系统的通知系统显示通知。

如上述列表中所提到的，使用 NW.js 可以做很多 Web 浏览器不支持的事情。比方说，Web 应用不能直接访问计算机中的文件，也不能访问剪贴板上的数据，这是因为浏览器有安全限制，为了保护用户免受包含恶意内容的网站侵害。在 NW.js 中，由于应用是运行在用户计算机中的，用户等于是信任了这个应用，给予其访问计算机中资源的权限。这意味着可以做诸如访问用户计算机中的文件、创建新文件和文件夹等事情。有了这些特性，开发者们就可以开发出很好贴合用户的系统的应用，并且可以进行一些 Web 应用无法进行（至少没那么容易进行）的操作。而且用户是信任你的应用不会作恶的。

在你的应用中使用 Node.js 和 npm 应用

NW.js 支持在应用中访问 Node.js API 和通过 npm 安装的用户模块。也就是说，你可以在桌面应用中安装 npm 模块，甚至可以使用这些模块以及 Node.js 内置的核心模块，这意味着你的桌面应用代码可以同时访问前后端资源。

举例来说，你可以在 index.html 文件中嵌入一段 JavaScript 代码，这段代码使用 Node.js 的文件系统模块读取指定目录下的文件和目录信息，并且这些信息显示在 IITML 页面中。这段 JavaScript 代码之所以可以共享前后端上下文，正是由于 NW.js 整合了 Node.js 和 Chromium 后的神奇之处。当你用 NW.js 开发桌面应用的时候，这部分信息很重要，一定要牢记在心（不同于 Electron）。如图 1.6 所示，它和 Web 应用的工作机制截然不同。

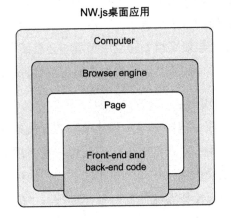

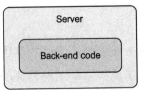

图 1.6　Web 应用与 NW.js 开发的桌面应用的区别。后者，前后端代码的界限很模糊，因为同一段 JavaScript 代码共享了前后端的上下文

为了更深入地理解图 1.6，我们先来看看传统 Web 应用是怎么工作的。传统 Web 应用通常采用客户端 - 服务器模型，在这种模型中，客户端发起获取 Web 页面

的请求或者 API 请求，服务器端执行一些代码并将数据返回给客户端。这里客户端指的就是运行 Web 浏览器的计算机。紧接着 Web 浏览器载入数据，如果该数据是 HTML，则渲染引擎会将它转变为 Web 页面，如果该数据是 XML 或者 JSON 形式的，渲染引擎就会直接以原生数据的形式进行显示。服务器端的职责就是执行后台代码来处理 HTML 页面请求或者 API 请求，运行着 Web 浏览器的客户端的职责就是发送 HTML/API 请求并把响应结果渲染在浏览器中。Web 浏览器遵循一套严格的安全模型来确保 JavaScript 代码只能在当前页面的上下文中被执行，不能干其他事情。在应用状态和职责之间有一个清晰的界限。

在一个 NW.js 应用中，应用视窗就像一个内嵌的 Web 浏览器，不同之处在于，Web 页面中的代码可以访问计算机上的资源，还可以执行服务器端代码[1]。应用状态和职责的界限没有了。这就意味着，你写的代码在同一个地方既可以访问 Web 页面上的 DOM 元素，又可以执行服务器端代码访问计算机的文件系统。不仅如此，还可以在你的代码上使用 npm 模块。

可以在你的桌面应用中安装和使用 npm 模块，这意味着有超过 40 万个 npm 模块（截至 2017 年 1 月）可供使用，当要在你的应用中使用第三方库的时候选择就有很多。实际上，NW.js 和 Electron 都有一些专用库，可以访问 http://npmjs.com、https://github.com/nw-cn/awesome-nwjs 或者 https://github.com/sindresorhus/awesome-electron 来找到。

同一份代码构建出支持多操作系统的应用

NW.js 提供的最有用的特性之一就是可以通过写一份代码，构建出同时支持 Windows、Mac OS 和 Linux 系统的原生可执行的桌面应用。当你要开发一款支持多平台的应用的时候，这节约了很多时间。这还意味着，在应用的样式方面相比要让一个网站支持多个 Web 浏览器时，现在可以有更好的控制。

所谓原生可执行是指不需要用户在计算机中安装额外的软件就可以将应用运行起来。这让分发应用给用户变得更加简单，包括分发到应用商店，比如，苹果的应用商店以及 Steam 商店，有些 NW.js 应用和游戏都在上面售卖。

为特定的操作系统构建应用时需要用到一些命令行参数，不过有些像 nw-builder 这样的工具可以帮助简化流程，如图 1.7 所示。

---

[1] 这里作者指的应该是，原本 Web 应用的有些操作只能放在服务器端处理，而桌面应用在客户端也能处理，等于像是在执行服务器端代码一样。——译者注

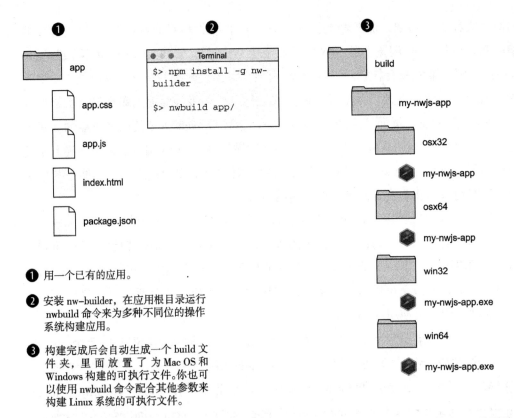

❶ 用一个已有的应用。

❷ 安装 nw-builder，在应用根目录运行
　 nwbuild 命令来为多种不同位的操作
　 系统构建应用。

❸ 构建完成后会自动生成一个 build 文
　 件夹，里面放置了为 Mac OS 和
　 Windows 构建的可执行文件。你也可
　 以使用 nwbuild 命令配合其他参数来
　 构建 Linux 系统的可执行文件。

图 1.7 nw-builder 工具可以同时为 NW.js 应用构建出 Mac OS、Windows 32 位和 64 位系统的原生可执行文件

　　拿到一个示例桌面应用，在步骤 1 中，可以使用 nw-builder 的 `nwbuild` 命令自动将我们的桌面应用代码变成 Mac OS 和 Windows 各自平台的可执行二进制文件，如图中第 3 步所示。这大大节约了时间（特别是你还要同时制作 32 位和 64 位版本的时候），而且还可以避免构建应用时发生错误。

　　接下来，我们会将注意力集中到 Electron，介绍使用 Electron 构建的应用是怎样的以及 Electron 有哪些特性。

1.4　Electron 介绍

　　Electron 是 GitHub 开发的桌面应用开发框架。它最早的名字叫 Atom Shell，是为 GitHub 的文本编辑器 Atom 构建的。它支持使用 HTML、CSS 和 JavaScript 来构建跨平台的桌面应用。自它 2013 年 11 月发布以来，越来越流行，不少创业公司和大公司都纷纷用它来构建他们的桌面应用。不仅 Atom 在用 Electron，连聊天应用 Slack（https://www.slack.com）的桌面客户端应用也在用，这家创业公司截至 2016 年 4 月估值已达 38 亿美金。

1.4.1　Electron 是如何工作的以及它和 NW.js 的区别是什么

Electron 和 NW.js 的区别之一就是整合 Chromium 和 Node.js 的方式不同。在 NW.js 中，Chromium 是直接被打补丁打进去的，因此 Node.js 和 Chromium 共享了同一个 JavaScript 上下文（或者在编程中叫"状态"）。而在 Electron 中，并不是以补丁形式将 Chromium 整合进去的，而是通过 Chromium 的 Content API 以及使用了 Node.js 的 `node_bindings`。

这种实现机制使得 Electron 在处理 JavaScript 上下文时和 NW.js 截然不同。NW.js 维护一个共享的 JavaScript 上下文，而 Electron 有多个独立的 JavaScript 上下文——一个是后端进程负责启动运行应用的视窗（叫 main 进程），另外一个负责具体的应用视窗（叫 renderer 进程）。这是两者很重要的区别，在本书后续内容中我们会通过不同的例子来具体解释这种区别。

还有一个重要的区别就是，NW.js 通常使用 HTML 作为入口文件，而 Electron 使用的是 JavaScript 文件。Electron 将加载应用视窗的职责委派给 JavaScript 代码。这在我们接下来介绍使用 Electron 构建 Hello World 应用时会进行详细介绍。

1.4.2　使用 Electron 开发 Hello World 应用

和使用 NW.js 开发 Hello World 应用一样，我也已经创建好了这个应用，现在就可以运行起来。如果你想试试，可以从 http://mng.bz/u4C0 获取到源代码。

根据 README.md 文件中的说明就可以将应用运行起来。或者你想知道它是怎么实现的，而不只是看看它运行起来是怎样的，那我们就开始一步一步教你如何实现。

假设你的计算机中已经安装好了 Node.js（如果还没有，可以参看本书的附录 A），那么先通过 npm 安装 Electron。在 terminal 或者 Command Prompt 软件中，运行如下命令：

```
npm install -g electron
```

上述命令会以全局 npm 模块形式安装 Electron，这意味着其他 Node.js 应用也可以使用。安装好 Electron 模块后，我们来看看 Hello World 示例应用包含哪些文件。
下面是一个 Electron 应用必要的三个文件：

- index.html
- main.js
- package.json

你可以创建一个名为 hello-world-electron 的文件夹来存放应用文件。创建完后，
把这几个必要的文件放进去。

我们从 package.json 文件开始，来看一个例子：

```
{
  "name"    : "hello-world",
  "version" : "1.0.0",
  "main"    : "main.js"
}
```

你可能注意到了，这个 package.json 文件和用 NW.js 开发 Hello World 应用
的 package.json 看上去差不多。唯一的区别在于 NW.js 应用的 package.json 文件
的 main 属性需要指定一个 HTML 文件作为应用入口，而 Electron 则需要指定一个
JavaScript 文件。

在 Electron 中，这个 JavaScript 文件负责启动应用视窗、托盘菜单以及其他，
除此之外还负责处理系统级别的事件。在我们的 Hello World 示例应用中，该文件如
代码清单 1.2 所示。

代码清单 1.2   Electron Hello World 应用中的 main.js 文件

创建对 Electron的 Browser-Window 类的引用

加载通过npm安装的Electron模块

创建对 Electron 应用对象的引用

```
'use strict';

const electron = require('electron');
const app = electron.app;
const BrowserWindow = electron.BrowserWindow;
```

```
let mainWindow = null;

app.on('window-all-closed', () => {
  if (process.platform !== 'darwin') app.quit();
});

app.on('ready', () => {
  mainWindow = new BrowserWindow();
  mainWindow.loadURL(`file://${__dirname}/index.html`);
  mainWindow.on('closed', () => { mainWindow = null; });
});
```

监听所有视窗关闭的事件（Mac OS 不会触发该事件）

mainWindow 变量保存了对应用视窗的引用

创建一个新的应用窗口并将它赋值给 mainWindow 变量，以此来防止被 Node.js 进行垃圾回收的时候将视窗关闭

将 index.html 加载进应用视窗中

当应用关闭时，释放 mainWindow 变量对应用视窗的引用

如上述代码所示，NW.js 只要在 package.json 文件中指定一个 HTML 文件就可以了，而在 Electron 中则需要通过一点代码配置才能达到同样的效果。

JavaScript 代码看起来有点意思

如果你是 Node.js 新手或者有段时间不写 JavaScript 了，那么也许注意到了一些新的语言特性，如使用 const 和 let 进行变量声明，以及使用 => 简化函数声明。这是下一代 JavaScript，名为 ES6。这是新版本的 JavaScript，Node.js 已经对其支持并且在 Electron 中大量使用。要了解更多关于 ES6 的内容，可以参阅 https://babeljs.io/learn-es2015/、http://es6-features.org 和 https://es6.io/。

如果你还是更喜欢写传统风格的 JavaScript 代码，也可以在开发 Electron 应用时继续使用它。互联网的世界中充满了选择，你不一定非要接受具体哪一种。我的建议是选择最适合自己的。

完成了应用入口 main.js 文件后，我们现在来创建在 main.js 文件中将其加载进应用视窗的 index.html 文件。新建一个 index.html 文件，并插入代码清单 1.3 所示的代码。

代码清单 1.3　Electron 版 Hello World 应用中的 index.html 文件

```html
<html>
  <head>
    <title>Hello World</title>
    <style>
      body {
        background-image: linear-gradient(45deg, #EAD790 0%, #EF8C53 100%);
        text-align: center;
      }
```

```
button {
  background: rgba(0,0,0,0.40);
  box-shadow: 0px 0px 4px 0px rgba(0,0,0,0.50);
  border-radius: 8px;
  color: white;
  padding: 1em 2em;
  border: none;
  font-family: 'Roboto', sans-serif;
  font-weight: 300;
  font-size: 14pt;
  position: relative;
  top: 40%;
  cursor: pointer;
  outline: none;
}

button:hover {
  background: rgba(0,0,0,0.30);
}
</style>
<link href='https://fonts.googleapis.com/css?family=Roboto:300'
 rel='stylesheet' type='text/css' />
<script>
  function sayHello () {
    alert('Hello World');
  }
</script>
</head>
<body>
  <button onclick="sayHello()">Say Hello</button>
</body>
</html>
```

　　以上就是在 main.js 中被加载进浏览器视窗的 HTML 文件。这个文件的内容和NW.js 示例中的 index.html 文件内容是一样的（因此我们可以对比这两个框架开发的示例）。在应用文件夹中保存好这个 HTML 文件后，现在就可以通过命令行运行这个应用了。

　　要从命令行运行应用，先 cd 进入 hello-world-electron 目录，然后执行如下命令：

```
electron .
```

　　运行完上述命令后，单击应用中的 Say Hello 按钮，就会看到如图 1.8 所示的界面。

　　除了一些小区别之外，应用大部分看上去都和用 NW.js 开发的差不多。图 1.9展示了在 Open SUSE Linux 13.2 中运行的效果。

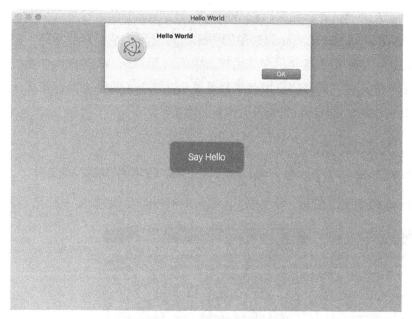

图 1.8 使用 Electron 开发的 Hello World 应用运行在 Mac OS 上的效果。除了窗口大小有点不同之外，其他都和 NW.js 开发的版本差不多

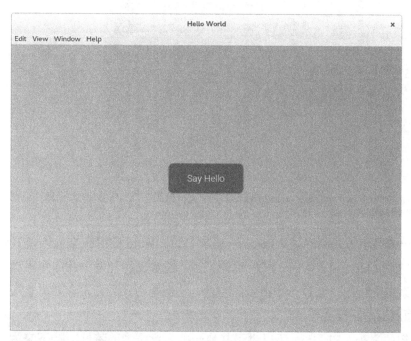

图 1.9 Electron 版 Hello World 示例应用在 OpenSUSE Linux 上的运行效果。注意图中菜单的显示方式以及默认的菜单项

Electron 版本的 Hello World 示例应用在 Windows 和 Linux 中的运行结果和 Mac OS 中有点不同。这是因为 Mac OS 显示菜单的方式和其他两个系统有所不同。在 Windows 和 Linux 上，菜单是直接显示在应用视窗中的，而 Mac OS 是在操作系统的工具条上显示了一排菜单。所有的应用菜单都是显示在这个工具条上的，图 1.10 展示了 Hello World 示例应用的菜单在 Mac 工具条上的显示。

图 1.10　Mac OS 上的应用程序菜单。Hello World 示例应用的菜单也同样是这些默认菜单项

如果用 Windows 10 打开该应用，看上去和 Linux 中的也差不多，如图 1.11 所示。

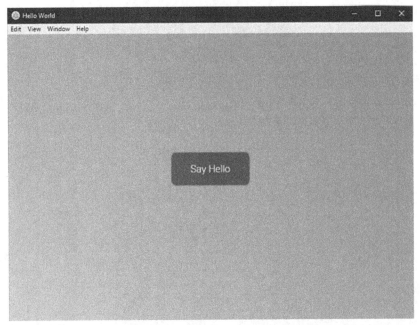

图 1.11　Electron 版 Hello World 应用在 Windows 10 中的运行效果。和 Linux 版本一样，菜单也显示在应用视窗内

除了应用菜单的显示方式不同外，Electron 版的 Hello World 应用在 Windows 10 中的显示效果和它在 Linux 以及 Mac OS 中也差不多。能够支持开发一款应用可以同时在三个操作系统上运行，这是一个很赞的特性，这也是为什么开发者都喜欢用 Electron 开发桌面应用的原因之一。

除了上述介绍的之外，Electron 还提供了其他一些有竞争力的特性，接下来为大家介绍。

1.4.3 Electron 有哪些特性

尽管 Electron 相对还比较"年轻",但是它已经陆陆续续提供了一些可使用的 API 和特性用于开发桌面应用:

- 支持创建多视窗,而且每个视窗都有自己独立的 JavaScript 上下文。
- 通过 shell 和 screen API 整合了桌面操作系统的特性。
- 支持获取计算机电源状态。
- 支持阻止操作系统进入省电模式(对于演示文稿类应用非常有用)。
- 支持创建托盘应用。
- 支持创建菜单和菜单项。
- 支持为应用增加全局键盘快捷键。
- 支持通过应用更新来自动更新应用代码。
- 支持汇报程序崩溃。
- 支持自定义 Dock 菜单项。
- 支持操作系统通知。
- 支持为应用创建启动安装器。

你也看到了,Electron 支持大量特性,而上述列出来的只是其中一部分。其中,程序崩溃汇报是 Electron 独有的特性——NW.js 目前不支持这种特性。Electron 最近还发布了用于应用测试和调试的工具:Spectron 和 Devtron,后续章节会对它们进行介绍。

> **查看 Electron 特性集的好办法** 为了展示 Electron 支持哪些特性以及如何使用这些特性,Electron 开发团队发布了一个用于展示 Electron API 的桌面应用。这种了解 Electron API 的方式真的很新颖,这个应用可以从 https://electron.atom.io/#get-started 进行下载。

接下来的一节我们将介绍哪些应用可以用 NW.js 和 Electron 来构建。

1.5 NW.js 和 Electron 支持创建哪类应用

作为一款软件,尽管 Electron 和 NW.js 都还相对比较"年轻",但是它们在专业领域的应用却丰富多样。在 NW.js 的 GitHub 代码仓库中,有一个很长的列表,列举了很多使用 NW.js 开发的应用。对于 Electron 来说,也有一个叫 awesome-electron

的 GitHub 仓库：https://github.com/sindresorhus/awesome-electron，里面有一长串列表，提供了使用 Electron 开发的应用以及一些有用的资源。在这部分内容中，我会介绍一些知名的应用，包括一些商业上很成功的产品，也包括一些展示 Electron 和 NW.js 潜力的。首先我们从一款使用 Electron 开发的应用开始——Slack。

1.5.1　Slack

Slack（slack.com）是一款企业沟通协作工具。它的桌面客户端是用 Electron 开发的，而且还打广告招聘有 Electron 开发经验的工程师。其用户界面（UI）和 Web 版的一样——充分展现了 Electron 的能力。它还支持音频和视频通话，图 1.12 展示了 Slack 使用中的样子（注意，出于对隐私的保护，我隐藏了一些聊天内容和频道）。

图 1.12　运行在 Mac OS 上的 Slack

Slack 最近增加了一个新功能——支持应用渠道，允许用户在 Slack 中安装和运行第三方应用。看来这家公司前途无量。

1.5.2　Light Table

Light Table（lighttable.com），这是一款代码编辑器，它和普通的 IDE 有所不同。

它是由 Chris Granger 开发的，并在 Kickstarter 募集了超过 30 万美金的资金。它同时也是第一款使用了 NW.js 的第三方应用，在项目早期还帮助改进了 NW.js。

这款代码编辑器最早支持 Clojure，后来又支持了 JavaScript 和 Python。Light Table 背后的哲学就是重新思考如何进行代码的编写。不同于只是在文件中逐行编写代码，Light Table 觉得重点应该在提供一个工作空间，在里面可以即时地执行编写的代码，而且文档也是直接显示在代码旁边，而不是还要去其他窗口查询文档，如图 1.13 所示。它提供了一种工作空间，开发者在里面可以边写代码边看执行结果，两者不是独立分开的。Light Table 最早是用 NW.js 开发的，最近切换到了 Electron 上。

图 1.13　Light Table，一款在线交互式代码编辑器。图中展示了一个使用 JavaScript 编写的 3D 视觉效果，代码编辑在左侧完成，右侧直接显示渲染结果

1.5.3　Game Dev Tycoon

Game Dev Tycoon 是一款模拟类游戏，有点像 Transport Tycoon 和 SimCity 这两款经典的模拟类游戏，不过这款游戏设计的场景是运营一个游戏开发工作室（这款游戏本身就是一家游戏开发工作室开发的，所以这个设定挺有意思）。开发这款游戏

的是一家名为 Greenheart Games 的小公司，该公司由 Patrick 和 Daniel Klug 在 2012 年 7 月创立。

　　这款游戏非常特别（而且更具讽刺意义），它旨在反击盗版。Patrick 知道迟早这款游戏都会被盗版的，于是为了解决盗版问题，他自己先在种子下载网站发布了破解版，不过破解版中有一个很有意思的设定：玩破解版的用户最终会发现自己没法赢。因为当他们玩的时候，他们会发现游戏中自己做的游戏很快就不赚钱了，因为游戏被盗版了。最终他们游戏中的工作室会破产倒闭。这种反盗版的做法非常具有娱乐性，吸引了很多玩家。

　　自成立以来，这家公司现在拥有 5 名员工，而且游戏也在 Steam 游戏商店中售卖。如图 1.14 所示，这是展现使用 NW.js 开发成功商业应用最好的例子之一了。

图 1.14　Game Dev Tycoon，一款游戏工作室模拟游戏

1.5.4　Gitter

　　Gitter 是一种服务，为 GitHub 上的开源项目提供聊天室功能，NW.js 项目的官方聊天室也使用 Gitter。它可以让用户使用其 GitHub 账户登录，然后访问项目或者组织的聊天室。它被视为 Slack 替代品中最受欢迎的一款。

　　作为聊天服务，Gitter 不仅有网页版本（gitter.im），还为 Windows 和 Mac OS

提供了桌面应用，应用开发使用的是 NW.js。桌面应用看上去以及用起来和 Web 应用简直一模一样，这也充分体现了代码复用的原则。在公测阶段，Gitter 吸引了约25 000 名开发者，发送了 180 万条消息，而且截至目前，一共有超过 7000 间聊天室。现在它还提供了付费版的聊天室，同时公司也正在开发 Linux 版本。

　　NW.js 项目的聊天室可以在 Gitter 上找到，这是一个很好的例子，一款产品自己做出来自己用（参见图 1.15）。

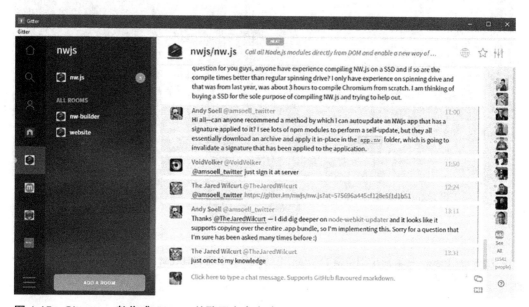

图 1.15　Gitter，一款集成 GitHub 的聊天室客户端

1.5.5　Macaw

　　Macaw（macaw.co）是一款创新的所见即所得（WYSIWYG）的 Web 设计工具。它可以让 Web 设计师直接为他们的网站做视觉设计，而以往，他们都要先在图片编辑软件中做好，然后再生成对应的 HTML 和 CSS 代码。它可以直接自动生成网站代码，省去了将视觉设计稿转成网站代码这一步。作为一款所见即所得的 Web 设计工具，Macaw 和微软的 FrontPage 以及 Adobe 的 Dreamweaver 不同，它从视觉设计稿输出的是语义化的 HTML 和 CSS 代码。

　　这款产品（参见图 1.16）由 Tom Giannattasio 和 Adam Christ 创建，并且通过Kickstarter 从超过 2700 位支持者中募集了超过 275 000 美元。自 2014 年 3 月起，

Macaw 开始通过其官方网站进行销售。

在开始写这本书的时候，我很高兴地获悉 Macaw 被另外一家名为 InVision 的 Web 设计应用公司收购了——这又是一个桌面应用走向成功的例子。

图 1.16　Macaw，一款所见即所得的 Web 设计工具，它可以让设计师使用视觉设计的特性来制作网站

1.5.6　Hyper

Hyper（hyper.is）是一款极简的终端应用，作者是 Guillermo Rauch，他在 Node 社区很出名，因为著名的 Node.js websocket 库——Socket.io 以及实时托管服务——Now 都是他开发的。作为一款用 HTML、CSS 和 JavaScript 开发的终端程序，Hyper 自身可扩展，可以对其外观和功能进行定制。开发者开发了插件（如 hyperpower）可以在输入文字时增加动画效果，还能支持在终端窗口中直接打开网站链接。图 1.17 展示了使用中的 Hyper 应用。

这是一款使用 Electron 开发的非常独特的桌面应用，同时也展示了如何使用 Electron 配置极简的视窗标题条。

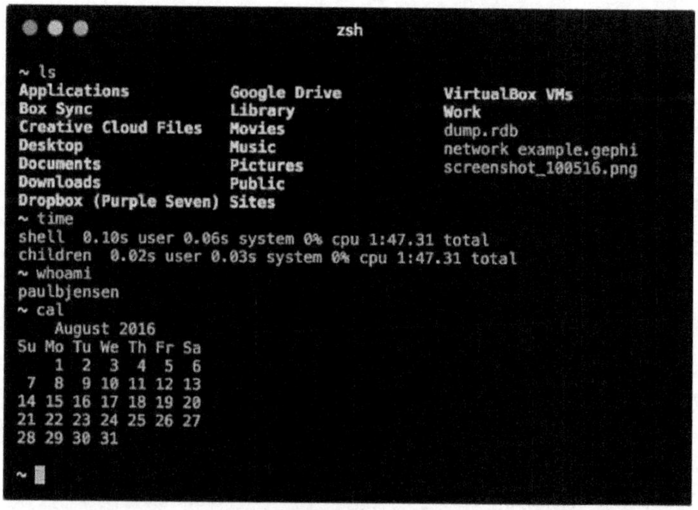

图 1.17　运行在 Mac OS 上的 Hyper

1.6　小结

　　本章介绍了 NW.js 和 Electron，以及它们如何帮助开发者构建桌面应用。还分析了为何相比构建 Web 应用更应该使用 Node.js 开发桌面应用的原因以及那些框架是如何通过让 Web 开发者使用他们熟悉的工具和技术帮助他们开发桌面应用的。

　　紧接着，介绍了使用不同框架构建同一个简单的 Hello World 应用，在不同的操作系统中的工作机制和样子。这也为大家展示了把一个 Web 页面嵌入一个桌面应用是多么容易。

　　我们检视了那些能让 NW.js 和 Electron 成为优秀的桌面应用开发框架的特性，诸如，它们都使用了 Node.js 框架、npm 生态系统以及支持从同一份代码构建出面向不同操作系统的可执行文件。最后，我们一起看了几个业界使用 NW.js 和 Electron 开发的桌面应用，也介绍了这些应用是如何在它们各自的领域取得成功的。这部分为大家展示了 Node.js 桌面应用的潜力，同时也希望可以为大家在开发桌面应用方面带来灵感。

　　下一章，我们开始动手使用 NW.js 和 Electron 构建一个文件浏览器桌面应用。这将有助于你理解如何着手使用这些框架开发桌面应用，以及这两个框架在桌面应用开发方面有何不同。

2 为你的首款桌面应用搭建基础架构

本章要点

- 使用 NW.js 和 Electron 分别构建一个文件浏览器
  应用
- 对应用进行设置
- 组织应用程序文件
- 理解应用界面的工作原理
- 使用 Node.js 访问文件系统

　　作为开发者，我们经常会忘却自己身处在一个这样幸福的环境中：许多工具都是现成的，可以免费或者以相对较低的成本就能够获取到。在本章中，我们将会通过构建一个文件浏览器应用了解如何构建桌面应用。我们会用 NW.js 和 Electron 分别构建同一个应用，从而来比较使用这两个框架在构建桌面应用时有何异同。

　　准备一杯茶或者咖啡、一支笔、一张纸，我们这就开始编程吧。

2.1 我们将构建什么应用

不论你用的是 Windows 或者 Mac 又或者是 Linux，它们都有一些共同之处——它们都以文件夹的形式来组织文件，都有各自组织文件的方式，以及都有如何查询和显示那些文件给用户的方法。这对于只用一种操作系统的人来说不是什么问题，但对那些还得学用新系统的人（比如到了新的工作环境时）而言，诸如如何对文件夹进行重命名、如何找到保存在计算机中的文件这样简单的操作都可能会让他们头痛不已。

这样看来，做一款跨系统的文件浏览器是一个不错的主意，是的，没错，这正是我们准备要做的：一款文件浏览器应用。

文件浏览器—— Lorikeet 介绍

程序员界有一个从熟知的玩笑是这样说的：命名是计算机科学中第二难的事情（缓存是头等难题）。有时候，从大自然获取灵感是很不错的思路，所以我们将这款文件浏览器命名为 Lorikeet，来源于澳大利亚的一种漂亮的小鹦鹉。

Lorikeet 这款文件浏览器将具备以下功能：

- 用户浏览文件夹和查找文件
- 用户可以使用默认的应用程序打开文件

尽管这些功能听上去很简单，但要实现它们需要大量的相关技术知识，这将帮助你熟悉如何构建一个桌面应用。构建 Lorikeet 的过程中也会展示 NW.js 和 Electron 在开发桌面应用方面的异同之处。

构建一个桌面应用工序繁杂：构建用户使用路径、创建线框图、编写测试、更新线框图、编码、确认应用工作正确。考虑到以学习 NW.js 和 Electron 为主，我们不介绍如何构建用户路径以及线框图这些基本的东西，关注在构建一个可用的版本。

线框图会随着功能的增加相应地进行修改，这有助于你了解真实情况下构建应用的流程，也能让你明白具体代码的作用。图 2.1 展示了线框图。

根据这个线框图，我们将应用划分为几个功能，这样有助于我们逐个功能地去实现。首先我们要实现的功能是用户使用应用的入口——在本例中就是我们的启动界面。不过在动手做之前，先得创建应用来存放代码。

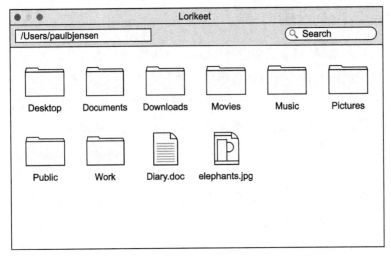

图 2.1　即将构建的文件浏览器应用的线框图

2.2　创建应用

　　如第 1 章中所介绍的，不论是用 NW.js 或是 Electron，创建一个桌面应用都是比较简单的。不管你用哪个框架构建应用，都需要先安装 Node.js（这非常容易，1 分钟就可装完）。要了解如何在你的计算机中安装 Node.js，可以参见附录 A。

　　安装好 Node.js 后，接下来就要在你的计算机中安装桌面应用开发框架了（如果你还没有安装的话）。

2.2.1　安装 NW.js 和 Electron

　　如果像第 1 章介绍的那样，你已经安装好了 NW.js 和 Electron，那请直接跳至 2.2.2 节。如果还没有，你可以在终端程序中运行如下命令。对于 NW.js，运行如下命令来全局安装 NW.js：

```
npm install -g nw
```

　　对于 Electron，运行如下命令来全局安装 Electron：

```
npm install -g electron
```

　　安装好之后，我们开始用 NW.js 来构建 NW.js 版本的 Lorikeet 应用。

2.2.2　为 NW.js 版本的应用创建文件和文件夹

接下来，为应用创建一个文件夹来存放代码。在你的计算机中选择一个你喜欢存放代码的位置，运行如下命令创建一个名为 lorikeet-nwjs 的文件夹：

```
mkdir lorikeet-nwjs
```

文件夹（有些开发者称之为"目录"）创建好后，接下来为应用创建 package.json 文件。在 Node.js 中，这和 manifest 文件一样，用来保存应用的配置信息。首先，在应用文件夹中创建一个文件：

```
cd lorikeet-nwjs
touch package.json
```

在 Windows 上运行

如果你用的是 Windows，那么是没有 touch 命令的。你可以用诸如 Notepad++ 或者 GitHub 的 Atom 代码编辑器来创建文件

现在可以为 package.json 文件添加内容了，你可以用你喜欢的文本编辑器打开 package.json 文件，并插入如下内容：

```
{
  "name": "lorikeet",
  "version": "1.0.0",
  "main": "index.html"
}
```

这里的 package.json 文件和在 Node.js 应用中创建 npm 模块时一样，遵循同样的规则。name 字段表示应用的名字，不能包含空格。version 字段表示应用的版本号，本例中是 1.0.0，版本号命名规则遵循语义化版本（大家熟知的 SemVer）。main 字段表示了 NW.js 需要加载的应用启动文件——本例中为 index.html 文件。要让 NW.js 启动应用程序，至少要在 package.json 文件中包含以上这些字段。接下来我们来创建 NW.js 需要加载的 Web 页面。

一般我们会将页面命名为 index.html 文件。使用命令行工具（或者在 Windows 系统中使用 Notepad++ 或者 Atom）运行如下命令即可创建：

```
touch index.html
```

完成后，使用你喜欢的文本编辑器，将代码清单 2.1 中的内容插入 index.html 文件。

代码清单 2.1　为 NW.js 应用添加 index.html 文件内容

```html
<html>
  <head>
    <title>Lorikeet</title>
  </head>
  <body>
    <h1>Welcome to Lorikeet</h1>
  </body>
</html>
```

现在 index.html 文件创建好了，接下来要让 NW.js 将应用程序运行起来。这很简单，只要在终端、Windows 系统中的命令提示符下或者 PowerShell 中运行如下命令即可：

```
nw
```

该命令会加载 NW.js 应用。如果没有为该命令指定任何参数，NW.js 就会在执行上述命令所在的当前工作目录中（本例中就是 lorikeet-nwjs 文件夹）查找 package.json 文件。找到 package.json 文件后，就会加载该文件。package.json 中的 main 字段会告诉 NW.js 去加载应用中的 index.html 文件，加载完成后就会看到图 2.2 所示的界面。

Welcome to Lorikeet

图 2.2　NW.js 正在运行一个很简单的应用。应用显示了 index.html 文件的内容，意味着目前为止工作正常。在本章后续部分，我们会将这个简单的 HTML 替换为应用所需的 UI

视窗的标题是通过 index.html 页面中的 `<title>` 标签中的内容指定的。你可以编辑该字段值，保存文件，并从命令行再次运行应用来查看修改后的效果。

我可以通过 Web 浏览器加载 index.html 文件吗

你可以试试，但是任何使用了 NW.js API 以及 Node.js 代码的都会导致 JavaScript 错误，所以最好还是不要这样操作。尽管 NW.js 应用看起来是运行在一个内嵌的 Web 浏览器中的，不过它本身复杂得多，因为它在同一个 JavaScript 上下文中既访问了 Node.js/NW.js API，又访问了 DOM。

有了一个文件夹和其中的两个文件，就拥有了最主要的基础代码，可以让一个最简单的应用运行起来了。接下来，可以修改 index.html 文件内容来改变应用的 UI，不过在动手进一步修改这个 NW.js 版本的应用前，让我们先来使用 Electron 创建一个同样的最简单的应用。

2.2.3　为 Electron 版本的应用创建文件和文件夹

创建 Electron 版的应用的步骤与用 NW.js 创建的非常相似。首先创建一个 lorikeet-electron 文件夹。可以在终端程序或者命令提示符应用中运行如下命令进行创建：

```
mkdir lorikeet-electron
```

上述命令会创建一个名为 lorikeet-electron 的文件夹。这是应用程序的主文件夹，在该文件夹中放置应用文件。接下来，创建应用所需的 package.json 文件。使用你的终端应用或者文本编辑器，在 lorikeet-electron 文件夹中创建一个名为 package.json 的文件：

```
cd lorikeet-electron
touch package.json
```

有了空的 package.json 文件后，接下来为该文件添加 Electron 应用所需的配置信息。在 package.json 文件中添加如下 JSON 格式的配置信息：

```
{
  "name": "lorikeet",
  "version": "1.0.0",
  "main": "main.js"
}
```

这里的 package.json 文件和 NW.js 版本所用的 package.json 文件大致相同，除了 main 属性有所不同。在 NW.js 中需要指定一个 HTML 文件。而在 Electron 中，则是一个 JavaScript 文件。在本例中，该文件为 main.js。

main.js 文件负责加载 Electron 应用以及任何应用所需的浏览器视窗。使用你的终端应用或者编辑器，创建 main.js 文件并插入代码清单 2.2 中的内容。

代码清单 2.2　Electron 版应用的 main.js 文件

```
'use strict';

const electron = require('electron');          通过 npm 加载
const app = electron.app;                       Electron
const BrowserWindow = electron.BrowserWindow;

let mainWindow = null;

app.on('window-all-closed',() => {
  if (process.platform !== 'darwin') app.quit();
});

app.on('ready', () => {
  mainWindow = new BrowserWindow();
  mainWindow.loadURL(`file://${app.getAppPath()}/index.html`);
  mainWindow.on('closed', () => { mainWindow = null; });
});
```

在JavaScript上下文中，mainWindow变量保存了应用主窗口，这样垃圾回收时不会将其回收掉，避免其关闭应用视窗

模仿Windows和Linux应用用户体验——关闭所有视窗后关闭应用；而在Mac OS中，关闭所有视窗不会关闭应用

当应用准备运行时，告诉主视窗去加载 index.html 文件，当视窗关闭后，将 mainWindow 变量设置为 null

main.js 文件最终会加载 index.html 文件。所以，创建 index.html 文件，并插入如下内容：

```
<html>
  <head>
    <title>Lorikeet</title>
  </head>
  <body>
    <h1>Welcome to Lorikeet</h1>
  </body>
</html>
```

保存 index.html 文件后，就可以从命令行运行 Electron 应用了。在 lorikeet-electron 文件夹中使用终端应用或者命令提示符应用，输入如下命令来运行应用：

```
cd lorikeet-electron
electron .
```

运行后会看到如图 2.3 所示的样子。

Electron 版的应用和 NW.js 版的应用非常相似。其中 index.html 文件和 NW.js 版的完全一样，而且从命令行加载应用的方式也完全一致。

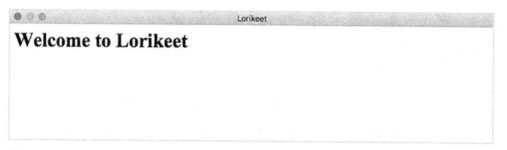

图 2.3   Electron 版的 Lorikeet 应用。这是 Electron 应用默认的样子——和 NW.js 版的非常相似

使用 NW.js 和 Electron 构建了最简单的 Lorikeet 应用后，你可以发现它们有相同的编码规范——值得一提的是，毕竟赵成在 NW.js 和 Electron 项目上都参与过开发。不过它们加载应用的方式有所不同。

至此，我已经给大家展示了如何使用两个框架构建最简单的 Lorikeet 应用。如此前图 2.1 所示，接下里我们开始实现应用的第一个功能。

在实现过程中，我们还会继续比较两个框架的异同，必要的时候也还会复用代码。

2.3   实现启动界面

启动界面由几个部分组成。我们先从展示用户个人文件夹信息开始，如图 2.4 所示。

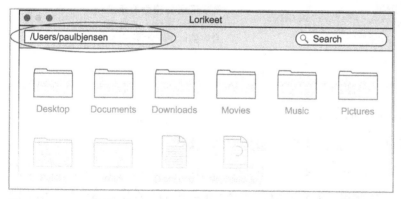

图 2.4   Lorikeet 线框图。注意其中画圈的部分，我们先来实现这部分

这是我们要实现的第一个功能，会在两个版本的 Lorikeet 应用中都进行实现。

2.3.1　在工具条中展示用户个人文件夹信息

实现该功能可分为三部分内容：

- HTML 负责构建工具条和用户个人文件夹信息
- CSS 负责布局工具条和用户个人文件夹展示上的布局以及样式
- JavaScript 负责找到用户个人文件夹信息在哪里并在 UI 上展示出来

好在实现这个功能所用到的 HTML、CSS 和 JavaScript 内容在 NW.js 版本和 Electron 版本的 Lorikeet 应用中是一样的。在本例中，你将能够展示一次这部分代码，但在两个版本的应用中使用的是相同的代码。让我们从 HTML 代码开始。

添加展示工具条和个人文件夹的 HTML 代码

index.html 是用于展示我们 NW.js 和 Electron 两个版本应用的主屏幕。在文本编辑器中打开两个版本应用中的 index.html 文件，并将内容改为代码清单 2.3 所示的那样。

代码清单 2.3　在 index.html 文件中添加展示工具条和与用户个人文件夹信息相关的内容

```html
<html>
  <head>
    <title>Lorikeet</title>
  </head>
  <body>
    <div id="toolbar">
      <div id="current-folder"></div>        ⟵  将欢迎语替换为展示工
    </div>                                         具条和用户个人文件夹
  </body>                                          信息的HTML代码
</html>
```

在两个版本的应用中都修改完成后，我们来创建 CSS 代码来控制工具条和用户个人文件夹信息展示时候的布局和样式。

为工具条和用户个人文件夹信息添加 CSS 代码

为桌面应用添加样式和为 Web 页面添加样式没什么区别。CSS 可以直接内嵌在页面的 HTML 中，不过最好还是把它放在另外一个单独的文件中，这样既可以在同一个地方看到所有的 CSS 代码，也可以保持 index.html 的可读性。

我们先来创建一个名为 app.css 的文件，将其放在存放 index.html 文件的目录中。然后，将代码清单 2.4 中的内容插入 app.css 文件。

代码清单 2.4 将用于工具条和用户个人文件夹信息的 CSS 代码添加到 app. css 文件中

```
body {
    padding: 0;
    margin: 0;
    font-family: 'Helvetica','Arial','sans';
}

#toolbar {
    position: absolute;
    background: red;
    width: 100%;
    padding: 1em;
}

#current-folder {
    float: left;
    color: white;
    background: rgba(0,0,0,0.2);
    padding: 0.5em 1em;
    min-width: 10em;
    border-radius: 0.2em;
}
```

现在要确保 app.css 文件会被 index.html 文件加载。在 index.html 文件中，如代码清单 2.5 所示添加一行代码。

代码清单 2.5 在 index.html 文件中添加一个 link 标签，指向 app.css 文件

```
<html>
  <head>
    <title>Lorikeet</title>
    <link rel="stylesheet" href="app.css" />      ◁——  link 标签用于在 index.html
  </head>                                               文件中加载 app.css 文件
  <body>
    <div id="toolbar">
        <div id="current-folder"></div>
    </div>
  </body>
</html>
```

保存修改完的 index.html 文件，接下来你可以重新加载 NW.js 和 Electron 版应用（如果已经在运行了的话）或者从终端应用或者命令提示符应用输入如下命令再次运行：

```
cd lorikeet-electron && electron .
cd lorikeet-nwjs && nw
```

使用最新代码重新运行后，你会看到界面发生了变化，如图 2.5 和图 2.6 所示。

图 2.5   NW.js 版本的 Lorikeet 应用，包含了一个工具条和用户个人文件夹信息。其中用户个人文件夹信息还是空白的，不过我们很快就会让它显示内容

图 2.6   Electron 版的 Lorikeet 应用，包含了工具条和用户个人文件夹信息

工具条和用户个人文件夹信息都显示出来了，而且也有指定的样式，不过还需要找到用户个人文件夹的路径并将其显示在界面上。这部分内容接下来会做介绍。

通过 Node.js 找到用户个人文件夹所在的路径

要显示用户个人文件夹的路径，我们先得想办法获取到该路径，而且该方法要支持所有操作系统。在 Mac OS 中，用户个人文件夹位于 /Users/<username>，这里 username 是用户名（我的是 /Users/pauljensen）。在 Linux 中，用户个人文件夹位于 /home/<username>，在 Windows 10 中，则位于 C 盘的 /Users/<username>。不同操作系统位置不同！

幸运的是，这个问题已经在 Node.js 生态中通过 npm 模块解决了。有一个 Isaac Schlueter（前 Node.js 维护者以及 npm 作者）开发的模块，叫 osenv，其中有一个函数会返回用户个人文件夹（或者叫 home 目录）。[1] 要使用该模块，你需要先在应用中安装它，在终端应用或者命令提示符应用中运行如下命令可进行安装（别忘了在两个版本的 Lorikeet 应用中都执行如下命令）：

```
npm install osenv --save
```

命令最后的 --save 标志是告诉 npm 将该模块作为依赖的模块添加到 package.json 文件中。如果你打开 package.json 文件（以 NW.js 版本的应用为例），就会看到其内容发生了改变，如代码清单 2.6 所示。

代码清单 2.6   修改后的 package.json 文件

```
{
  "name": "lorikeet",
  "version": "1.0.0",
  "main": "index.html",
  "dependencies": {
    "osenv": "^0.1.3"
  }
}
```

新的dependencies属性的内容列出了osenv作为应用依赖的模块

---

[1]   现在 Node.js 支持直接通过 os.homedir() 获取用户个人文件夹。——译者注

你还会发现在两个版本的应用文件夹下都多了一个新的名为 node_modules 的文件夹。所有为应用安装的本地 npm 模块都会放在这个文件夹中。如果打开 node_modules 文件夹，就会看到一个名为 osenv 的文件夹，这就是 osenv 模块安装的位置。

安装好 osenv 模块后，我们就可以找到用户个人文件夹并将其信息在 index.html 文件中对应的界面上显示出来。这也证明了 NW.js 和 Electron 作为 Node.js 桌面应用开发框架独特的功能之一：可以在 index.html 文件中直接执行 Node.js 代码。不信？那就试试吧。将 index.html 文件修改为代码清单 2.7 所示的内容。

代码清单 2.7 在 index.html 文件中显示用户个人文件夹信息

```html
<html>
  <head>
    <title>Lorikeet</title>
    <link rel="stylesheet" href="app.css" />
  </head>
  <body>
    <div id="toolbar">
      <div id="current-folder">
        <script>
          document.write(require('osenv').home());
        </script>
      </div>
    </div>
  </body>
</html>
```

> 通过Node.js的require函数加载osenv模块，然后调用其home函数将得到的结果通过document.write函数写到DOM中

确保 NW.js 和 Electron 版的 Lorikeet 应用的 index.html 都修改了。

保存修改后，根据此前介绍过的，运行如下命令重新启动应用：

```
cd lorikeet-electron && electron .
cd lorikeet-nwjs && nw
```

现在应该能看到你的个人文件夹信息已经显示在应用中对应的界面上了，如图 2.7 和图 2.8 所示。

图 2.7 NW.js 版的 Lorikeet 应用显示的用户个人文件夹信息

图 2.7 显示得超赞。你可以在 index.html 的 `<script>` 标签中直接调用 Node.js。那么 Electron 怎么样的？是否也一样呢？请看图 2.8。

图 2.8　Electron 版的 Lorikeet 应用显示的用户个人文件夹信息

没错。正如你所见，不仅可以在 index.html 文件中的 `<script>` 标签中调用 Node.js 代码，还可以在前端代码中使用通过 npm 安装的 Node.js 模块。不仅如此，至此我们的 NW.js 和 Electron 都用了同样的代码，由此可见两者兼容性有多好，这也是为什么很多项目都可以很方便地从 NW.js 切换到 Electron（比如，Light Table 应用）。

现在已经实现了在工具条中显示用户个人文件夹信息了，接下来实现下一个功能：将用户个人文件夹中的文件和文件夹显示出来。

2.3.2　显示用户个人文件夹中的文件和文件夹

在前面的内容中，我们先创建界面元素，然后将用户个人文件夹信息显示在界面上。对于这次这个功能，我们先要获取到用户个人文件夹中的文件和文件夹信息，再想办法把它们显示在界面上。回忆一下，图 2.9 显示的是我们要实现的样子。

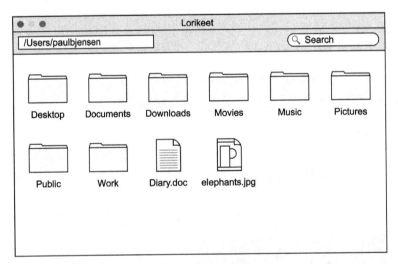

图 2.9　我们接下来要实现的样子

要实现该功能，我们需要做以下这些事情：

1. 获取到用户个人文件夹中的文件和文件夹列表信息。

2. 对每个文件或者文件夹，判断它是文件还是文件夹。

3. 将文件或文件夹列表信息显示到界面上，并用对应的图标区分出来。

你已经获取到用户个人文件夹的路径了，现在需要做的就是想办法获取到该路径下的文件和文件夹列表信息。幸运的是，Node.js 提供了一个名为 `fs` 的标准库，可用来查询计算机中的文件系统。该标准库中有一个方法叫 `readdir`，用它来获取某个路径下的文件和文件夹信息，具体文档参见 http://mng.bz/YR5B。

对 NW.js 和 Electron 版的 Lorikeet 应用都创建一个 app.js 文件。该文件中的 JavaScript 代码可以调用 Node.js，也可以操作 DOM。我们将获取文件和文件夹列表信息的代码就放在这个文件中。

首先，在 index.html 和 app.css 同目录下创建一个 app.js 文件。然后将获取用户个人文件夹信息的代码移到该文件中。将如下代码插入 app.js 文件：

```
'use strict';

const osenv = require('osenv');

function getUsersHomeFolder() {
  return osenv.home();
}
```

添加完上述代码后，接下来在 index.html 中用一个 `<script>` 标签将 app.js 文件加载进来，并在 DOM 位置调用 app.js 中的 `getUsersHomeFolder` 方法。将 index.html 修改为如代码清单 2.8 所示的内容。

代码清单 2.8 将 app.js 添加到 index.html 文件中

```
<html>
  <head>
    <title>Lorikeet</title>
    <link rel="stylesheet" href="app.css" />        ◁── 通过script标签在
    <script src="app.js"></script>                       index.html中将
  </head>                                                 app.js加载进来
  <body>
    <div id="toolbar">
      <div id="current-folder">
        <script>
          document.write(getUsersHomeFolder());    ◁── 调用app.js中的
        </script>                                        getUsersHomeFolder
      </div>                                             函数，该函数直接调
    </div>                                               用osenv模块的home
  </body>                                                方法
</html>
```

重启应用就会发现，它们没有任何区别，和预期的一样。现在可以往 app.js 中

添加代码来获取文件列表了。首先加载 Node.js 的文件系统模块，它是 Node.js 标准库的一部分，紧接着添加一个新的函数叫 getFilesInFolder，用来获取传进来的文件夹下面的文件列表信息。然后再创建一个 main 函数，调用该函数并将用户个人文件夹路径作为参数传递进去，再将获取到的包含所有文件绝对路径的列表在控制台打印出来。

将 app.js 文件修改为如代码清单 2.9 所示的内容。

代码清单 2.9　将用户个人文件夹下的文件和文件夹列表打印出来

```
'use strict';

const fs = require('fs');              ← 在应用中加载
const osenv = require('osenv');          Node.js 的 fs 模块

function getUsersHomeFolder() {
  return osenv.home();
}
                                       ← 简单地包装函数，调用
function getFilesInFolder(folderPath, cb) {   了 fs.readdir 函数来获
  fs.readdir(folderPath, cb);               取文件列表
}
                                       ← 该函数获取到用户个
function main() {                          人文件夹路径，并获
  const folderPath = getUsersHomeFolder();   取到该文件夹下的文
  getFilesInFolder(folderPath, (err, files) => {   件列表信息
    if (err) {
      return alert('Sorry, we could not load your home folder');
    }
    files.forEach((file) => {
      console.log(`${folderPath}/${file}`);   ← 把列表中每一个文件的
    });                                       绝对路径都打印到控制
  });                                         台
}

main();
```

（左侧注释：获取文件列表出错时，显示一段简单的消息）

保存好 app.js 文件后，接下来重启应用来看看效果。在 Electron 应用中，如果打开应用的开发者工具，就能在其 Console 选项卡中看到打印出来的文件列表，如图 2.10 所示。

现在你已经知道如何获取用户个人文件夹下的文件列表了。接下来的问题是如何获取到文件名以及文件类型（是文件还是文件夹），并将它们以不同的图标在界面上显示出来。

你的目标是能够接收文件列表作为参数并将它们传递给 Node.js 文件系统 API 中的另一个函数。该函数能够识别是文件还是文件夹以及它们的名字和完整的路径。你需要完成下面三件事情：

1. 使用 `fs.stat` 函数，具体文档参见 http://mng.bz/46U5。

2. 使用 async 模块来处理调用一系列异步函数的情况并收集它们的结果。

3. 将结果列表传递给另外一个函数将它们显示出来。

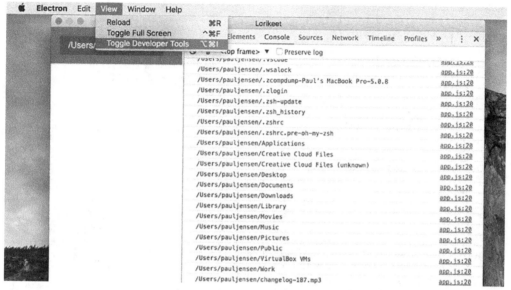

图 2.10 Electron 版的 Lorikeet 应用在 Console 选项卡中将文件列表信息打印了出来。要在你的计算机中查看，单击 View ->Toggle Developer Tools。

在两个版本的 Lorikeet 应用的 app.js 文件中，通过终端应用或者命令提示符应用安装 async 模块：

```
npm install async --save
```

为两个版本的应用都安装好 async 模块后，接下来修改 app.js 的代码，以实现获取用户个人文件夹中有哪些文件和文件夹的功能。将 app.js 的代码修改为如代码清单 2.10 所示的内容。

代码清单 2.10 修改 app.js 代码实现检查文件类型的功能

```
'use strict';

const async = require('async');
const fs = require('fs');
const osenv = require('osenv');
const path = require('path');

function getUsersHomeFolder() {
  return osenv.home();
}
```

在应用中加载
async 和 Node.js
的 path 模块

```
function getFilesInFolder(folderPath, cb) {
  fs.readdir(folderPath, cb);
}
function inspectAndDescribeFile(filePath, cb) {
  let result = {
    file: path.basename(filePath),
    path: filePath, type: ''
  };
  fs.stat(filePath, (err, stat) => {
    if (err) {
      cb(err);
    } else {
      if (stat.isFile()) {
        result.type = 'file';
      }
      if (stat.isDirectory()) {
        result.type = 'directory';
      }
      cb(err, result);
    }
  });
}
function inspectAndDescribeFiles(folderPath, files, cb) {
  async.map(files, (file, asyncCb) => {
    let resolvedFilePath = path.resolve(folderPath, file);
    inspectAndDescribeFile(resolvedFilePath, asyncCb);
  }, cb);
}
function displayFiles(err, files) {
  if (err) {
    return alert('Sorry, we could not display your files');
  }
  files.forEach((file) => { console.log(file); });
}

function main() {
  let folderPath = getUsersHomeFolder();
  getFilesInFolder(folderPath, (err, files) => {
    if (err) {
      return alert('Sorry, we could not load your home folder');
    }
    inspectAndDescribeFiles(folderPath, files, displayFiles);
  });
}

main();
```

使用 path 模块
获取文件名

调用 fs.stat 会返回一
个对象，包含了该文
件类型

使用async
模块调用异
步函数并收
集结果

创建displayFiles
函数来显示文件
列表信息

　　保存 app.js 并重启应用后，就会从开发者工具中看到图 2.11 所示的结果。

　　你现在不仅获取到了用户个人文件夹下的文件列表信息，而且还将文件名以及文件类型都保存在了数据结构中。有了这些，接下来实现将它们以对应的图标展示在界面上就变得事半功倍了。

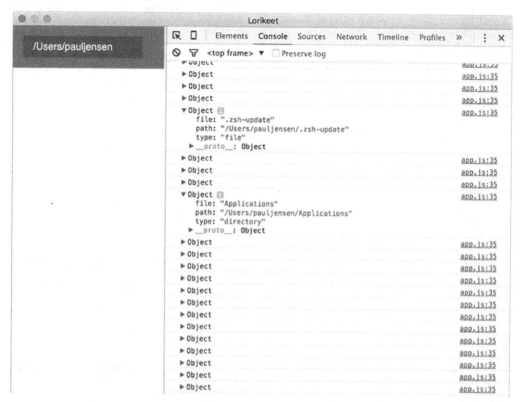

图 2.11 开发者工具中的 Console 选项卡显示了文件列表信息。注意第一个展开的对象包含的类型是文件，第二个则是目录

视觉上显示文件和文件夹

在此前 app.js 的代码中，你创建了一个名为 displayFiles 的函数。打算用这个函数处理将文件名字以及对应的图标展示在界面上。由于要展示的文件很多，我们将为每个文件定义一套模板，然后为每个文件创建一个该模板的实例再渲染到界面上。

先在 index.html 文件中添加 HTML 模板，模板中包含一个 div 元素，其中包含了要显示的文件信息。把 index.html 文件修改为如代码清单 2.11 所示的样子。

代码清单 2.11　在 index.html 文件主内容区添加为展示文件信息的模板

```
<html>
  <head>
    <title>Lorikeet</title>
    <link rel="stylesheet" href="app.css" />
```

```
    <script src="app.js"></script>
  </head>
  <body>
    <template id="item-template">
      <div class="item">
        <img class="icon" />
        <div class="filename"></div>
      </div>
    </template>
    <div id="toolbar">
      <div id="current-folder">
        <script>
          document.write(getUsersHomeFolder());
        </script>
      </div>
    </div>
      <div id="main-area"></div>
  </body>
</html>
```

在index.html中
添加HTML模板
内容

添加一个id为main-area
的div元素，用来放置要
显示的文件列表信息

上述 template 元素的目的是为每一个要渲染的文件信息定义一套 HTML 模板，真正被渲染的是模板实例中的 div 元素，它会将用户个人文件夹中的每个文件信息都显示出来。接下来需要在 app.js 中添加一些 JavaScript 代码，用来创建模板实例并添加到界面上。将 app.js 文件修改为如代码清单 2.12 所示的内容。

代码清单 2.12　通过 app.js 文件在界面上渲染模板实例

```
'use strict';

const async = require('async');
const fs = require('fs');
const osenv = require('osenv');
const path = require('path');

function getUsersHomeFolder() {
  return osenv.home();
}

function getFilesInFolder(folderPath, cb) {
  fs.readdir(folderPath, cb);
}

function inspectAndDescribeFile(filePath, cb) {
  let result = {
file: path.basename(filePath),
path: filePath, type: ''
  };
  fs.stat(filePath, (err, stat) => {
    if (err) {
      cb(err);
    } else {
```

```
      if (stat.isFile()) {
        result.type = 'file';
      }
      if (stat.isDirectory()) {
        result.type = 'directory';
      }
      cb(err, result);
    }
  });
}

function inspectAndDescribeFiles(folderPath, files, cb) {
  async.map(files, (file, asyncCb) => {
    let resolvedFilePath = path.resolve(folderPath, file);
    inspectAndDescribeFile(resolvedFilePath, asyncCb);
  }, cb);
}

function displayFile(file) {
  const mainArea = document.getElementById('main-area');
  const template = document.querySelector('#item-template');
  let clone = document.importNode(template.content, true);
  clone.querySelector('img').src = `images/${file.type}.svg`;
  clone.querySelector('.filename').innerText = file.file;
  mainArea.appendChild(clone);
}

function displayFiles(err, files) {
  if (err) {
    return alert('Sorry, we could not display your files');
  }
  files.forEach(displayFile);
}

function main() {
  let folderPath = getUsersHomeFolder();
  getFilesInFolder(folderPath, (err, files) => {
    if (err) {
      return alert('Sorry, we could not load your home folder');
    }
    inspectAndDescribeFiles(folderPath, files, displayFiles);
  });
}
main();
```

添加一个名为 displayFile 的新函数用于渲染模板实例

创建模板实例的副本

修改模板实例，加入文件名和对应的图标

将模板实例添加到 "main-area" div 元素的最后

在 displayFiles 函数中将文件信息传递给 displayFile 函数

　　现在 HTML 已经添加好了，可以在应用中显示文件和文件夹信息了。接下来确保文件和文件夹信息以正确的样式显示，并且显示在栅格布局中。在 app.css 文件中，修改 CSS 代码为代码清单 2.13 所示的内容。

> 代码清单 2.13　在 app.css 文件中添加 CSS 代码，为显示的文件和文件夹信息定义样式

```css
body {
    padding: 0;
    margin: 0;
    font-family: 'Helvetica','Arial','sans';
}
#toolbar {
    top: 0px;
    position: fixed;
    background: red;
    width: 100%;
    z-index: 2;
}
#current-folder {
    float: left;
    color: white;
    background: rgba(0,0,0,0.2);
    padding: 0.5em 1em;
    min-width: 10em;
    border-radius: 0.2em;
    margin: 1em;
}
#main-area {
    clear: both;
    margin: 2em;
    margin-top: 3em;
    z-index: 1;
}
.item {
    position: relative;
    float: left;
    padding: 1em;
    margin: 1em;
    width: 6em;
    height: 6em;
    text-align: center;
}
.item .filename {
    padding-top: 1em;
    font-size: 10pt;
}
```

上述 CSS 代码确保了列表项显示在一个整洁的栅格布局中，其中工具条始终固定在顶部，在显示文件列表的主区域 div 元素的上方，用户可以对主区域进行滚动。

马上就要完成了。剩下的任务是在应用文件夹中为不同类型的文件添加对应的图标。使用终端应用或者命令提示符应用，通过运行如下命令，在应用文件夹中创

建一个名为 images 的文件夹：

```
cd lorikeet-electron
mkdir images
cd ../lorikeet-nwjs
mkdir images
```

现在，你可以为文件和文件夹添加对应的图标了。在 images 文件夹中，添加两张名为 file.svg 和 directory.svg 的图片。这两张图片来自 OpenClipArt.org 网站，可以通过如下 URL 获取：

- https://openclipart.org/detail/137155/folder-icon
- https://openclipart.org/detail/83893/file-icon

在 images 文件夹中保存这两张图片（文件图标使用 file.svg，文件夹图标使用 directory.svg），然后重启应用就会看到如图 2.12 和图 2.13 所示的样子了。

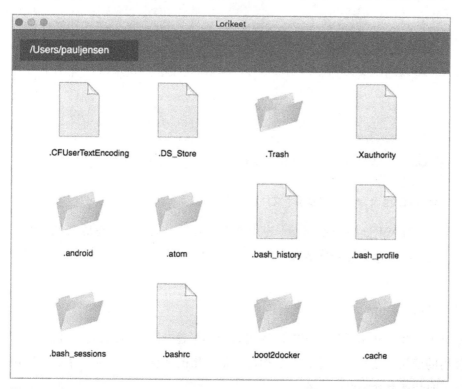

图 2.12 NW.js 版的 Lorikeet 应用展示了文件和文件夹信息。这看上去像一个文件浏览器应用的样子了

文件类型属性是用来决定使用文件图标还是文件夹图标的，这有助于你对文件和文件夹进行区分，而且文件和文件夹的名字是按照字母顺序进行排序的。在图 2.12 中，文件名以点开始的文件以及隐藏文件都显示出来了，而这些在其他文件浏览器应用中一般都不会显示。图 2.13 显示的是 Electron 版的 Lorikeet 应用。

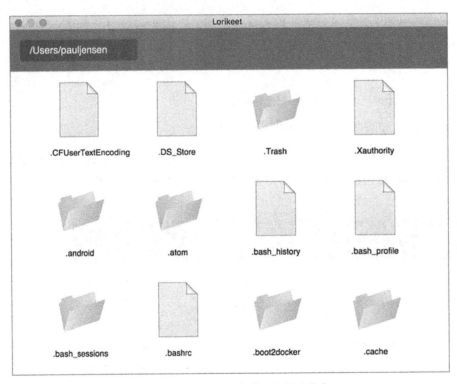

图 2.13　Electron 版的 Lorikeet 应用显示了文件和文件夹信息

Electron 版和 NW.js 版的 Lorikeet 应用看上去几乎一模一样。总的来说，看上去还不错，至此，本章的练习就结束了。

2.4　小结

在本章中，我们介绍了使用 NW.js 和 Electron 构建一款许多人都会在他们的计算机中使用的应用。还从头开始介绍了构建一款应用的流程以及如何逐个实现应用的功能。下面是本章介绍过的内容：

- 实现线框图最好的办法是，一个功能一个功能地去实现。

- 具备良好语义的代码可以更好地表达它要实现的功能。
- 在 NW.js 和 Electron 应用中，CSS 是主要定义界面元素样式的方式。
- 在你的桌面应用中使用 Node.js 以及其他第三方库是非常容易的。
- 由于 NW.js 和 Electron 的实现思路，它们互相之间可以共享代码，不过在 package.json 配置文件方面，Electron 会要求更多的代码，稍微有一些区别。

最棒的就是，对于 NW.js 和 Electron 版的 Lorikeet 应用，它们可以使用同样的代码，你也看到了使用这两个框架构建出来的应用是多么相似，当然你也留意到了它们不同的部分。这就意味着，就算此前你为你的应用所选择的框架是错误的，切换到另外一个框架也不是什么难事。

还值得一提的是，你可以用构建 Web 网站的技术去构建桌面应用的界面，这就意味着可以很快地构建桌面应用。

在下一章中，我们会继续扩展本章中的应用，增加更实用的功能。我们将会介绍 NW.js 和 Electron 的 API，并使用它们实现诸如浏览文件夹内容、通过名字查询文件和文件夹，以及打开文件这样的功能。

3 构建你的首款桌面应用

本章要点

- 实现从文件浏览器中打开文件
- 访问文件系统
- 使用 Node.js 模块功能重构代码
- 实现桌面应用中的查询功能

构建一款应用无法一蹴而就，从最初的应用原型，到持续地对它进行改进，直到成为一个成品为止。通常，对我来说，当完成产品功能并上线的时刻，是最激动的时刻。本章也将给你带来这一激动的时刻。

在第 2 章中，我们构建了一款名为 Lorikeet 的文件浏览器应用，而且已经完成了应用的界面和部分功能。在本章中，我们将继续完成新的功能，最终完成一款最小化可行的 Lorikeet 文件浏览器产品。

我们的目标不仅是在本章结束的时候完成应用的功能，你还要理解如何使用 NW.js 和 Electron 完成这些功能。这个过程也会让你积累足够的经验使用这些桌面应用开发框架去开发其他应用。你的脑子里总会迸发出很多奇思妙想，以前你不知道如何实现，现在你可以了。激动吗？好，准备一下，让我们进入第二回合。

3.1 浏览文件夹

实现这一功能的条件都已经满足了：指定路径下的文件和文件夹都已经显示在视窗中了。接下来，你需要实现这样一个功能：当用户在主区域中单击某个文件夹的时候，应用需要在主区域进一步显示该文件夹下的内容。

3.1.1 重构代码

如果现在打开 app.js 文件，你会发现代码看起来开始有点混乱了，现在是时候对它进行重构了，避免它越来越臃肿从而难以维护。重构这部分代码需要把代码进行逻辑分组，如图 3.1 所示。

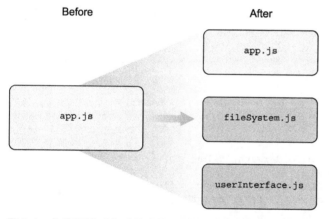

图 3.1 你将开始对代码从功能层面进行逻辑分组，这样代码会更加可读也更好维护

如图 3.1 所示，app.js 将会被分成三个文件。app.js 仍然是前端代码的主入口，不过还会有另外两个文件。fileSystem.js 负责处理对用户计算机中的文件和文件夹进行操作，userInterface.js 则负责处理界面上的交互。这是两个不同的逻辑分组，这样代码将更加有序。

在 Lorikeet 文件夹中与 app.js 文件同层级的位置创建两个文件：fileSystem.js 和 userInterface.js。在 fileSystem.js 文件中，插入代码清单 3.1 所示的代码。

代码清单 3.1 fileSystem.js 文件中的代码内容

```
'use strict';

const async = require('async');
const fs = require('fs');
const osenv = require('osenv');
const path = require('path');

function getUsersHomeFolder() {
  return osenv.home();
}

function getFilesInFolder(folderPath, cb) {
  fs.readdir(folderPath, cb);
}

function inspectAndDescribeFile(filePath, cb) {
  let result = { file: path.basename(filePath), path: filePath, type: '' };
  fs.stat(filePath, (err, stat) => {
    if (err) {
      cb(err);
    }        else {
      if (stat.isFile()) {
        result.type = 'file';
      }
      if (stat.isDirectory()) {
        result.type = 'directory';
      }
      cb(err, result);
    }
  });
}

function inspectAndDescribeFiles(folderPath, files, cb) {
  async.map(files, (file, asyncCb) => {
    let resolvedFilePath = path.resolve(folderPath, file);
    inspectAndDescribeFile(resolvedFilePath, asyncCb);
  }, cb);
}

module.exports = {
  getUsersHomeFolder,
  getFilesInFolder,
  inspectAndDescribeFiles
};
```

　　fileSystem.js 文件包含了 getUsersHomeFolder、getFilesInFolder、inspectAnd-
DescribeFile 以及 inspectAndDescribeFiles 这几个来自 app.js 文件的函数。文
件最后那些代码通过使用 module.exports（这是一个名为 CommonJS 的模块化规范
定义的将库中的公共方法暴露出来的方法）将一些函数暴露出去供其他文件调用。这
是一种非常重要的组织代码的方式，而且它可以让你的代码在跨项目时也能得到复用。

在 userInterface.js 文件中，插入代码清单 3.2 所示的代码。

代码清单 3.2 userInterface.js 文件中的代码内容

```
'use strict';

let document;

function displayFile(file) {
  const mainArea = document.getElementById('main-area');
  const template = document.querySelector('#item-template');
  let clone = document.importNode(template.content, true);
  clone.querySelector('img').src = `images/${file.type}.svg`;
  clone.querySelector('.filename').innerText = file.file;
  mainArea.appendChild(clone);
}

function displayFiles(err, files) {
  if (err) {
    return alert('Sorry, you could not display your files');
  }
  files.forEach(displayFile);
}

function bindDocument (window) {
  if (!document) {
    document = window.document;
  }
}

module.exports = { bindDocument, displayFiles };
```

> displayFiles函数是
> userInterface.js模
> 块暴露出来的公共
> 函数

在上述代码中，我们将 bindDocument 和 displayFiles 这两个函数暴露了出来。bindDocument 函数的作用是将 window.document 上下文传递给 userInterface.js 文件，否则，该文件无法在 NW.js 版应用中访问 DOM（Electron 版的应用不受影响）。displayFiles 函数的作用是将所有的文件显示出来，并且因为 displayFiles 函数只会被 displayFiles 函数调用，因此没有必要将 displayFiles 函数作为一个公共的 API 暴露出来。

现在代码已经从 app.js 文件中移到 fileSystem.js 和 userInterface.js 文件中了，接下来将 app.js 替换为代码清单 3.3 所示的内容。

代码清单 3.3 app.js 文件的代码内容

```
'use strict';

const fileSystem = require('./fileSystem');
```

```
const userInterface = require('./userInterface');

function main() {
  userInterface.bindDocument(window);
  let folderPath = fileSystem.getUsersHomeFolder();
  fileSystem.getFilesInFolder(folderPath, (err, files) => {
    if (err) {
      return alert('Sorry, you could not load your home folder');
    }
    fileSystem.inspectAndDescribeFiles(folderPath, files,
     userInterface.displayFiles);
  });
}

main();
```

现在 app.js 文件只有 17 行代码，可读性更好了。如上述代码所示，app.js 中使用到了两个 Node.js 模块（fileSystem 和 userInterface），main 函数和此前 app.js 文件中的是一样的，唯一的区别是这次调用了来自这两个 Node.js 模块中的函数。

最后需要修改 index.html 文件，让它调用 fileSystem 模块来获取用户个人文件夹。将 index.html 修改为代码清单 3.4 所示的内容。

代码清单 3.4　修改后的 index.html 文件

```
<html>
  <head>
    <title>Lorikeet</title>
    <link rel="stylesheet" href="app.css" />
    <script src="app.js"></script>
  </head>
  <body>
    <template id="item-template">
      <div class="item">
        <img class="icon" />
        <div class="filename"></div>
      </div>
    </template>
    <div id="toolbar">
      <div id="current-folder">
        <script>
          document.write(fileSystem.getUsersHomeFolder());
        </script>
      </div>
    </div>
    <div id="main-area"></div>
  </body>
</html>
```

保存修改后的文件内容。重构快完成了。接下来要支持当用户在文件浏览器中双击文件夹时，能显示该文件夹中的内容。

3.1.2 处理对文件夹的双击操作

作为文件浏览器，其中一个非常常见的功能就是双击文件夹图标能够查看文件夹中的内容。接下来，我们也将给 Lorikeet 应用加入这个功能。

当双击某个文件夹时，应用界面需要做出如下改变：

- 当前的文件夹改为双击的那个文件夹。
- 文件浏览器中需要显示当前双击的文件夹中的文件。
- 当双击其他文件夹时，重复上述的改变。

还要确保双击文件夹后的行为和预期的一致，并且当双击文件时，需要用默认的应用打开该文件。要实现这样的功能，需要完成如下这些事情：

- 在 userInterface.js 文件中新增一个 `displayFolderPath` 函数，该函数的作用是更新界面中的当前文件夹路径。
- 在 userInterface.js 文件中再增加一个 `clearView` 函数，其作用是将显示在主区域中的当前文件夹中的文件和文件夹清除。
- 还需要新增一个 `loadDirectory` 函数，作用是根据指定的文件夹路径，获取计算机中该路径下的文件和文件夹信息，并将其显示在应用界面主区域中。
- 修改 `displayFiles` 函数，在文件夹图标上监听一个事件来触发加载该文件夹中的内容。
- 修改 app.js 文件，在其中调用 userInterface.js 文件中的 `loadDirectory` 函数。
- 移除 index.html 文件中 `current-folder` 元素中的 `script` 标签，因为这已经不需要了。

将 userInterface.js 文件修改为代码清单 3.5 所示的内容。

代码清单 3.5 修改 userInterface.js 文件

```
'use strict';

let document;
const fileSystem = require('./fileSystem');    ← 增加fileSytem模
                                                  块来使用它的API
function displayFolderPath(folderPath) {       ← 增加显示当前
  document.getElementById('current-folder').innerText = folderPath;   文件夹路径的
}                                                                       函数
```

```javascript
function clearView() {
  const mainArea = document.getElementById('main-area');
  let firstChild = mainArea.firstChild;
  while (firstChild) {
    mainArea.removeChild(firstChild);
    firstChild = mainArea.firstChild;
  }
}
function loadDirectory(folderPath) {
  return function (window) {
    if (!document) document = window.document;
    displayFolderPath(folderPath);
    fileSystem.getFilesInFolder(folderPath, (err, files) => {
      clearView();
      if (err) {
        return alert('Sorry, you could not load your folder');
      }
      fileSystem.inspectAndDescribeFiles(folderPath, files, displayFiles);
    });
  };
}

function displayFile(file) {
  const mainArea = document.getElementById('main-area');
  const template = document.querySelector('#item-template');
  let clone = document.importNode(template.content, true);
  clone.querySelector('img').src = `images/${file.type}.svg`;

  if (file.type === 'directory') {
    clone.querySelector('img')
      .addEventListener('dblclick', () => {
        loadDirectory(file.path)();
      }, false);
  }

  clone.querySelector('.filename').innerText = file.file;
  mainArea.appendChild(clone);
}

function displayFiles(err, files) {
  if (err) {
    return alert('Sorry, you could not display your files');
  }
  files.forEach(displayFile);
}

function bindDocument (window) {
  if (!document) {
    document = window.document;
  }
}

module.exports = { bindDocument, displayFiles, loadDirectory };
```

移除 main-area
div 元素中的内容

loadDirectory 修改当前文件夹
路径并更新主区域中的内容

如果是文件夹，
则监听图标上的
双击事件

确保将loadDirectory作
为公共API暴露出去

接下来修改 app.js，让它调用 userInterface.js 文件中的 `loadDirectory` 函数。将 app.js 文件修改为代码清单 3.6 所示的内容。

代码清单 3.6 修改 app.js 支持文件夹双击操作

```
'use strict';

const fileSystem = require('./fileSystem');
const userInterface = require('./userInterface');

function main() {
  userInterface.bindDocument(window);
  let folderPath = fileSystem.getUsersHomeFolder();
  userInterface.loadDirectory(folderPath)(window);   ◁—— 调用userInterface.js文件
}                                                          中的loadDirectory函数

window.onload = main;   ◁—— 当应用的HTML加载到
                            视窗中后调用main函数
```

还需要改一个地方。现在可以将 current-folder div 元素中的 `<script>` 标签移除了。将 index.html 文件中的 current-folder div 元素修改为如下内容：

```
<div id="current-folder"></div>
```

这些文件修改完成后，重启应用。现在，当你双击应用中的某个文件夹时，就能看到工具条中当前文件夹路径改变了，而且该文件夹中的文件和文件夹也会显示在应用主区域中。图 3.2 所示的是一个 Electron 版的例子。

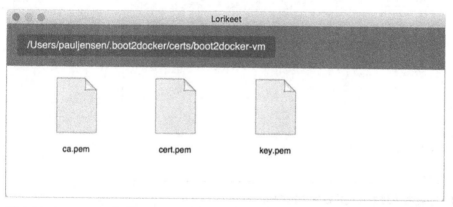

图 3.2 在 Electron 版的 Lorikeet 应用中，双击距离起始文件夹三层的某个文件夹后，界面显示了其中的文件列表

图 3.3 显示了在 NW.js 版本中同样的效果。

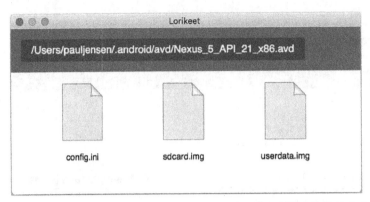

图 3.3　NW.js 版的 Lorikeet 应用，浏览了用户个人文件夹中的某个隐藏目录中的内容

　　如你所见，你已经可以使用原生的 JavaScript、HTML 以及 CSS 实现一款看上去是真正的桌面应用了。在目前为止一切都不错，不过任务还没完成。接下来要为应用增加快速搜索功能。

3.2　实现快速搜索

　　图 3.4 展示了我们接下来要实现的：快速搜索功能的样子。

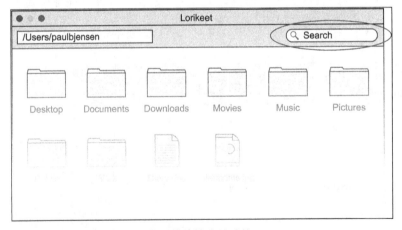

图 3.4　接下来要在应用中实现快速搜索的功能

　　如果一个文件夹中包含非常多的文件，那么要在这些文件中查找某个文件是一件非常麻烦的事情。在线框图中，工具条的右上角增加了一个搜索框，要实现文件夹内的搜索功能相对比较容易。只需完成以下几件事情即可：

1. 在工具条的右上角增加一个搜索框。

2. 引入一个内存搜索库。

3. 将当前文件夹中的文件和文件夹信息加入搜索索引。

4. 用户开始搜索时，对主区域显示的文件进行过滤。

3.2.1　在工具条中增加搜索框

首先要做的是增加一点 HTML 代码，在工具条的右上角显示一个搜索框。在 index.html 中的 `current-folder div` 元素后面插入如下代码：

```
<input type="search" id="search" results="5" placeholder="Search" />
```

上述代码添加了一个 search 类型的 `<input>` 标签以及一些其他的属性来改变搜索框样式。接下来在 app.css 中添加如下 CSS 样式：

```
#search {
  float: right;
  padding: 0.5em;
  min-width: 10em;
  border-radius: 3em;
  margin: 2em 1em;
  border: none;
  outline: none;
}
```

完成后，搜索框的样子如图 3.5 所示。

图 3.5　上方工具条中的搜索框，和图 3.4 所示的线框图中的类似。有意思的是，search 类型的 input 标签中的 results 属性给文本框里面加入了一个放大镜图标

3.2.2　引入一个内存搜索库

现在有输入框了，你需要想一个办法能够通过一个搜索库来对文件和文件夹列表进行搜索。值得感激的是，你不需要自己去写，作为一种常见的需求，已经有这样的库供你使用了。

lunr.js 是一款由 Oliver Nightinggale（他是我在 New Bamboo——现在属于 Thoughtbot 公司——工作时的同事）开发的客户端搜索库。它支持对文件和文件夹列表进行索引，然后可以通过索引进行搜索。

　　你可以通过如下 npm 命令来安装 lunr.js：

```
npm install lunr --save
```

　　上述命令会将 lunr.js 安装在 node_modules 文件夹中，并将这一依赖保存到 package.json 文件中。现在需要在与 app.js 同级目录中新建一个名为 search.js 的文件。你可以通过命令行 touch search.js 或者编辑器来创建该文件。创建好后，将代码清单 3.7 中的代码插入 search.js 文件。

代码清单 3.7　将代码插入 search.js 文件

```
'use strict';

const lunr = require('lunr');          通过npm将lunr.js
let index;                             作为依赖加载进来

function resetIndex() {                resetIndex函数
  index = lunr(function () {           重置搜索的索引
    this.field('file');
    this.field('type');
    this.ref('path');
  });
}
                                       添加对文件的索引，
function addToIndex(file) {             用于后续的搜索
  index.add(file);
}
                                       对一个指定的文
function find(query, cb) {             件进行查询
  if (!index) {
    resetIndex();
  }
  const results = index.search(query);
  cb(results);                         将一些函数作
}                                      为公共 API 暴
module.exports = { addToIndex, find, resetIndex };    露出来
```

　　上述代码实现了三个函数：addToIndex 的作用是将文件添加到索引中，find 支持对索引进行查询，resetIndex 的作用是重置索引，当你需要浏览一个新文件夹时，需要将现有的索引全部清除。通过 module.exports 将这些函数都暴露出来，这样在 app.js 中就可以载入这个文件并访问到它们。

3.2.3　在界面上触发搜索功能

要让搜索框触发对输入的文件名进行搜索，你需要监听用户在搜索框中输入的事件。你可以通过在 userInterface.js 中添加一个名为 bindSearchField 的函数来实现，该函数在搜索框中绑定了一个事件监听器。在 userInterface.js 文件中，增加如下函数：

```
function bindSearchField(cb) {
  document.getElementById('search').addEventListener('keyup', cb, false);
}
```

上述代码当用户在搜索框中输入内容后、释放按键的时候就会捕获到该事件（所以名字叫 keyup），你还需要将该函数添加到 userInterface.js 文件最后的 module. exports 对象中，这样就可以把该函数暴露给 app.js 文件了，如下所示：

```
module.exports = { bindDocument, displayFiles, loadDirectory, bindSearchField };
```

这个函数的作用是当用户每次在搜索框中按键输入的时候都会执行一个函数。

这里你需要获取输入框中的值。如果值为空，不需要进行文件搜索。如果有值，需要对显示在主区域的文件列表进行过滤。要实现这部分功能，需要完成以下事情：

- 将文件夹的内容显示到主区域前，重置搜索索引。
- 当有新文件要显示在主区域时，需要将它添加到索引中。
- 当搜索框中的内容为空时，确保所有的文件都显示在主区域中。
- 当搜索框中有内容时，根据该搜索内容对文件进行过滤并显示。

不过首先，你应该将 search 模块作为依赖添加到 userInterface.js 文件内容的顶部。将 userInterface.js 文件顶部内容修改为如下所示：

```
'use strict';
let document;
const fileSystem = require('./fileSystem');
const search = require('./search');
```

这样就可以访问 search 模块了。加载了 search 模块后，接下来要修改的是 loadDirectory 函数。该函数每次被调用的时候都需要重置搜索索引，这样就能实现只针对当前文件夹内容进行搜索。将 loadDirectory 函数修改为代码清单 3.8 所示的内容。

代码清单 3.8　loadDirectory 函数被调用时重置搜索索引

```
function loadDirectory(folderPath) {
  return function (window) {
    if (!document) document = window.document;      增加重置搜索索引的函
      search.resetIndex();                          数调用
    displayFolderPath(folderPath);
    fileSystem.getFilesInFolder(folderPath, (err, files) => {
      clearView();
      if (err) {
        return alert('Sorry, you could not load your folder');
      }
      fileSystem.inspectAndDescribeFiles(folderPath, files, displayFiles);
    });
  };
}
```

完成之后，接下来需要修改 loadDirectory 函数下面的 displayFile 函数。
修改后该函数要负责将文件添加到搜索索引中，同时也要确保 img 元素中保存了文件的路径，这样过滤搜索结果的时候就不需要再进行添加和删除 DOM 元素的操作了。将 displayFile 函数修改为代码清单 3.9 所示的内容。

代码清单 3.9　在 displayFile 函数中将文件添加到搜索索引中

```
function displayFile(file) {
  const mainArea = document.getElementById('main-area');
  const template = document.querySelector('#item-template');   将文件添
  let clone = document.importNode(template.content, true);     加到搜索
  search.addToIndex(file);                                     索引中
  clone.querySelector('img').src = `images/${file.type}.svg`;
  clone.querySelector('img').setAttribute('data-filePath', file.path);
  if (file.type === 'directory') {
    clone.querySelector('img')                     将文件路径保存在图片元
      .addEventListener('dblclick', () => {        素的data-filePath属性中
        loadDirectory(file.path)
      }, false);
  }
  clone.querySelector('.filename').innerText = file.file;
  mainArea.appendChild(clone);
}
```

接下来，新增一个函数用于处理在界面上显示搜索结果。该函数获取在主区域中显示的文件或者文件夹路径，判断该路径是否满足用户在搜索框中输入的搜索条件。在 userInterface.js 文件中的 bindSearchField 函数后面新增一个函数，如代码清单 3.10 所示。

代码清单 3.10 在 userInterface.js 文件中新增 filterResults 函数

```
function filterResults(results) {
  const validFilePaths = results.map((result) => { return result.ref; });
  const items = document.getElementsByClassName('item');
  for (var i = 0; i < items.length; i++) {
    let item = items[i];
    let filePath = item.getElementsByTagName('img')[0]
      .getAttribute('data-filepath');
    if (validFilePaths.indexOf(filePath) !== -1) {
      item.style = null;
    } else {
      item.style = 'display:none;';
    }
  }
}
```

获取搜索结果
中的文件路径
用于比对

文件路径是否
匹配搜索结果

如果匹配，则
将其显示出来

如果不匹配，
则将其隐藏

你可以增加一个函数用于处理重置过滤结果的情况。这在搜索框中内容为空的时候会用到。将如下所示的函数添加到 userInterface.js 文件中的 filterResults 函数后面：

```
function resetFilter() {
  const items = document.getElementsByClassName('item');
  for (var i = 0; i < items.length; i++) {
    items[i].style = null;
  }
}
```

在上述代码中，使用了一个选择器将所有包含 item 的 CSS 类名的 div 元素都找到，并将所有设置将它们隐藏起来的样式属性清除，确保它们会显示出来。同时你还要确保 filterResults 和 resetFilter 这两个函数通过 module API 暴露出来。将 userInterface.js 文件底部的 module.exports 对象修改为如下内容：

```
module.exports = {
  bindDocument, displayFiles, loadDirectory,
  bindSearchField, filterResults, resetFilter
};
```

到目前为止，所有对 userInterface.js 的修改都完成了。接下来，把注意力转移到 app.js 文件上，将其修改为：

- 在界面上需要监听搜索框。
- 将搜索关键词传给 lunr 搜索工具。
- 将搜索工具处理完的结果显示到界面上。

将 app.js 文件修改为代码清单 3.11 所示的内容。

代码清单 3.11　在 app.js 文件中集成搜索功能

```
'use strict';

const fileSystem = require('./fileSystem');
const userInterface = require('./userInterface');          ◄─┤ 在app.js中加载
const search = require('./search');                            搜索模块

function main() {
  userInterface.bindDocument(window);
  let folderPath = fileSystem.getUsersHomeFolder();
  userInterface.loadDirectory(folderPath)(window);        ◄─┤ 监听搜索框值
  userInterface.bindSearchField((event) => {                    的变化
    const query = event.target.value;
    if (query === '') {                                   如果搜索框内容为空，则
      userInterface.resetFilter();                    ◄─┤ 在界面上重置过滤结果
    } else {
      search.find(query, userInterface.filterResults);  ◄─┤ 如果搜索框中有
    }                                                       值，将该值传递
  });                                                       给搜索模块的
}                                                           find 函数处理并
                                                            将过滤结果显示
window.onload = main;                                       在界面上
```

将修改过的文件都进行保存后，重启应用。应用看起来和之前没区别，不过这次你会发现当在搜索框中输入关键词的时候，主区域中只会显示与之匹配的文件和文件夹。如果把搜索框中的内容清空，当前文件夹路径下所有的内容又都会显示出来。哪怕你通过双击某个文件夹进入该文件夹，搜索功能对当前文件夹也依然起作用，如图 3.6 所示。

通过 6 个手写的文件，其中不超过 281 行代码以及一些 npm 模块，你已经构建了一个文件浏览器应用。它可以展示文件夹中的内容、浏览具体的文件夹内容以及像线框图设计的那样针对文件名进行搜索。这么少的代码实现这样的功能，还算不错！

接下来，你要改进在应用内的导航功能，以及实现用默认应用打开某个文件。

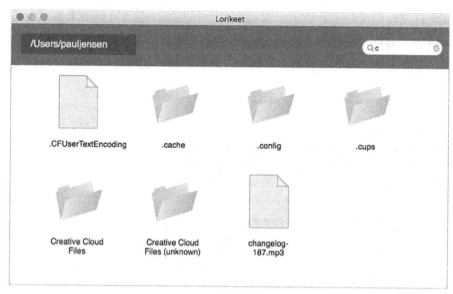

图 3.6　对 Atom 隐藏文件夹中的内容针对文件名进行搜索

3.3　改进应用内的导航功能

你已经实现了显示用户个人文件夹内容、浏览文件夹中的具体内容、通过搜索来过滤要展示的文件夹和文件的功能。现在还需要支持回退，目前应用中还没有这个功能。

要实现这个功能，你需要支持让用户单击显示当前文件夹路径的时候回退到上一级内容——要将显示路径中每个表示文件夹的部分都变成可单击的。

3.3.1　实现当前文件夹路径可单击

图 3.7 显示了最终的效果。

单击这里的文件夹路径，就会改变下面渲染的内容

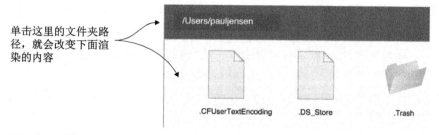

图 3.7　当单击工具条上的当前文件夹路径时，需要在主区域中显示单击的文件夹的内容

当前文件夹路径现在在工具条上只是显示为一行文字，但它可以用来做更多的事情。在本例中，你需要将它改成样子上还是当前的样子，但当单击路径上的文件夹名的时候，需要显示文件夹中的内容，就像在网页上单击某个链接一样，如图 3.8 所示。

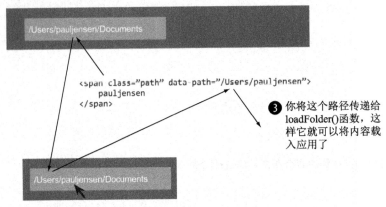

图 3.8　单击当前文件夹路径中的文件夹名会将其内容显示在应用中

我们先来看一下处理工具条上显示当前文件夹路径的代码—— userInterface.js 文件中的 displayFolderPath 函数。你需要将该函数改成不再只是返回当前文件夹的路径，而是将文件夹路径传递给另外一个函数，这个函数将接收路径并返回一系列 HTML 的 span 元素。span 标签不仅包含文件夹的名字，还有一个 data 属性指向该文件夹的路径。这样当该文件夹名字被单击的时候，你就可以将该文件夹路径传递给 loadFolder 函数，将该文件夹内容在应用中显示出来。

我们从创建一个函数开始，该函数接收文件夹名字作为参数，并返回一系列包含了文件夹名的 span 标签，在 span 标签上还通过属性保存了文件夹所在的路径。将该函数取名为 convertFolderPathIntoLinks 并将它放在 userInterface.js 中。首先你需要在文件顶部（在加载 search 模块后面）增加一个模块依赖，用来加载 path 模块：

```
const path = require('path');
```

path 模块是用来获取操作系统的路径分隔符。在 Mac OS 和 Linux 中，路径分

隔符是斜杠（/），但在 Windows 中，它是反斜杠（\）。这将在函数中用于为每个
文件夹创建对应的路径，以及显示当前文件夹完整路径的时候用到。在 convert-
FolderPathIntoLinks 函数中，插入如下代码：

```
function convertFolderPathIntoLinks (folderPath) {
  const folders = folderPath.split(path.sep);
  const contents   = [];
  let pathAtFolder = '';
  folders.forEach((folder) => {
    pathAtFolder += folder + path.sep;
    contents.push(`<span class="path" data-path="${pathAtFolder.slice(0,
    -1)}">${folder}</span>`);
  });
  return contents.join(path.sep).toString();
}
```

　　上述函数接收文件夹的路径作为参数，根据该路径上的分隔符将其转变为一个
包含路径上文件名的列表。有了这个列表，就可以对其中每个文件夹名创建 span
标签。每个 span 标签包含一个名为 path 的类名以及一个 data-path 属性保存当
前文件夹的路径，最后文件夹的名字以文本的形式被包含在 span 标签中。

　　span 标签创建好后，这些 HTML 内容就以字符串的形式连起来并返回。这段
HTML 内容会被 displayFolderPath 函数使用。该函数接收当前文件夹路径作为
参数，然后获取到要插入工具条的 HTML 代码。最后你需要将该函数修改为插入
HTML 内容而不是文本内容。将 displayFolderPath 函数修改为如下内容：

```
function displayFolderPath(folderPath) {
  document.getElementById('current-folder')
    .innerHTML = convertFolderPathIntoLinks(folderPath);
}
```

　　上述函数现在使用 innerHTML 将 HTML 代码片段插入界面上的 current-folder
元素中，其中 convertFolderPathIntoLinks 函数接收传递给 displayFol-
derPath 函数的文件夹路径作为参数，并将最终的 HTML 返回来。这部分改动最
妙的地方就在于你只需要修改一小部分 displayFolderPath 函数内容而不需要对
多处进行大量代码的修改。这也是编程的理想目标：将代码重构，使其变得更容易
修改。这部分修改完毕后，你现在需要处理当工具条上的文件夹名字被单击后，需
要在界面上显示该文件夹的内容。

　　在 userInterface.js 文件中，你需要再增加一个函数，该函数用于监听用户单击
文件夹名（本例中就是所有带 path 类名的 span 元素）的操作，并将被单击的文

件夹路径传递给回调函数。该回调函数接收到文件夹路径后，将其传递给负责显示文件夹内容的函数。在 userInterface.js 文件底部的位置，但要在 module.exports 对象前，插入如下代码：

```
function bindCurrentFolderPath() {
  const load = (event) => {
    const folderPath = event.target.getAttribute('data-path');
    loadDirectory(folderPath)();
  };

  const paths = document.getElementsByClassName('path');
  for (var i = 0; i < paths.length; i++) {
    paths[i].addEventListener('click', load, false);
  }
}
```

接下来要在 displayFolderPath 函数中调用上述函数。将 displayFolder-Path 函数修改为如下内容：

```
function displayFolderPath(folderPath) {
  document.getElementById('current-folder')
    .innerHTML = convertFolderPathIntoLinks(folderPath);
  bindCurrentFolderPath();
}
```

userInterface.js 文件很容易就扩展出了新功能，可以处理当用户单击当前文件夹路径上的文件名的情况了——这真是很棒，因为只是对代码进行了简单的修改而不是大刀阔斧的改动就达到了目的。

3.3.2　让应用随着文件夹路径的改变显示对应的文件夹内容

简单地修改一行代码就可以实现这个功能，同时也是最后需要修改的代码，那就是当鼠标光标悬停在 span 元素上的时候，将鼠标光标显示为手的形状。将如下代码添加到 app.css 文件中：

```
span.path:hover {
  opacity: 0.7;
  cursor: pointer;
}
```

保存上述修改后，现在可以重启应用了。像往常一样单击某个文件夹，然后通过单击当前文件夹路径上的某个文件夹名字再回去。这个功能确保了用户可以再去访问其他文件夹，否则他就只能一直在当前文件夹中进行访问。到目前为止，你实现的功能是所有跨平台的文件浏览器应用都会有的功能（通过路径访问文件夹），不过你还实现了让文件夹路径变得可以被单击——并非所有文件浏览器应用都这样处理。这也展示了，有了 Electron 或 NW.js，你不仅可以使用 Web 技术来构建桌面应用，而且还可以将两者结合实现以前桌面应用没有做的新东西。

现在你已经完成了这个功能，接下来要实现用系统默认的应用打开对应的文件。

3.3.3 实现使用默认应用打开对应的文件

到目前为止，我们大部分精力都在如何和文件夹进行交互上，现在需要实现如何能够让文件浏览器打开诸如图片、视频、文档以及其他类型的文件。

要实现这个功能，需要完成以下事情：

- 处理单击文件的情况。
- 以 NW.js/Electron 打开外部文件的方式将文件路径传递给它。

我们先来处理单击文件。

单击文件

你可能还记得在此前的章节中，我们介绍了如何判断在主区域中渲染的是文件夹，并监听双击文件夹的事件。我们也将使用同样的方法来处理双击文件的情况。

在 userInterface.js 文件中，是 displayFile 函数负责在主区域中显示文件和文件夹以及监听对它们的操作。将该函数修改为代码清单 3.12 所示的内容。

代码清单 3.12 在 displayFile 函数中添加处理双击文件的操作

```
function displayFile(file) {
  const mainArea = document.getElementById('main-area');
  const template = document.querySelector('#item-template');
  let clone = document.importNode(template.content, true);
  search.addToIndex(file);
  clone.querySelector('img').src = `images/${file.type}.svg`;
  clone.querySelector('img').setAttribute('data-filePath', file.path);
  if (file.type === 'directory') {
    clone.querySelector('img')
      .addEventListener('dblclick', () => {
        loadDirectory(file.path)();
      }, false);
} else {                                    ←──  不是文件夹，因此是文件，
  clone.querySelector('img')                     所以监听文件的双击事件
```

```
    .addEventListener('dblclick', () => {
        fileSystem.openFile(file.path);
    }, false);
}
clone.querySelector('.filename').innerText = file.file;
mainArea.appendChild(clone);
}
```

调用 fileSystem 模块中名为 openFile 的新函数，并将文件路径传递给它

上述添加的这部分代码，可以实现监听文件的双击事件，并在回调函数中调用 fileSystem.js 模块中的 openFile，接下来你需要实现 openFile 函数。

fileSystem.js 模块中的 openFile 函数需要调用 Electron 或者 NW.js 的 shell API。shell API 能够使用系统默认的应用打开 URL、文件以及文件夹。为了考虑兼容性，你写的代码需要在两个框架中都能工作，这样可以避免后续的改动。

在 fileSystem.js 文件中，在加载依赖之后添加如下代码：

```
let shell;
if (process.versions.electron) {
  shell = require('electron').shell;
} else {
  shell = window.require('nw.gui').Shell;
}
```

上述代码在 Electron 版和 NW.js 版的应用中都可以运行，这意味着后续不需要对这部分代码进行改动。这里要注意是如何获取 Electron 和 NW.js 中 shell 对象的（NW.js 是通过 GUI API 调用它的，并且 shell 这个名字也是首字母大写的）。如果应用运行在 Electron 环境中，就会加载 Electron 的 shell API，如果是运行在 NW.js 中，就会加载 NW.js 的 shell API。

指定 Node.js 桌面应用开发框架中的 shell API 加载好后，你现在就可以调用 shell API 上的方法来打开文件了。将代码清单 3.13 中的代码添加到 fileSystem.js 文件中 module.exports 对象前的位置。

代码清单 3.13　在 fileSystem.js 文件中添加 openFile 函数

```
function openFile(filePath) {
  shell.openItem(filePath);
}
```

调用 shell API 的 openItem 函数，并将文件路径传递给它

注意到有意思的东西了吗？不管是 Electron 还是 NW.js，用于打开文件的 shell API 的函数名都是一样的。这对于不了解 NW.js 和 Electron 那段共享的历史的人来说，多少是有点惊讶的：

实现了这个新函数后，接下来需要将它以公共 API 的形式在 fileSystem.js 文件中暴露出来。在 module.exports 对象中将该函数添加进去，如下所示：

```
module.exports = {
  getUsersHomeFolder,
  getFilesInFolder,
  inspectAndDescribeFiles,
  openFile
};
```

快完成了，但还有一件事情（借鉴自 Steve Jobs 的名言）。当鼠标光标移动到文件或文件夹上的时候，你需要在视觉上显示它们是可以单击的。你可以通过扩展上次在 app.css 文件中添加的 CSS 规则来实现。提醒一下，上次添加的内容如下所示：

```
span.path:hover {
  opacity: 0.7;
  cursor: pointer;
}
```

将其扩展为对主区域中的文件和文件夹图标都有效：

```
span.path:hover, img:hover {
  opacity: 0.7;
  cursor: pointer;
}
```

保存上述修改后，重启应用，在 Lorikeet 应用中双击文件的时候，你就会发现它们最终会被系统默认的应用打开。

太棒了！我们现在已经完成一个功能完备的文件浏览器了，它可以打开文件，可以浏览文件夹，还可以根据名字进行搜索。

3.4 小结

在本章中，我们为一款桌面应用添加了一些功能，使其变得可用并满足了最小化可用产品的标准。我们还学到了如何提高一款桌面应用代码的可读性，以及如何组织代码。

本章包含如下内容：

- 使用 Node.js 的模块功能重构了代码。
- 使用第三方代码库实现了搜索功能。

- 使用 Electron 和 NW.js 的 shell API 实现了使用系统默认的应用打开文件。
- 实现了应用内的导航，使其更可用。

本章中你最受益的是如何通过几百行代码以及一些外部文件，就可以构建出一个应用，并具备和原生桌面应用一样的功能（还实现了一个相对复杂的功能）。除此之外，你还学会了如何使用像 lunr.js 这样的第三方代码库来实现它提供的功能，以及学会了组织代码的方式，能让代码同时可以被 Web 应用使用，即使用相同的代码同时构建 Web 应用和桌面应用。

在第 4 章中，我们要为应用分发做准备了：隐藏开发者工具、添加应用图标、对应用进行构建，使其可以在不同的操作系统中像原生桌面应用那样运行起来。

分发你的首款桌面应用 4

本章要点

- 为应用创建图标
- 针对不同操作系统对应用进行编译
- 在不同平台上测试应用

在软件的世界里，创建一个新项目很容易，但是要坚持将它开发完成并发布却并非易事。分发软件就是一个分水岭，分水岭的一边是那些完成的、被全世界用户在用的软件，而另外一边则是启动了无数项目却没有一个完成的。

在第 3 章中，我们改进了我们的桌面应用并完成了最小化可行产品的功能。接下来你要为应用分发做准备了，这样才能将应用制作成用户可以在 Windows、Mac OS 和 Linux 系统上运行的产品。

你将学习到如何使用 NW.js 和 Electron 的构建工具来帮助构建独立可执行的 Lorikeet 应用。

4.1　对应用进行与分发相关的设置

当应用构建完毕准备给用户使用的时候，还要为应用打包和分发做准备。这部分包括以下这些事情：

- 为应用显示自定义的图标来替换默认的应用图标。
- 针对不同操作系统为应用制作原生二进制文件。
- 针对不同平台进行测试。

创建应用图标

对于 Lorikeet，你需要为它定制一个图标，这样用户就可以轻易地将它从计算机中与其他应用区分开来。更换应用图标这件事情有点烦琐无趣，因为针对不同操作系统，文件格式不同，显示应用图标的方式也不一样，而且更改应用图标还得手工进行。我们先来了解一下不同操作系统显示图标的不同方式，然后再学习如何针对不同操作系统来制作应用图标。

第一步需要创建一个 512×512 像素的高清 PNG 图片。如果对图标设计你有自己的想法，那这会是一个很有意思的练习。不过如果你不想自己设计而想直接使用现成的图标，可以从 https://github.com/paulbjensen/lorikeet/blob/master/icon.png 下载我做的（基于我在澳大利亚拍的一些真实的 Lorikeet 鸟的照片制作而成）。

图 4.1 展示了这个图标的样子。

图 4.1　两个版本 Lorikeet 应用的图标

有了这个图标文件后，你就可以开始针对不同操作系统制作不同版本的图标了。

Mac OS

Mac OS 系统要求应用图标的文件格式为 ICNS。该文件格式包含以下不同分辨率版本的应用图标：

- 16 px
- 32 px
- 128 px
- 256 px
- 512 px

根据你使用的操作系统（我用的是 Mac OS），有不同的创建 ICNS 文件的方法。通过在网上搜索 *ICON generator* 可以查到一些在线制作工具，同时也会搜到一些商业应用，它们不仅可以生成 ICNS 文件，还可以生成 Windows、iOS 以及其他平台的图标文件。在 Mac 的应用商店中，有一款叫 iConvert Icons 的产品可以将应用图标转换为 ICNS 文件以及微软 Windows 系统的 ICO 文件（你也可以使用免费的网页版 iConvert Icons）。或者，如果你是苹果开发者项目的订阅者，可以免费下载 Icon Composer（一款最初集成在 Xcode 中的工具）。我会为你展示如何使用 iConvert Icons 来创建 ICNS 文件（确保你的计算机安装的是 Mac OS 系统）。

首先，在应用商店搜索并购买该应用，待下载完成后打开它。你就会看到如图 4.2 所示的界面。

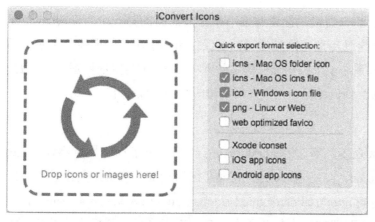

图 4.2　iConvert Icons，一款根据图片制作 ICNS 和 ICO 图标文件的工具。注意，图中 iConvert Icons 应用中有 3 个复选框是选中的，这 3 个选项是用来生成我需要的图标文件的

将你下载的用于应用图标的 PNG 图片拖曳到应用的虚框区域中，会打开一个选择文件夹的对话框，让你选择保存生成图标文件的地方。你需要将图标文件保存在应用的 images 文件夹中。选择该文件夹后，打开文件夹后你会发现生成的文件已

经在里面了，如图 4.3 所示。

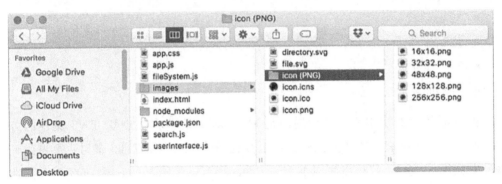

图 4.3　使用 iConvert Icons 生成的应用图标文件

现在已经有了应用的 ICNS 文件了。有很多方法可以生成应用图标，不过在这之前需要先来构建应用。所以现在你先将 ICNS 留着后续再用。

Windows

微软的 Windows 系统要求图标文件使用 ICO 文件格式，在 Web 浏览器中显示的网站图标也使用的是该格式。如果你已经在用 iConvert Icons 了，也可以用它来生成 ICO 文件。

或者你可以通过谷歌来搜索，搜索结果中排在最前面的是一个叫 icoconverter. com 的网站。如果你决定使用这个网站的话，确保你勾选了所有的图标分辨率，因为不同版本的 Windows 系统要求的图标分辨率是不一样的。上传好应用图标图片后，将生成后的图标文件保存到计算机中，供之后构建应用的时候使用。

Linux

尽管 Linux 发行版众多，不过 freedesktop.org 组织创建了一种针对不同 Linux 图形桌面环境（如 Gnome、KDE 和 Xfce）处理图标的标准。它就是大家熟知的桌面准入规格，详情可访问 http://standards.freedesktop.org/desktop-entry-spec/latest/。

.desktop 文件是一个配置文件，包含了应用名、运行路径、图标位置以及其他一些配置信息。这里是一个示例 .desktop 文件：

```
[Desktop Entry]
Encoding=UTF-8
Version=1.0
Type=Lorikeet
Terminal=false
```

```
Exec=$HOME/.lorikeet/lorikeet
Name=Lorikeet
Icon=$HOME/.lorikeet/icon.png
```

　　为 .desktop 文件取一个名字，比如 lorikeet.desktop 并保存在用户计算机中。用于 Linux 的图标文件格式可以是 PNG，就和最初为应用创建的那个图片一样。或者，如果想让应用图标在任何分辨率下看起来都很清晰，那么最好使用 SVG 文件，这是一种矢量图，对不同分辨率进行放大和缩小都不影响图片清晰度。不管你使用哪一种，现在针对不同操作系统，都已经准备好应用图标了。

　　要为应用设置图标，你需要了解构建应用的流程，然后为不同的构建过程设置应用图标。

4.2　对要分发的应用进行打包

　　现在你已经配置好要分发的应用了，接下来准备为应用生成二进制可执行文件，每个操作系统一个可执行文件。NW.js 和 Electron 都有构建工具可以容易地对应用进行构建。

　　我们先来看看如何为 NW.js 版的 Lorikeet 应用构建独立的可执行文件，然后再看看 Electron 版本的如何实现。

4.2.1　使用一种 NW.js 的构建工具

　　NW.js 的构建工具有很多，我要推荐的这款叫 nw-builder。你可以使用终端程序或者命令提示符程序通过 npm 来安装 nw-builder（以前叫 node-webkit-builder）：

```
npm install nw-builder -g
```

　　上述命令将 nw-builder 作为全局模块进行安装，所以所有的 NW.js 应用都可以使用 nwbuild 命令。

　　nw-builder 不仅可以为不同操作系统制作各自的独立可执行文件，还可以添加你此前做好的应用图标。要达到这个目的，你需要给 nwbuild 命令行传递一些参数，告诉它要使用应用图标。找一个放置生成的应用文件的文件夹，并在终端程序或者命令行提示符程序中运行如下命令：

```
nwbuild . -o ./build -p win64,osx64,linux64
```

上述命令会在命令行运行时所在的目录创建一个 build 文件夹。在该文件夹中会有另外一个以应用名称为名的文件夹（本例中是 lorikeet-nwjs），在这里面还有 6 个文件夹，每个文件夹代表一个构建应用要针对的操作系统（win64、osx64、linux64）。这些文件夹中包含了针对每个操作系统构建好的 64 位版本的应用。如果你打开这些文件夹，会看到有 Windows 版本应用的 exe 文件，也有 Mac OS 版本的 app 文件。

在你的计算机中双击打开某个应用，会看到它可以作为一个独立的应用运行起来。运行的时候没有终端窗口打开，也没有安装外部依赖的软件。如果你使用 Mac OS，它会出现在系统的 Dock 中。在 Windows 中，你会看到它出现在屏幕下方的任务栏中。如果是 Linux（假设是 Ubuntu）的话，你会看到它出现在 unity 工具条中。

4.2.2　使用一种 Electron 的构建工具

Electron 有不少构建工具，其中有一款叫（或许你已经猜到了）electron-builder。它打包 Electron 应用时非常好用，我们来看如何安装它。在终端程序或者命令提示符程序中，通过 npm 来安装 electron-builder：

```
npm install electron-builder electron --save-dev
```

上述命令将 electron-builder 和 electron 作为应用开发环境下的依赖进行安装。安装完成后，你需要修改 package.json 文件，使其包含构建应用需要的配置信息。

为了让 electron-builder 顺利工作，需要检查 package.json 文件中是否包含如下字段（如果还没有的话就加进去）：

- 名称
- 描述
- 版本号
- 作者
- 构建配置
- 打包和分发脚本

这些字段是使用 electron-builder 为应用构建独立可执行文件必要的配置。代码清单 4.1 展示了一个示例 package.json 文件。

代码清单 4.1　一个包含了 electron-builder 配置信息的示例 package.json 文件

```
{
  "name": "lorikeet",
  "version": "1.0.0",
  "main": "main.js",
  "author": "Paul Jensen <paul@anephenix.com>",
  "description": "A file explorer application",
  "dependencies": {
    "async": "^2.1.4",
    "lunr": "^0.7.2",
    "osenv": "^0.1.4"
  },
  "scripts": {
    "pack": "build",
    "dist": "build"
  },
  "devDependencies": {
    "electron": "^1.4.14",
    "electron-builder": "^11.4.4"
  },
  "build": {}
}
```

以上这些字段都添加到 package.json 文件后，就可以开始为 Electron 版的 Lorikeet 应用构建独立的可执行文件了。可以通过 npm 运行如下命令开始创建独立可执行文件：

```
npm run pack
```

上述命令开始构建 Electron Lorikeet 应用。应用构建完成后，会生成一个名为 dist 的文件夹，该文件夹中还有一个名为 mac 的文件夹，其中包含多个 Lorikeet 应用的构建包——一个 zip 文件和一个 DMG 文件。

现在你已经有了应用的独立可执行文件，接下来开始将你此前创建的图标设置为应用图标。

> **electron-builder 的配置可选项**　electron-builder 构建不同版本的应用时提供了很多配置可选项。欲了解详情，可以访问 https://github.com/electron-userland/electron-builder/wiki/Options。

4.2.3　设置应用的图标

现在应用和应用图标都准备好了，接下来要将两者结合起来。最好的办法就是参照每个系统采用不同的方法来进行。

Mac OS

修改 Mac OS 应用图标有一个简单的方法。在 build 文件夹中有 Mac OS 版本的应用，右击该应用选择"获取信息（Get Info）"项，你会看到如图 4.4 所示的界面。

图 4.4　修改图标前 NW.js 版的 Lorikeet 应用的信息窗口

新打开一个 Finder 窗口，找到你之前创建的 icon.icns 文件，将它拖曳到信息窗口左上角的应用图标的位置，然后就会看到如图 4.5 所示的样子。

就这么简单。将 icon.icns 文件拖曳到信息窗口中的应用图标位置就行了。此时如果双击应用的话，就能在 Dock 中看到新的图标；在 Finder 窗口找到应用安装的位置，也能看到新的图标；还有当你按下 Command + Tab 组合键切换应用的时候，也能看到新的图标。该版本的应用现在已经准备好可以分发了，修改 Mac 版本应用的图标也非常简单和方便。

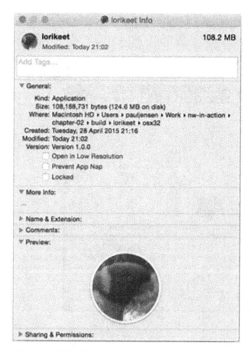

图 4.5 图标修改后 NW.js 版的 Lorikeet 应用的信息窗口

微软 Windows

相比 Mac OS，修改 Windows 版本的应用图标就没这么容易了，但也不算很麻烦。有两种办法，其中一种是使用第三方工具手动进行修改，另外一种是交给 nw-builder 来处理。我会对这两种方法进行相关介绍，你可以自行选择。

默认你有一台安装了微软 Windows 系统的个人计算机（或者你在虚拟机中安装了），你可以下载一款名为 Resource Hacker（http://angusj.com/resourcehacker）的免费工具。Resource Hacker 是一款用来修改可执行文件的工具，它可以让你对应用图标的 .ico 文件进行替换。

将 Windows 版的应用复制到桌面后，使用 Resource Hacker 打开 lorikeet.exe 文件，并单击菜单栏中的 Action⇨Replace Icon 菜单项，如图 4.6 所示。

选择此前为 Windows 应用创建的 icon.ico 文件，然后单击 File⇨Save 命令。选择要替换的 lorikeet.exe 文件，这时该 Windows 应用就有新图标了。当双击该应用图标的时候，应用会运行起来并且在任务栏中显示的也是新图标。这个方法适用于旧版本的 Windows 系统，对最新版本的 Windows 系统无效。

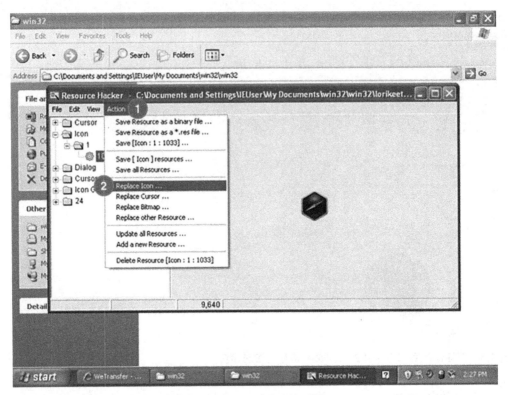

图 4.6 使用 Resource Hacker 替换 Windows 版应用的图标

nw-builder 可以用来设置应用图标，但不总能保证兼容所有平台——不过能保证对最新版的 Windows 系统有效。

首先需要确保在应用文件夹中（具体在哪无所谓——可以和 package.json 同级也可以在 assets 文件夹中）有一份应用图标。假设你的图标文件名为 icon.png，并且和 package.json 在同级目录，对 package.json 文件中的 window 字段进行修改，添加如下一行代码

```
"icon": "icon.png"
```

上述这行配置告诉 NW.js 加载 icon.png 文件作为图标显示在标题栏上，并且 nw-builder 将这个文件设置为应用图标显示在文件浏览器中以及任务栏中。修改完毕后，使用 nw-builder 的 nwbuild 命令重新构建应用，待构建完毕后，你就会发现应用图标已经设置为 lorikeet 这种鸟的图标，而不是此前的深蓝色的六边形图标了。

如果现在双击应用，就会看到如图 4.7 所示的样子。

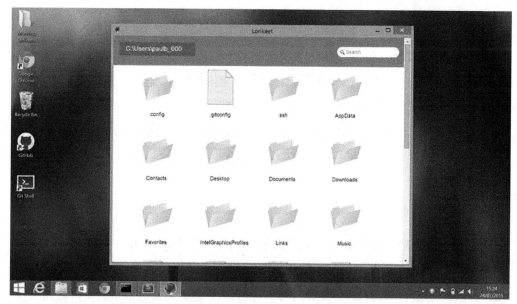

图 4.7　运行在 Windows 8.1 中的 NW.js 版的 Lorikeet 应用。注意任务栏以及应用标题栏上的图
标都已经显示为 lorikeet 这种鸟的图标了

图 4.7 所示的样子确保在 Windows 8 中已经完成了。不过这里要注意一些事情，
你的用户可能会用不同版本的 Windows 系统（比如，在中国有许多人在用 Windows
XP 系统），所以取决于你想让你的应用支持哪些版本的 Windows 系统，最好的办法
是先将要支持的系统列出来，使用 nwbuild 搭配参数，然后针对老的系统，使用
Resource Hacker 来手动修改应用图标。

Windows 系统完成后，最后来看看如何在第三种操作系统——Linux 中设置应
用图标。

在 Windows 中运行 NW.js 版本的应用发现是一片空白

部分 NW.js 用户在 Windows 中运行应用的时候遇到过这个问题（参见
https://github.com/nwjs/nw.js/issues/3212）。原因是，Windows 对文件路径有 256
个字符的长度限制。在 Windows 中开发 Node.js 应用的开发者也会遇到这个问题，
原因是 npm 会嵌套地在文件夹中安装依赖的模块。嵌套很深的时候就会触发这个
问题。

npm 在第 3 版中通过将安装的模块调整为扁平的目录，解决了由于嵌套的目

录结构会触发 Windows 256 个字符路径名长度的限制问题。

你可以通过如下命令来安装 npm 第 3 版：

npm install npm（这个命令会安装和你的 Node.js 兼容的最新 npm，目前最新的是 5，只要是 3 以及以上的版本都可以解决这个问题。）

要了解更多关于这个问题的信息，以及哪些工具可以解决问题，可以阅读这篇文章 http://engine-room.teamwork.com/dealing-with-long-paths/。

Linux

取决于你使用的是哪种 Linux 发行版（我用的是 Ubuntu），为 Linux 版的应用设置图标甚至可能比在 Mac OS 中设置还简单。如果你的计算机中没有安装 Linux 操作系统，可以下载安装 VirtualBox 软件，然后下载 Ubuntu 系统的 IOS 镜像文件，再使用该镜像创建一个虚拟机。这种方法可以让你不需要用多台计算机安装不同的操作系统就可以针对不同系统进行应用的测试。

Linux 系统启动后，假设你用的是 Gnome 桌面环境，将 Linux 版的 Lorikeet 应用以及用于图标的 PNG 图片复制到计算机中的某个位置。单击文件程序图标打开 Gnome 下的文件浏览器，打开 Lorikeet 应用所在的目录，右击图标，选择"属性"命令。在属性窗口中，单击左上角的图标，选择 PNG 图片，然后确认。这样就完成修改图标的任务了。现在如果你双击应用图标，就能看到应用可以运行起来了，而且出现在 unity 工具条中，如图 4.8 所示。

以上就是在 Ubuntu Linux 系统中设置应用图标的步骤。你现在可以将这个应用作为一款独立的应用分发给其他用户了，这也意味着你已经完成构建应用并分发应用的工作了。

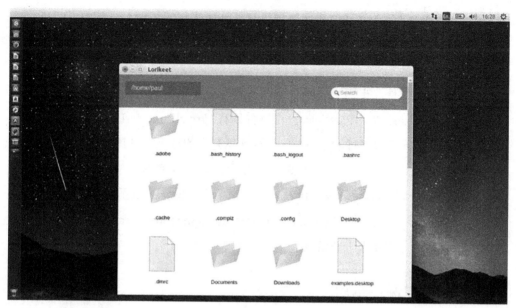

图 4.8　运行在 Ubuntu Linux 系统中的 NW.js 版的 Lorikeet 应用

4.3　在多个操作系统中测试应用

为了确保你的程序可以在不同操作系统中工作，你必须在这些操作系统中一一尝试，这对于你只有一台开发机来说有点棘手。

你可能在你的开发机上只用一种操作系统，那么当需要让应用支持不同系统的时候，你也许会问："我该怎么办？"

如果你足够富裕的话（或者足够幸运，你所在的公司对开发设备有足够多的预算），你可以再买几台计算机来安装你的应用需要支持的不同版本的 Windows、Linux 以及 Mac OS 系统。如果没那么有钱的话，还有其他办法。

4.3.1　Windows 操作系统

根据市场份额，Windows 是用户最多的桌面操作系统，而且市面上还有其他不同版本的 Windows 系统：Windows XP、Vista、7、8、8.1 以及 10。当你的开发机器只运行 Mac OS 或者 Linux 系统的情况下如何才能针对这些不同版本的 Windows 系统进行测试呢？

答案是使用虚拟机。虚拟机可以让操作系统运行在一个隔离的环境中，和主机系统共享磁盘、内存以及其他硬件资源。它们被用来将应用运行在安全独立的环境中（如提供基础设施服务的公司，像亚马逊、Linode 以及 DigitalOcean）以及用来测试应用。

对于虚拟化软件，市面上有不少商业的和开源的选择。在 Mac 中，商业的软件包括 VMWare Fusion 以及 Parallels，开源软件则有 VirtualBox（在 Linux 中也可以用）。还有其他一些开源工具（如 QEMU），不过这里列出的这三个是比较知名的。

安装好虚拟化工具后，下一步就是要购买 Windows 系统并生成对应的虚拟机，或者使用可用的 Windows 镜像。微软提供了很多不同操作系统平台的虚拟机镜像来帮助在 IE 浏览器上测试他们的网站（http://dcv.modcrn.ic/tools/vms/mac/），如果你喜欢用虚拟机的话，搭建起来非常快。

4.3.2　Linux 操作系统

在 Linux 下测试应用很容易——唯一的挑战是要知道要在哪个发行版的 Linux，以及这个发行版的具体哪个版本的系统中进行测试。VirtualBox 是一款非常流行的工具，可以用来在 Mac OS 和 Windows 中测试 Linux 发行版系统。用户可以下载喜欢的 Linux 发行版的 ISO 镜像文件，并且可以快速搭建该系统用来测试应用。

4.3.3　Mac OS 系统

很遗憾，要在 Mac OS 上测试你的应用就没有这么简单了。Mac OS 的终端用户协议（EULA）禁止在非苹果硬件上运行 Mac OS 系统。尽管网上有人在非苹果计算机中安装运行了 Mac OS 系统，不过我不推荐这样做。目前看来最好（合法）的办法就是购买一台苹果计算机（MacBook 笔记本电脑或者便宜点的 Mac Mini），然后用它来测试你的应用。

4.4　小结

在本章中，我们学习了构建一个最小化可行产品的流程以及针对不同操作系统做好了准备工作来分发你的应用。你关闭了开发者工具、为应用生成了自定义的图标、针对不同操作系统分别构建了 32 位和 64 位的二进制包，还讨论了一些行之有效的办法，解决如何在不同的操作系统上测试应用的问题。这里列举了一些需要记住的要点：

- nw-builder 和 electron-builder 提供了简单的方法可以为不同操作系统构建你的应用。
- 你要确认应用图标在不同版本的 Windows 系统中都可以工作，因为这在不同版本的系统中不是总能工作得很好。
- 如果你要在多个操作系统中测试应用，但又没有这些系统，那么可以使用像 VirtualBox 这样的虚拟化工具。
- 从合法的角度，你需要拥有一台 Mac 计算机才可以在 Mac OS 系统中测试你的应用。

干得不错，到目前为止你已经体验如何使用 NW.js 和 Electron 开发桌面应用了。你已经掌握足够的知识完全可以再开发一款应用了。这个练习为深入理解 Electron 和 NW.js 打下了基础，同时也可帮助更好地理解这两个框架的工作原理。在第 5 章中，我们将会介绍这两个框架底层使用的 Node.js 框架并介绍它是如何工作的。

第2部分

深度剖析

使用 NW.js 和 Electron 构建完文件浏览器应用后，我们后退一步，把目光放到这两个框架背后的编程框架 Node.js 上。你会学到关于它的"身世"、工作原理，以及它是如何实现异步编程的。然后我们还会介绍一些 Node.js 中的关键概念，如，回调、流、事件以及模块。

在第 6 章中，我们会继续讨论这个主题，来看看 NW.js 和 Electron 的工作原理。你会了解到这两个框架是如何将 Node.js 和 Chromium 结合在一起的、它们是如何管理应用中前后端代码的状态以及如何组织代码的。

通过这部分内容的学习，你就可以使用 Node.js 来开发桌面应用以及其他 Node.js 应用了。除此之外，你还会了解到 NW.js 和 Electron 在实现桌面应用开发方式上有何不同。

在NW.js和Electron中使用Node.js

5

本章要点

- 介绍 Node.js
- 理解 Node.js 中的异步特性
- 管理事件和流
- 安装并使用 npm 模块
- 使用 npm 打包你的应用

　　早在 NW.js 和 Electron 出现之前，Ryan Dahl 在柏林的 JSConf 大会上演示了一款名为 Node.js 的编程框架，展示了一种书写和执行服务端 JavaScript 的方法。自 2009 年那个演示之后，Node.js 已经衍生出了一个庞大的生态系统，其中包含用它开发的库、应用、工具以及框架（其中包括 NW.js 和 Electron）。作为一个编程框架，相比其他的编程语言及框架，Node.js 提供了一种不同的思路。

　　对 Node.js 完全陌生的读者，本章会对该编程框架做一个简单的介绍，还会介绍如何在开发桌面应用时以及其他诸如 Web 应用这样的项目中使用 Node.js。对 Node.js 熟悉的读者，本章介绍的很多基本概念（事件循环、回调、流以及 node 模块）你可能都已经了解了，那你可以跳过本章。

NW.js 和 Electron 中一项被人低估的特性就是有大量可以通过 Node.js 包管理工具 npm 安装的模块，这些都可以在构建桌面应用的时候使用。本章将介绍如何在开发桌面应用的过程中使用 Node.js 以及如何组织你的代码。

5.1　什么是 Node.js

Node.js 是一个由 Ryan Dahl 在 2009 年创建的编程框架。它提供了一种使用 JavaScript 来编写服务端程序的方法，并且使用基于事件的架构来处理代码的执行。该编程框架整合了 V8（一种 JavaScript 引擎）和 libuv（一种编程库），提供了异步的方式来调用操作系统资源。

正因如此，通过 Node.js 执行的 JavaScript 代码之间可以做到不阻塞对方。这是和其他语言相比最大的不同点，在其他语言中，一行代码执行完毕后才能执行下一行代码。了解 Node.js 如何处理代码执行这一点非常重要。下一节会做更多介绍。

5.1.1　同步与异步

为了更好地区分同步编程和异步编程，我们再来回忆一下使用 Node.js 读取文件夹内容的例子，将它和 Ruby 版本的进行对比。Ruby 是一门语法简练的同步编程语言，用它来和 Node.js 进行对比再好不过了。下面是一个 Ruby 写的例子：

```
files = Dir.entries '/Users/pauljensen'
puts files.length
```

这个例子充分展现了 Ruby 的魅力——简练的语法。在上述代码中，第一行代码执行完毕后，第二行代码才能开始执行。这就是所谓的阻塞。如果我在第一行和第三行代码中间插入如下代码：

```
sleep 5
```

上述代码在代码实现打印出文件列表个数之前让程序阻塞了 5 秒。图 5.1 展示了其执行时序。

我们将其称为同步编程——每一个操作都必须等上一个操作完成后才能开始。有的时候，你可能在读取文件列表的过程中还想做点别的操作，但这在同步编程中无法实现，因为你必须要等上一行代码执行完才能继续下一行。

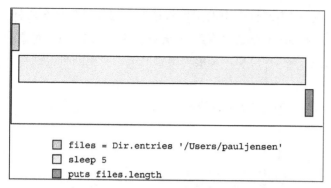

```
files = Dir.entries '/Users/pauljensen'
sleep 5
puts files.length
```

图 5.1 展示了 Ruby 是如何同步执行代码的

代码清单 5.1 展示了如何通过同样的同步方式在 Node.js 中实现与 Ruby 代码同样的功能。

代码清单 5.1 在 Node.js 中以同步的方式获取文件列表个数

```
const fs = require('fs');
const files = fs.readdirSync('/Users/pauljensen');
console.log(files.length);
```

获取目录中的
文件列表

计算文件数量

尽管上述代码没有 Ruby 代码那么优雅，但是效果是完全一样的。注意，上述代码中调用文件系统 API 的 readdirSync 函数，其后缀有一个 Sync 单词。这是为了清楚地表达该函数是以同步方式执行的。所以还是会有阻塞的情况发生，其他代码必须要等到该操作完成后才能开始。

理想的情况是，触发读取目录内容的操作，然后就让它去处理吧，我们可以继续进行其他操作。当该操作结束后，将数据返回到另外一个函数中，也叫回调，在 Node.js 中通常这么称呼。代码清单 5.2 展示了使用 Node.js 以异步的方式完成相同的操作。

代码清单 5.2 Node.js 读取文件数量的异步版本

```
const fs = require('fs');
fs.readdir('/Users/pauljensen', (err, files) => {
if (err) { return err; }
console.log(files.length);
});
```

获取目录中
的文件列表

如果有错误就
直接返回错误

计算文件数量

在上述代码中你可以看到，打印出文件夹中的文件数量这部分代码是写在函数（回调函数）里面的。该函数会在 readdir 函数结束后，不管是发生了错误（err 对象）或者成功获取到了文件列表后执行。图 5.2 以另一种形式展示了上述代码的执行情况。

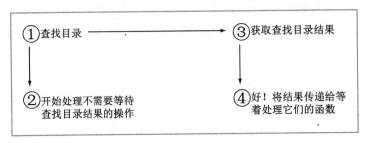

图 5.2　代码异步执行流程

任何在回调函数下面的代码会立即被执行。举一个例子，你可以直接在回调函数下方简单地打印一段消息，就像这样：

```
const fs = require('fs');
fs.readdir('/Users/pauljensen', (err, files) => {
if (err) { return err.message; }
    console.log(files.length);
});
console.log('hi');
```

当使用 Node.js 运行上述代码时，你能从终端程序或者命令提示符程序中看到如下结果：

```
hi
56
```

你会发现 console.log 这行语句在打印文件数量之前就执行了，尽管这行代码是写在后面的。这只是异步编程的特点之一，对于 Node.js 新手来说往往会不太适应。图 5.3 很好地展示了异步代码的执行情况。

如果你用过软件管理中的甘特图，那么对图 5.3 应该不会陌生。同步执行类似于典型的项目计划中的瀑布流模型，而异步执行类似于项目开发流程中的多任务并行模型，这种方式最终可以加快项目进度。这个概念在 Node.js 编程中是非常重要的。当你刚开始接触 Node.js 时，这点是需要搞清楚的概念之一，否则代码不按照你的预期执行，会让你陷入困惑，浪费很多时间。

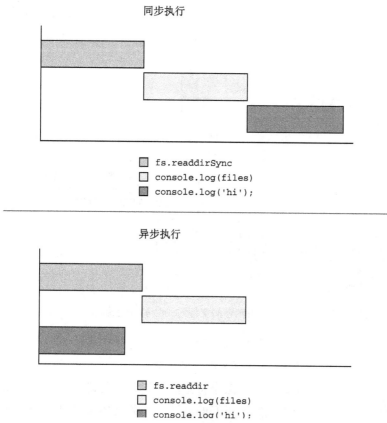

图 5.3 同步执行和异步执行代码时序区别对比图

5.1.2 流是一等公民

Node.js 中还有一个概念就是它鼓励在应用中进行*流式（steam）数据处理*的方式。这种方式有一个好处就是当你要对大量数据进行转换和处理的时候，不需要大量的内存。举一个例子，上传一个大文件到亚马逊 S3 平台或者读取一个包含地址信息的大 JSON 文件并对其进行过滤后将结果保存到磁盘文件中。在进行应用部署的时候，确保内存的高效使用是非常重要的，否则会拖慢计算机的运行并最终导致暂停工作，如图 5.4 所示。

如图 5.4 所示，将整个文件加载到内存中会有很多问题。你可能会反驳说，在服务器上加载一个比服务器内存还要大的文件，这种情况非常少，但是，在服务器可用内存过度使用的情况下，任何一个小文件，只要超过可用内存大小都会成为压死骆驼的最后那根稻草。

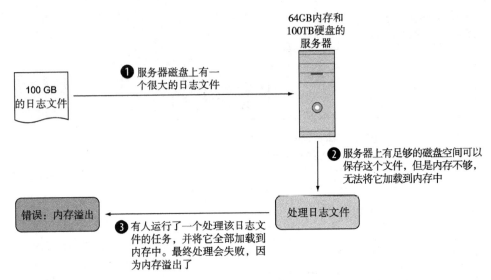

图 5.4　当加载一个大小超过服务器内存或者可用内存的文件时，会引发问题

面对这种情况该怎么办呢？你可以使用流来加载文件，一次加载一部分，通过下面在 Node.js 中使用流的例子，你会对其有更深入的了解。

假设有一个文本文件，你想在其中搜索某个特定的关键词，但是这个文件非常大，将它完全加载到内存中再处理不现实。更好的办法是加载文本文件其中的一块数据，然后对这块数据进行扫描。如果找到了，就认为该文档中包含这个关键词，反之，则表示文档中没有该关键词。这是实时查询，并没有对文档内容进行索引。

在网上找一本你喜欢的书——我选 Frank Herbert 的《沙丘》（一本非常好的书）。我们从书的结尾部分选择一段话，*history will call you wives*。你想要从书中搜索这段话，但又不想将整本书的内容加载到内存中后再进行搜索。取而代之的是，你把数据一块一块地进行加载，直到找到这段话即认为它在书中出现了（可以从 http://mng.bz/9sOS 下载到这本书）。

可以使用 Node.js 的文件系统 API 来帮助你以流的方式读取文件内容，如代码清单 5.3 所示。

代码清单 5.3　使用流来获取书的内容

> 针对图书文件
> 创建可读的流

```
'use strict';
const fs = require('fs');
const filePath = '/Users/pauljensen/Desktop/Frank-Herbert-Dune.rtfd/TXT.rtf';  ◁
const fileReader = fs.createReadStream(filePath, {encoding:'utf8'});
let termFound  = false;
```

```
fileReader.on('data', (data) => {
  if (data.match(/history will call you wives/) !== null) {
    termFound = true;
  }
});

fileReader.on('end', (err) => {
  if (err) { return err; }
  console.log('term found:',termFound);
});
```

循环获取每
一块数据

检查是否和关
键词匹配

读完文件内容后，
返回错误或者打印
出查找结果

在上述代码中，针对富文本文件创建了一个可读的流，并告知文件内容的编码方式为 UTF-8。紧接着，监听了流的 **data** 事件，传递了一个回调函数，这样就可以对每一块内容进行检查，是否包含要查的句子。如果找到了，就将 `termFound` 设置为 true——反之，则设置为 false。

当可读流读取完文件内容之后，它会发出一个 end 事件，你可以监听该事件并传递一个回调函数，并在函数中要么返回抛出的错误，要么将查找结果打印出来。

如果在终端程序中运行上述示例代码，就会在终端程序中看到如下结果：

```
$> node findTerm.js
=> term found: true
```

你已经学会了如何读取一个富文本文件的内容并在其中查找特定的句子。事实上，你可以使用文件系统 API 中的 `readFile` 函数，以更少的代码来完成同样的功能，如代码清单 5.4 所示。

代码清单 5.4   使用 Node.js 的 fs.readFile 函数来查找特定的句子

```
'use strict';

const fs = require('fs');
const filePath = '/Users/pauljensen/Desktop/Frank-Herbert-Dune.rtfd/TXT.rtf';
let termFound = false;

fs.readFile(filePath, {encoding: 'utf8'}, (err, data) => {
  if (err) { return err; }
  if (data.match(/history will call you wives/) !== null) {
    termFound = true;
  }
  console.log('term found:',termFound);
});
```

加载完整的文
件内容

检查是否有错
误，如果有则
直接返回该错
误

检查指定的句
子是否找到了

打印查找结果

上述例子完成了同样的功能，但是相比可读流版本用到了两个回调函数，这个版本只用了一个回调函数。那么为什么我们还要用流而不是更简单的 `fs.readFile` 方法呢？

答案是为了速度。使用 `fs.createReadStream` 来对文件内容进行流式处理要比使用 `fs.readFile` 读取文件内容更快。你可以通过 Node.js 的 `process.hrtime` 函数来测试所需要的时间。修改上述两段代码，在每个文件的顶部添加如下代码：

```
const startTime = process.hrtime();
```

然后，在 console.log 打印查找结果的语句下方添加如下代码：

```
const diff = process.hrtime(startTime);
console.log('benchmark took %d nanoseconds', diff[0] * 1e9 + diff[1]);
```

这里，不带任何参数调用 `process.hrtime` 函数会生成一个时间戳，将其保存在 `startTime` 变量中。创建完这个变量后，将它和后续的一个时间点进行比较，该时间点为读完富文本文件内容并打印出查找结果的时间。通过将 `startTime` 传递给 `process.hrtime` 函数，你会得到当前时间点和 `startTime` 的差值，单位为秒或纳秒。然后通过 console.log 将这段时间打印出来，这样就能看到这两种方案读取文档内容分别需要多长时间。

结果可能会因机器而异，我在我的笔记本电脑中（13 英寸，2014 年中期的 MacBook Pro，配备 16GB 内存和 3 GHz 的处理器）运行后，得到了表 5.1 所示的结果。

表 5.1   流更节约时间

API 函数	所需时间
fs.readFile	62.61 毫秒
fs.createReadStream	21.59 毫秒

从这个测试结果不难看出，使用流所需的时间几乎是使用 `fs.readFile` 函数所需时间的 1/3（通常，为了得到更可靠的数据，你要进行更多的测试，然后计算每次结果之间的标准差和方差，不过这已经超过了本书的范畴）。多次测试结果其实也差不了多少。

将代码写成使用流的方式是为了执行更快，更高效地使用内存。你也可以对示例代码中的两种方案，通过使用 Node.js 中的 `process.memoryUsage` 函数来追踪各自内存的使用情况。在示例代码中，在完成读取文档内容代码的下方，添加如下代码：

```
console.log(process.memoryUsage());
```

将上述代码分别添加到使用流的示例代码和使用 `fs.readFile` 的示例代码中，然后运行示例代码，可以看到，使用 `fs.readFile` 版本的结果为：

```
{ rss: 36184064, heapTotal: 20658336, heapUsed: 16310280 }
```

使用流方式的版本，结果为：

```
{ rss: 18276352, heapTotal: 6163968, heapUsed: 2869000 }
```

正如此前提过的，使用流这种方式比使用 `readFile` 方式时少使用了很多内存（RSS 少了 49%，`heapTotal` 少了 70%，`heapUsed` 少了 82%）。使用流不仅速度快，内存使用也更高效。

5.1.3 事件

Node.js 提供给开发者的另外一类 API 接口是与事件相关的。对于那些用过 jQuery 或者浏览器端的 `addEventListener` 这样的 JavaScript 代码的人来说应该比较熟悉，而且此前提到的 `fs.createReadStream` 同样也提供了一些事件 API。比如，当一部分数据收到的时候执行一个指定的函数，还有当文件数据读取完毕的时候，又或者当读取文件发生错误时。

这和 Node.js 执行代码的方式是吻合的：它使用了事件循环。这牵涉到，当事件被触发时，执行非阻塞代码，意味着同一时间也有可能有其他的事件被触发。在不同的编程语言中，比如，Ruby 和 Python，也可以在一个事件循环中异步执行代码，但是它们都需要额外代码库的支持，比如 Ruby 需要 EventMachine，Python 需要 Twisted。但在 Node.js 中，不需要额外的代码库——编程框架本身就内置了事件循环，当程序运行起来的时候，事件循环会自动开始。

除了很多 Node.js 中的 API 函数提供了事件接口，Node.js 本身还提供了一个 EventEmitter 模块，可以让你创建自己的事件接口。下面是一个使用 EventEmitter 的例子，当 `welcome` 事件被触发的时候，会打印出一段欢迎语：

```
'use strict';
const greeter = new events.EventEmitter();
greeter.on('welcome', function () {
    console.log('hello');
});
greeter.emit('welcome');
```

上述代码创建了一个名为 greeter 的事件触发实例，并且在该实例上创建了一个名为 'welcome' 的事件，当该事件被触发的时候，会打印出 'hello'。紧接着，在 greeter 对象上触发了 'welcome' 事件。如果使用 Node.js 的 REPL 程序运行上述代码，就可以在终端应用中看到"hello"的消息了。

当使用 NW.js 和 Electron API 的时候，你会发现也能看到事件模式的身影，在本书后续的例子中会进行相应介绍。

5.1.4　模块

对于任何一门编程语言的生态系统而言，支持将代码组织为复用的代码库是非常重要的一部分，并且一个好的包管理系统可以让开发者更加高效。在 Node.js 中，一组函数可以组织成一个模块，这些模块可以很容易地被创建出来，并在其他地方被使用。

Node.js 遵循了名为 CommonJS 的模块规范。CommonJS 规范简而言之就是一种创建非浏览器 JavaScript 代码库的标准，互相之间可以使用，而且也被应用在基于浏览器的 JavaScript 代码库中。

让我们通过一个创建模块的例子来更好地感受一下 Node.js 中的模块。

通过 module.exports 创建公有 API 的方法

在一个 JavaScript 文件中，要想将方法、对象或者其他值暴露出来，开发者有两种方式：exports 或者 module.exports。假设在你的文件中有一个函数，用于处理一些与商业逻辑相关的操作，而且你想加载这个文件的时候，可以调用该函数：

```
function applyDiscount (discountCode, amount) {
  let discountCodes = {
    summer20: (amt) => {
      return amt * 0.8;
    },
    bigone: (amt) => {
      if (amt > 10000) {
        return amt - 10000;
      } else {
        return amt;
      }
    }
  };
```

```
  if (discountCodes[discountCode]) {
    return discountCodes[discountCode](amount);
  } else {
    return amount;
  }
}
```

如果想让上述函数暴露出来，可以使用如下方式：

```
exports.applyDiscount = applyDiscount;
```

或者像这样：

```
module.exports = {
  applyDiscount: applyDiscount
};
```

或者，如果只需要暴露一个函数，那么也可以这样：

```
module.exports = applyDiscount;
```

上述方法不仅可以用于暴露函数或者对象，还可以用于暴露 JavaScript 中的任意类型的值。它可以让你随心所欲地组织你的代码，并且让你轻而易举地实现代码的复用性。接下来我们要通过 require 方法将该代码库加载进来。

通过 require 加载代码库

准备好包含暴露函数的值的文件后，接下来就可以使用 require 函数来加载该文件了。举一个例子，假设你将上述代码保存到了一个名为 discount.js 的文件中。接下来你想在和该文件同级目录（app 文件夹）的另外一个文件中加载该文件，可以这样操作：

```
const discount = require('./discount');
```

现在你已经将该文件暴露出来的函数或对象赋值给了 discount 变量。接下来就可以通过如下方式来调用 applyDiscount 函数了：

```
discount.applyDiscount('summer20', 4999);
```

这种方式可以让你将代码组织成小的可复用的代码库，极容易理解又方便在其他地方被使用。Node.js 中有一条很关键的编程哲学——在开发过程中，宁愿通过组装大量小模块，也不要将所有逻辑都包含在一个大文件中，这样既难读也不容易理解。

require 函数不仅可以用于加载本地文件，它也可以用于加载模块。Node.js API 中内置了一系列模块，可以通过 require 函数，传递模块名或者是相对路径来显示加载它们，像下面这样：

```
const os = require('os');
```

上述代码加载了 Node.js 的 OS 模块。Node.js 内核中包含了一些模块，无须安装就可以直接加载这些模块。其中有一些是直接加载好挂在 Node.js 命名空间中的全局对象上的，其他则是需要 require 函数进行加载的。关于 Node.js 内置模块的信息可以查看这个链接了解详情：https://nodejs.org/api。

除了 Node.js 提供的核心模块之外，还可以通过 npm（Node Package Manager，Node 包管理器）安装和使用模块。npm 是一个免费的中心仓库，可以让你发布模块以及在你的应用中下载模块来使用。你可以通过 https://npmjs.com 搜索要安装的模块，然后在终端应用中通过如下命令进行安装（比如要安装 request 模块）：

```
npm install request
```

上述命令会下载一份 request 模块（一个用于发送 HTTP 请求的代码库）的副本，并将它放在一个名为 node_modules 的文件夹中。接下来你就可以在你的 Node 主模块中将它作为本地安装的模块进行加载了，就像下面这样：

```
const request = require('request');
```

上述代码会加载位于 node_modules 文件夹中的 request 模块。如果你打开 node_modules 文件夹，会发现 request 模块对应的文件夹就在那里。Node.js 中的 require 被设计为只需要接收一个模块名就可以找到该模块并加载。它会通过三个地方进行查找，分别是 Node.js 内核中的模块、全局安装的模块以及本地安装的位于 node_modules 文件夹中的模块。

你也可以全局安装 npm 模块，这意味着这些模块不是安装在应用的 node_modules 文件夹中，而是在另外一个文件夹中，任何一个 Node 进程都可以通过 require 函数加载这些模块。通常全局安装的 npm 模块都是像 Grunt 和 Bower 这样的构建工具。要全局安装，只需在 install 命令后加上 -g 参数，就像下面这样：

```
npm install -g grunt-cli
```

上述例子中之所以将 grunt-cli 模块安装为全局模块，理由是，你只需要安装

一次 [1]，而不需要为每个应用都安装一次。而且，有的 npm 模块包含一些二进制命令，全局安装后就可以直接使用这些命令了，不需要每次都进行安装。将 NW.js 和 Electron 安装为全局模块也是一样的道理。

以上就是从开发者角度对 Node.js 进行了快速介绍。既然我们正在讨论安装第三方模块，那么接下来就来看看安装第三方模块背后的机制——包管理器 npm。

5.2　Node 包管理器

Node 包管理器（npm）是一种工具，用来处理安装模块的事宜。它默认是集成在 Node.js 中的，而且被证明是一个非常流行的工具，截至目前，它维护了一个包含超过 40 万个模块的中心仓库。开发者可以用它来下载模块，以及发布模块供其他人使用。

5.2.1　寻找应用需要的模块

通过访问 npmjs.com，可以了解到更多关于 npm 的信息以及它的用途。除此之外，还可以在上面找到你感兴趣的模块，比如像 webpack 和 TypeScript。你可以通过关键词来搜索模块，只要模块的名字、描述包含该关键词就可以搜索到。或者你也可以单击最受欢迎的模块来看看是否有符合你需求的模块可用。

一旦找到了应用要使用（或者只是测试性质的）的模块，就可以通过如下命令进行安装了：

```
npm install lodash
```

上述代码会将 lodash 模块安装在和你运行上述命令所处的同级目录的 node_modules 文件夹中，接下来就可以通过如下方式使用该模块了：

```
const _ = require('underscore');
```

现在，在你代码的任何位置调用 `require('lodash')`，都会将该模块加载进来，后续会直接从 `require` 模块缓存中获取出来使用，而不是每次都重新加载该模块。

5.2.2　使用 package.json 记录安装的模块

应用开发了一段时间后，你会用到很多模块，这时你想将这些模块以及对应的

---

[1]　全局安装后所有的应用都可以用了。——译者注

版本号记录下来。你需要一个清单文件。npm 使用名为 package.json 的文件作为清单文件，该文件用于描述一个 npm 模块，包括该模块依赖的那些模块。在此前的例子中，你安装了 lodash 模块，但并没有将这个信息记录在 package.json 文件中。

创建一个 package.json 文件来记录依赖的模块。在终端应用中运行如下命令来创建该文件：

```
npm init
```

上述代码会触发一个创建 package.json 文件的流程，它会在命令行中问你一些问题，并最终生成对应的 package.json 文件的内容。提问题环节结束后，就会看到如下所示的 package.json 文件内容：

```
{
  "name": "pkgjson",
  "version": "1.0.0",
  "description": "My testbed for playing with npm",
  "main": "index.js",
  "scripts": {
    "test": "echo \"Error: no test specified\" && exit 1"
  },
  "author": "",
  "license": "ISC"
}
```

这样就创建了一个 package.json 文件，该文件中可以保存一些应用的配置信息以及模块的一些信息，比如，当模块被加载的时候需要首先加载哪个文件、还有没有其他脚本命令以及使用的软件协议是哪一个。

现在你已经有 package.json 文件可以用来记录依赖的模块了。在终端应用中运行如下命令：

```
npm install lodash -save
```

上述命令不仅会安装 lodash 模块，还会在 package.json 文件中添加如下配置信息：

```
"dependencies": {
  "lodash": "^4.15.0"
}
```

模块名和版本号都已经保存在 package.json 文件中了，这意味着你已经可以记录你的应用所依赖的模块和版本号了。

现在，如果你的应用代码使用版本控制（就像 Git），并且想让其他开发者也可

以在他们的计算机中快速将应用构建起来，让他们在 package.json 同级目录下运行
如下命令就可以将所有应用依赖的模块都安装好：

```
npm install
```

当上述命令不传递任何参数的时候，`npm install` 会找到 package.json 文件并
将其中罗列出来的所有模块都安装好。

只安装开发过程中需要的模块

有的模块你只用于开发过程中，而并非应用本身需要，比如像 Mocha 和 Karma
这样的测试框架。你可以使用终端应用通过如下命令来安装这些模块作为开发过程
中的依赖：

```
npm install mocha --save-dev
```

上述命令会将 Mocha 模块安装到 node_modules 文件夹中，而且会在 package.
json 文件中添加如下配置信息：

```
"devDependencies": {
  "mocha": "^3.0.2"
}
```

将应用所必须依赖的模块和开发时或者用于测试依赖的模块分开的好处就是可
以帮助开发者分发出尺寸更小的应用。

5.2.3 使用 npm 打包模块和应用

开发 npm 模块有一个优点，就是在协同开发的时候，它能很容易地让其他开发
者在他们的本地开发环境中将依赖模块安装好，并将应用运行起来。将模块和应用
打包好，这样在不同机器上就可以无缝地安装和运行，这是关键。

在 package.json 中控制依赖模块的版本号

当需要安装一个依赖 Node.js 模块的应用时，首先就会有一个问题——当使用
版本控制的时候，这些模块怎么处理。这里有两个办法：要么开发过程中把所有依
赖的模块都添加到版本控制中，要么只将 package.json 文件（记录了应用依赖的模块）
添加到版本控制中，并将 node_modules 文件夹从版本控制中移除。

开发者通常倾向于后者，原因有两个。第一个原因是这样添加到版本控制中的
文件会少很多（通过版本控制可以更容易地查看应用代码）。另外一个原因是为了

多操作系统下的兼容性。有些 Node.js 模块使用 C++ 编写，这些 Node.js 模块安装的时候，需要在开发者机器上进行编译。如果这类 Node.js 模块在 Mac OS 中编译后提交到版本控制中，紧接着其他人想在其他计算机中（Linux 或者 Windows）使用，这时该模块将无法工作，原因是它是在其他操作系统上编译的。

我个人倾向于不仅将 package.json 添加到版本控制中，还要将 package.json 文件中声明的依赖模块的版本号进行锁定。解释一下：当通过 npm install 安装 Node.js 模块并添加到 package.json 文件中时，你会发现在 package.json 中罗列出依赖模块的地方，在版本号前会有一个脱字符号(^)。^ 的意思是告诉 npm 在安装该模块的时候，可以安装更新的版本，只要保证主版本号和 package.json 中声明的主版本号一致就可以。举一个例子，假设你要在应用中安装一个 CoffeeScript 模块：

```
npm install coffee-script -save
```

上述代码会在 package.json 文件中添加如下配置信息：

```
"dependencies": {
  "coffee-script":"^1.10.1"
}
```

注意，^ 在 CoffeeScript 1.10.1 版本号的前面。你已经安装了 1.10.1 版本的 CoffeeScript，不过，假设几个月后，有人从 GitHub 上下载了一份应用代码，并运行 npm install 来安装依赖。如果 CoffeeScript 1.11.0 或者 1.10.2 已经发布了，那么安装的时候就会安装新发布的版本。脱字符号表示你可以安装更新版本的依赖模块，只要该新版本是在补丁级别的（版本号中第二个点后面的那个数字，代表了用于修复漏洞或者不影响功能的改动）或者是小版本级别的（版本号中第一个点后面的那个数字，表示改动不会要求你的应用更新后需要修改代码才能工作）。如果 CoffeeScript 2.0.0 发布了的话，它不会被安装，因为它属于主版本号的改动（意味着有新的功能 / 修改过的 API，会导致和你的应用不兼容，需要你的应用也跟着进行修改）。

之所以使用这种方式是为了让开发者可以直接获得依赖模块的补丁和兼容的更新，而不需要手动在 package.json 中更新版本号来获取更新。只要模块的开发者遵循语义化版本号的原则，并且在更新过程中不引入漏洞，这套方式就可以很好地工作。从 DevOps 的角度来看，这为生产环境中的漏洞滋生提供了温室（因此，我们需要综合的测试策略，本书后续部分会做介绍）。你想要控制依赖模块的版本号。

如何锁定依赖模块的版本号呢？这里有两种方法。第一种方法是将 package.json 文件中列出的依赖模块版本号前的 ^ 和 ~ 符号都去掉。如果你不想手动做的话，还有一个办法就是可以使用 `npm shrinkwrap` 命令。

`npm` 的 `shrinkwrap` 命令会将安装的模块版本号锁定。在 package.json 文件同级目录下运行 `npm shrinkwrap` 命令时会产生一个名为 npm-shrinkwrap.json 文件，这个 JSON 文件包含了一些配置信息，指明了安装模块的具体版本号，如下所示：

```
{
  "name": "pkgjson",
  "version": "1.0.0",
  "dependencies": {
      "underscore": {
      "version": "1.8.3",
      "from": "underscore@",
        "resolved": "https://registry.npmjs.org/underscore/-/underscore-
1.8.3.tgz"
    }
  }
}
```

上述文件有助于让 npm 知道具体要安装哪个版本的模块。

根据我从 2010 年就开始使用 Node.js 到现在的经验，我的建议是，保持 package.json 文件中的模块版本号最新、将 node_modules 文件夹从版本控制中移除以及如有必要，使用 `npm shrinkwrap` 将依赖的模块版本号锁定。

将应用以及模块发布到 npm

当你创建好了一个模块或者应用，并且记录了它依赖的模块，接下来你可能希望将它提供给其他人下载使用。你可以通过 npm 来实现这个需求。前往 npmjs.com 网站并单击注册链接来免费创建一个 npm 账号（如果还没有账号的话）。输入一些关于你的详细信息，完成注册后，通过命令行终端应用，运行如下命令：

```
npm login
```

登录后，你就可以通过命令行将模块发布到 npm。假设你已经创建好了一个模块，并希望通过 npm 安装这个模块。这时在 package.json 文件的同级目录下，运行如下命令：

```
npm publish
```

上述命令会将模块的一份副本发布到 npm 仓库中，然后你就可以通过 npm

install 来安装它了。这个命令也可以用来发布模块的更新，你也可以将 package.
json 文件中的版本号进行递增。

5.3　小结

本章介绍了 Node.js 的知识。通过本章讲述的内容，你已经对 Node.js 作为一门
编程框架，如何使用它有了一个很好的理解，而且你也可以用它来开发你的应用了。
本章你学到的内容包括：

- Node.js 使用了异步编程模式。当使用 Node.js 的 API 以及模块的时候，确保
  将你的代码组织成使用回调函数以及流。
- 流是一种高效读写数据的方式，而且不会占用太多内存。
- 在 Node.js API 中，有些 API 和浏览器的 API 是有重合的。当使用这些 API
  的时候要注意，因为它们实际上会有一点不同。
- 使用 npm 安装模块可以帮助你更快地开发应用功能。
- 可以通过 npm 进行模块发布，将它分享给社区。

在第 6 章，我们会将注意力回到 NW.js 和 Electron 上，介绍它们背后的运行机
制是怎样的，这样你会对它们工作方式的不同有更好的认识。

探索NW.js和Electron的 内部机制

6

本章要点

- 理解 NW.js 和 Electron 是如何整合 Node.js 和 Chromium 的
- 使用 Electron 多进程特性进行开发
- 使用 NW.js 共享上下文机制进行开发
- 通过消息传递来共享状态

尽管 NW.js 和 Electron 都包含相同的软件组件，而且赵成参与了这两个框架的开发，但是这两个框架内部的工作方式采用了不同的方式。分析它们内部的工作方式有助于你理解应用运行的背后是怎样工作的。

本章会介绍 NW.js 和 Electron 的内部工作机制。我们先介绍 NW.js 是如何整合 Node.js 和 Chromium 的（因为它是首款 Node.js 桌面应用开发框架），然后再来看 Electron 是如何整合那些软件组件的。紧接着，会介绍这两个框架在上下文和状态管理上采用了什么不同的方式。最后我会花点篇幅介绍使用 Electron 在桌面应用的不同进程间进行消息传递。

我们还会介绍一些扩展阅读的资源。目标是让你理解这两个框架内部架构的不同之处以及使用它们构建桌面应用时的不同点。

6.1　NW.js 内部是如何工作的

从一个开发者的角度来看，NW.js 将一门编程框架（Node.js）和 Chromium 的浏览器引擎通过它们共用的 V8 整合起来。V8 是 Google 为其 Web 浏览器 Google Chrome 开发的 JavaScript 引擎。它是用 C++ 编写的，设计目标就是在 Web 浏览器中加快 JavaScript 的执行。

在 Google Chrome 发布一年后，2009 年 Node.js 发布，它将多平台支持代码库 libuv 和 V8 引擎进行了整合，并提供了一种使用 JavaScript 书写服务端异步程序的方式。由于 Node.js 和 Chromium 都使用 V8 来执行，Roger Wang 就想出了一个将它们整合在一起的方法。图 6.1 展示了这两个软件是如何整合在一起的。

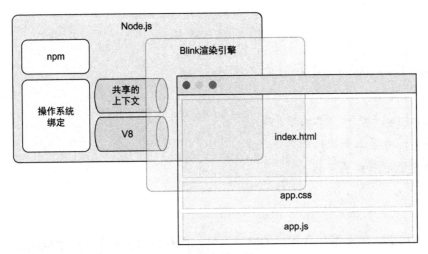

图 6.1　和加载应用相关的 NW.js 组件架构一览

如图 6.1 所示，你可以看到 Node.js 在后端主要负责和操作系统交互，Blink（Chromium 的渲染引擎）则用来渲染应用的前端部分，也就是用户肉眼看到的那部分。在这两者中间，Node.js 和 Blink 都使用 V8 来执行 JavaScript 代码，并且这也是能让 Node.js 和 Chromium 一起工作的很重要的一点。要让 Node.js 和 Chromium 一起工作，必须满足如下三点要求：

- Node.js 和 Chromium 要使用同一份 V8 实例。

- 将主要的事件循环进行集成。
- 在 Node.js 和 Chromium 之间桥接 JavaScript 上下文。

> **NW.js 以及它的那些被克隆的依赖**
>
> 　　NW.js 以前叫 node-webkit，由 Node.js 和 WebKit 渲染引擎组合而成。近期，这两个组件都被克隆了：Google 克隆了 WebKit 并取名为 Blink，而且在 2014 年，Node.js 的一个克隆项目 IO.js 浮现出来。它们出于不同的原因被创建出来，但是随着项目得到了更多的更新和具有更多特性，NW.js 也开始切换到使用这些克隆的项目上来。
>
> 　　由于 node-webkit 不再使用 Node.js 和 WebKit（而是 IO.js 和 Blink），于是有人建议对它也要进行改名，于是，它就被改名为 NW.js。
>
> 　　2015 年 5 月，IO.js 项目同意和 Node.js 基金会合作，将 IO.js 合并回 Node.js。自那以后，NW.js 也再一次切换回使用 Node.js。

6.1.1　使用同一个 V8 实例

　　Node.js 和 Chromium 都使用 V8 来执行 JavaScript。要让这两者能够在一起工作，要求以下几件事要依次发生：首先，NW.js 要做的就是加载 Node.js 和 Chromium，这样它们各自的 JavaScript 上下文就能载入 V8 引擎了。Node.js 的 JavaScript 上下文会暴露一些全局对象和函数，比如 module、process、require 等。Chromium 的 JavaScript 上下文也会暴露一些像 window、document 以及 console 这样的全局对象和函数。如图 6.2 所示，两者之间还有一些重合，因为 Node 和 Chromium 都有 console 对象。

　　这部分完成后，Node.js 的 JavaScript 上下文可以被复制到 Chromium 的 JavaScript 上下文中。

　　尽管这听起来很简单，实际上要让 Node.js 和 Chromium 在一起工作还需要做一些事情——要将两者所使用的事件循环进行集成。

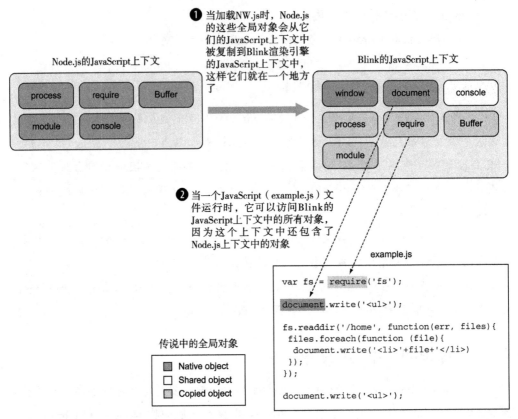

图 6.2   NW.js 是如何将 Node.js 的 JavaScript 上下文复制到 Chromium 的 JavaScript 上下文的

6.1.2   集成主事件循环

正如在 5.1.3 节中讨论的，Node.js 使用了事件循环的模式，以异步非阻塞的方式来执行代码。Chromium 也使用这种方式异步执行代码。

但是 Node.js 和 Chromium 使用的是不同的软件代码库（Node.js 使用 libuv，Chromium 使用的则是自定义的 C++ 代码库，名为 MessageLoop 以及 Message-Pump）。要让 Node.js 和 Chromium 在一起工作，必须将这两个事件循环进行集成，如图 6.3 所示。

当 Node.js 的 JavaScript 上下文复制到 Chromium 的 JavaScript 上下文的时候，Chromium 的事件循环会被调整为使用一个自定义版本的 MessagePump，它是构建在 libuv 之上的，这样一来，它们就可以在一起工作了。

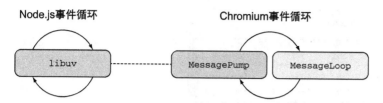

图 6.3 NW.js 通过让 Chromium 使用一个构建在 libuv 之上的自定义版本的 `MessagePump` 实现将 Node.js 和 Chromium 的事件循环集成在一起

6.1.3 桥接 Node.js 和 Chromium 的 JavaScript 上下文

要完成 Node 和 Chromium 的整合，下一步需要将 Node 的 start 函数和 Chromium 的渲染进程进行集成。Node.js 通过执行一个 start 函数来处理代码的执行。要让 Node.js 和 Chromium 在一起工作，需要将 start 函数分割成多个部分，这样才能在 Chromium 的渲染进程中进行执行。这部分牵涉 NW.js 自己实现的代码，对 Node.js 的 start 函数打了一些补丁。

这部分完成后，Node 就可以和 Chromium 一起工作了。NW.js 就是通过这种方式让 Node.js 代码在由 Chromium 负责的前端代码中也可以工作。

以上就是 NW.js 内部工作机制的大致情况。下一节，我们会介绍 Electron 的内部工作机制。

6.2 Electron 内部是如何工作的

在为了提供桌面应用开发框架而使用到的组件这方面，Electron 采用的方案和 NW.js 类似，但整合这些组件的方式不同。最好的办法就是从组成 Electron 的组件开始来看。通过 http://mng.bz/ZQ2J 可以看到 Electron 最新的代码结构。

图 6.4 展示了 Electron 的大致架构。Electron 的架构将 Chromium 源代码和应用切分得很清楚。这样做的好处就是使升级 Chromium 组件变得很容易，同时这也意味着通过源代码编译 Electron 也很容易。

Atom 组件是由 C++ 代码编写的。它由 4 个不同的部分组成（在 6.2.2 中会介绍）。最后还有 Chromium 的源代码，Atom shell 用于将 Chromium 和 Node.js 进行整合。

在不通过对 Chrome 打补丁来集成 Chromium 和 Node.js 的事件循环的情况下，Electron 是如何对 Chromium 和 Node.js 进行整合的呢？

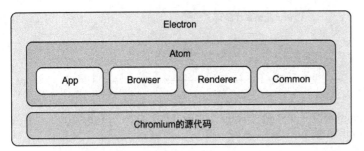

图 6.4　Electron 的源代码架构。图中展示了组成 Electron 的主要组件

6.2.1　libchromiumcontent 介绍

　　Electron 使用了一个名为 libchromiumcontent 的代码库来加载 Chromium 的 content 模块，该模块包含了 Blink 和 V8。Chromium 的 content 模块负责将页面渲染在浏览器的沙箱环境中。你可以通过 GitHub 的 https://github.com/electron/libchromiumcontent 找到该项目的代码。

　　可以使用 Chromium 的 content 模块来渲染应用视窗中的 Web 页面。通过这种方式，有既定的 API 来处理 Chromium 组件和 Electron 其他组件之间的交互。

6.2.2　Electron 中的组件

　　Electron 的代码组件位于 Electron 的 Atom 文件夹中，包含如下几个部分：

- App
- Browser
- Renderer
- Common

我们会针对每个部分进行详细介绍。

App

　　App 文件夹中包含了由 C++ 和 Objective-C 编写的代码文件，负责处理 Electron 启动时的加载工作，如加载 Node.js、Chromium 的 content 模块以及访问 libuv。

Browser

　　Browser 文件夹中的代码文件负责处理应用前端部分的交互，诸如，初始化 JavaScript 引擎、界面上的交互以及绑定针对不同操作系统模块。

Renderer

Renderer 文件夹中包含运行在 Electron 的 renderer 进程中的代码文件。在 Electron 中，每个视窗都是一个独立的进程，这是因为 Google Chrome 将每个标签都以独立的进程来运行。这样的话，当一个标签加载一个非常大的页面导致无法响应的时候，这个标签页面是被隔离的，可以独立被关闭而不需要关掉整个浏览器或者其他标签页。

本书后续部分会介绍 Electron 是如何在 main 进程中运行代码以及应用视窗是如何在互相隔离的、独立的进程中运行的。

Common

Common 文件夹包含了工具类代码，这部分代码当应用运行起来后会被 main 和 renderer 进程用到。还包括了处理将 Node.js 的事件循环整合进 Chromium 的事件循环的代码。

6.2.3　Electron 是如何将应用运行起来的

Electron 处理应用的运行方式和 NW.js 不同。在 NW.js 中，通过将 Node.js 和 Chromium 的事件循环集成起来，把 Node.js 的 JavaScript 上下文复制到 Chromium 的 JavaScript 上下文中，可以让桌面应用中的前后端代码进行状态共享。这种方案带来的一个结果就是使用 NW.js 开发的应用中的视窗可以共享对 JavaScript 状态的同一份引用。

而在 Electron 中，不论是想在前端代码中共享后端代码的状态，或者反过来，都需要经过 ipcMain 和 ipcRenderer 模块。这种方式意味着 main 进程中的 JavaScript 上下文和 renderer 进程中的 JavaScript 上下文是互相隔离的，但是数据可以通过一种显式的方式在两个进程之间进行传递。

ipcMain 和 ipcRenderer 模块其实都是事件分发器，负责在应用后端代码（ipcMain）和前端代码（ipcRenderer）之间进行通信，如图 6.5 所示。

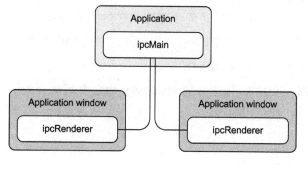

图 6.5　展示 Electron 是如何通过消息传递来让应用视窗和后端部分进行通信的。在 Electron 中，每个应用视窗都有自己的 JavaScript 状态，和 main 进程之间进行状态通信是通过进程间通信来完成的

这种方式使你可以对每个应用视窗的状态以及 mian 进程和视窗进程间的通信有更强的控制力。

不论你选择哪种框架来开发桌面应用，都要留意在应用中如何进行数据的访问和修改。根据应用的类型，可以找到一个更符合你应用需求的框架。如果你已经在使用这两个框架开发桌面应用了，要记住 NW.js 和 Electron 是如何处理 JavaScript 上下文的。

现在，我们来看一下 Electron 和 NW.js 是如何使用 Node.js 的。

6.3　Node.js是如何与NW.js以及Electron一起工作的

Node.js 在 NW.js 和 Electron 这样混合的桌面开发环境中扮演的角色和其在服务端应用中扮演的角色类似。不过要搞清楚它们的区别，我们需要了解 Node.js 是如何被集成进 NW.js 的。

6.3.1　Node.js 集成在 NW.js 的哪个位置

NW.js 的架构中包含了几个组件，Node.js 就是其中之一。NW.js 使用 Node.js 来访问计算机中的文件系统以及其他在 Web 页面中由于安全限制无法访问到的资源。通过 Node.js 还可以访问大量npm 上的模块，如图 6.6 所示。

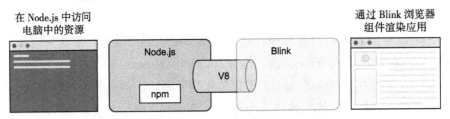

图 6.6　NW.js 是如何将 Node.js 运用在桌面应用中的

NW.js 使得在内嵌的 Web 浏览器中可以使用 Node.js，这意味着你书写的 JavaScript 代码既可以访问 Node.js 的 API 还可以访问浏览器中提供的 JavaScript 命名空间——比如 WebSocket 类。在本书此前的例子中，你在同一个文件中写的代码既可以访问 Node.js 的文件系统 API，又可以访问 DOM。

之所以可以这样，是因为 NW.js 已经将 Node.js 的 JavaScript 命名空间整合到了 Blink 渲染引擎中，而且将两者的事件循环也集成在一起了，可以让两者在同一个共享上下文中进行交互。

6.3.2　在 NW.js 中使用 Node.js 的缺点

NW.js 采用的是将 Blink 渲染引擎和 Node.js 的 JavaScript 上下文整合的方式，要注意这种方式带来的一些结果。下面我会介绍具体带来的结果是什么以及如何解决和避免。

在所有视窗中都可以访问 Node.js 上下文

我讲过，Node.js 和 Blink 是共享同一个 JavaScript 上下文的，那么当 NW.js 应用中有多个视窗的时候又是怎样的情况呢？

在 Blink 中，每个视窗都有自己的 JavaScript 上下文，因为每个视窗都加载一个 Web 页面，该页面拥有自己的 JavaScript 文件和 DOM。该视窗中的代码仅在该视窗的上下文中进行操作，不会将它的上下文泄露到其他视窗中——否则，会带来状态维护以及安全问题。一个视窗的状态应当和其他视窗的状态是隔离的，而且不会泄露出去。

换句话说，NW.js 通过将 Node.js 命名空间载入 Blink 的命名空间创建了一个共享的 JavaScript 上下文，从而引入了一种在视窗间共享状态的方式。尽管每个视窗拥有自己的 JavaScript 命名空间，但它们都共享同一个 Node.js 实例以及它的命名空间。也就是说，通过操作 Node.js 命名空间上的属性（如 API 方法），包括通过用于载入代码库的 `require` 函数，是可以实现视窗间共享状态的。如果你需要在桌面应用中进行视窗间的数据共享，那么可以在代码中通过 *global* 对象来传递数据。

Chromium 和 Node.js 有相同的 API 方法

你可能已经知道了，Node.js 和 Blink 有一些同名且功能一样的 API 方法（如，`console`、`setTimeout`、`encodeURIComponent`）。那这些方法怎么处理呢？有的情况下，会使用 Blink 的实现，而有的时候会用 Node.js 的实现。对于 `console`，NW.js 会采用 Blink 的实现，而对于 `setTimeout`，使用哪一个取决于代码文件是通过 Node.js 模块载入的还是直接从桌面应用载入的。使用这些方法的时候要注意，尽管它们的执行结果肯定是相同的，但在执行效率方面是有差异的。

6.3.3　Electron 是怎么使用 Node.js 的

Electron 也在 Chromium 中使用 Node.js，但不同于将两者的事件循环进行整合，Electron 使用的是 Node.js 的 `node_bindings` 功能。使用这种方式，Chromium 和

Node.js 的升级都会很容易，不需要对源代码进行修改也不需要再进行编译。

　　Electron 通过将后端代码的 JavaScript 状态和应用视窗前端代码的 JavaScript 状态隔离开来处理 Node.js 和 Chromium 的 JavaScript 上下文。这种将 JavaScript 状态隔离的方式也是 Electron 有别于 NW.js 的地方之一。也就是说，前端代码可以使用 Node.js 模块，不过要澄清的是，这些 Node.js 模块是在后端一个独立的进程中执行的。这也是为什么在应用视窗和后端要进行数据共享需要通过进程间通信或者消息传递来实现。

　　如果你对这部分内容有兴趣，想了解更多，可以访问来自 GitHub 上 Jessica Lord 的网站：http://jlord.us/essential-electron/#stay-in-touch。

6.4　小结

　　在本章中，通过介绍 NW.js 和 Electron 内部各组件的工作机制介绍了两者的不同。下面是本章的关键内容：

- 在 NW.js 中，Node.js 和 Blink 共享 JavaScript 上下文，可以在多视窗间共享数据。
- 共享 JavaScript 状态意味着在同一个 NW.js 的多视窗应用中，可以共享同一个状态。
- NW.js 使用了编译后的 Chromium 版本以及自定义绑定，而 Electron 则使用了 Chromium 中的 API 将 Chromium 和 Node.js 整合在一起。
- Electron 将前后端的 JavaScript 上下文进行了隔离。
- 当你想在 Electron 应用的前后端进行数据共享时，需要通过 ipcMain 和 ipcRenderer 这两个 API 进行消息传递来实现。

　　在下一章中，我们会介绍如何使用 NW.js 和 Electron 提供的 API 来构建桌面应用——着重介绍如何改变应用的界面部分。这部分和视觉更相关，也应该更加有趣。

第3部分

精通Node.js桌面应用开发

在桌面应用开发框架中，有很多 API 提供了像访问 webcam 和剪贴板、在磁盘上打开和保存文件等这样的功能。这部分将介绍如何使用 NW.js 和 Electron 为你的桌面应用添加一系列功能。

第 7、8、9 章介绍如何控制桌面应用的样子，从控制视窗大小、全屏显示等，到创建菜单以及制作托盘应用。

第 10 章介绍如果在应用中使用 HTML5 API 实现拖曳功能，第 11 章将展示如何将 webcam 功能集成到应用中，实现通过计算机的 webcam 来拍照以及将照片保存到磁盘上。

第 12 章和第 13 章介绍使用不同的方法来保存和获取应用数据，以及如何访问操作系统剪贴板上的数据。

在这部分结束的时候，我们会介绍使用键盘快捷键来操作游戏，以及将推特的推文列表整合到一个桌面提醒应用中。

自定义桌面应用的外观 7

本章要点

- 控制应用视窗
- 设置应用视窗的尺寸
- 全屏模式运行应用
- 创建一个 kiosk 应用

构建桌面应用时,首先要考虑的事情之一就是用户如何使用应用。是和其他应用一样提供一个视窗让用户始终在其中进行操作呢,还是像银行的终端那样,又或者是像游戏那样提供一个沉浸式的体验,让用户沉醉在其中。

桌面应用的形式有多种。它可以最大化展示,也可以最小化展示,或者像游戏应用那样全屏运行。在本章中,我们会介绍多种控制应用展现的方案,而且我会教你一些构建应用时很容易上手的方法。

7.1 视窗的尺寸和模式

界面可以有不同的尺寸:像 AIM 或者 MSN(岁数大的朋友可能知道这个应用)

这样传统的即时消息应用通常窗体会比较长，用来展示可以聊天的联系人。随着时间的推移，像 Slack 和 Gitter 这样的世界级即时消息应用采用了不同的视窗尺寸，更多的是像论坛那样，为了更好地展示很长的消息以及大图（Slack 的用户会更多地使用 GIF 动图）。应用视窗的尺寸需要提供最好的用户体验，因此，让应用视窗符合界面要求就变得非常重要。图 7.1 展示了一个例子。

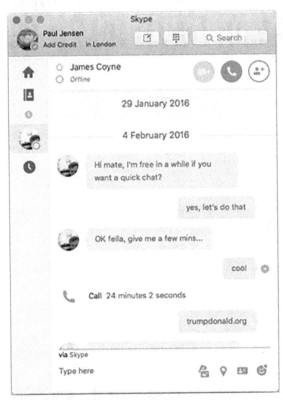

图 7.1　使用中的 Skype。注意视窗尺寸比较长，这是为了更好地展示聊天消息

　　在 NW.js 和 Electron 中，有很多方式可以配置视窗的尺寸。我们先来看一下如何在 NW.js 中配置应用视窗的宽度和高度。

7.1.1　配置 NW.js 应用的视窗尺寸

　　NW.js 可以让你通过 package.json 文件来配置视窗的宽度和高度。在本书的 GitHub 仓库中，在 chapter-07 文件夹中有名为 window-resizing-nwjs 的 NW.js 示例应用的代码。其代码如下所示：

```html
<html>
  <head>
    <title>Window sizing NW.js</title>
  </head>
  <body>
    <h1>Hello World</h1>
  </body>
</html>
```

这是非常简单的 HTML 文件，在 body 标签中包含了一个 h1 元素，其中有 Hello World 文字，和本书此前的 Hello World 示例类似。如果你想设置应用的视窗尺寸，可以通过 package.json 文件来实现：

```json
{
  "name" : "window-sizing-nwjs",
  "version" : "1.0.0",
  "main" : "index.html",
  "window" : {
    "width" : 300,
    "height" : 200
  }
}
```

视窗的宽度和高度单位是像素。上述设置可以确保应用打开的时候，视窗尺寸和你设置的一样。这是一种控制视窗尺寸的方式。图 7.2 展示了启动后应用视窗的样子。

图 7.2　设置了视窗大小的应用，你会发现应用视窗变小了

上述例子展示了如何在 NW.js 应用中设置视窗的初始宽度和高度。那么在 Electron 中要怎么做呢？

7.1.2　配置 Electron 应用的视窗尺寸

和 NW.js 差不多，Electron 也支持配置视窗尺寸，不过方式不同。NW.js 可以让你在 package.json 文件中进行配置，而 Electron 则要求你在应用视窗初始化的时候设置尺寸。

在本书的 GitHub 仓库中，你可以在 chapter-07 文件夹下找到一个名为 window-sizing-electron 的应用代码。具体代码如下所示：

```
{
  "name"    : "window-sizing-electron",
  "version" : "1.0.0",
  "main"    : "main.js"
}
```

下面是其中的 index.html 文件的代码：

```html
<html>
  <head>
    <title>Window sizing Electron</title>
  </head>
  <body>
    <h1>Hello from Electron</h1>
  </body>
</html>
```

最后是奇迹发生的地方：main.js 文件，如代码清单 7.1 所示。

代码清单 7.1　Electron 中视窗尺寸应用的 main.js 文件的内容

```javascript
'use strict';

const electron = require('electron');
const app = electron.app;
const BrowserWindow = electron.BrowserWindow;

let mainWindow = null;

app.on('window-all-closed', () => {
  if (process.platform !== 'darwin') app.quit();
});

app.on('ready', () => {
  mainWindow = new BrowserWindow({ width: 400, height: 200 });   ← 这里是设置视窗宽度和高度的地方
  mainWindow.loadURL(`file://${__dirname}/index.html`);
  mainWindow.on('closed', () => { mainWindow = null; });
});
```

现在，你可以通过终端应用或者命令提示符应用执行 electron. 来运行应用，之后就能看到如图 7.3 所示的样子。

Electron 的这种方式意味着对每个视窗你都可以很好地控制其尺寸。要想了解更多创建 BrowserWindow 实例时支持的参数，可以访问 https://electron.atom.io/

docs/api/browser-window/。

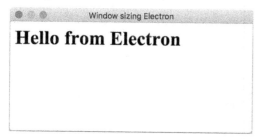

图 7.3 运行在 400 像素宽、200 像素高的视窗中的 Electron 应用。注意，应用看起来像运行在横屏模式下

以上介绍了在应用加载时如何调整视窗的尺寸。现在，我们来看一下如何对应用视窗进行更多的设置。

7.1.3 在 NW.js 中限制视窗的尺寸

如果你不想让用户随时调整桌面应用的宽高（这会让界面变乱，看起来怪怪的），可以使用表 7.1 所列出的选项。

表 7.1 限制调整视窗大小的选项

属　　　　性	描　　　　述
max_width	设置视窗的最大宽度
max_height	设置视窗的最大高度
min_width	设置视窗的最小宽度
min_height	设置视窗的最小高度

下面展示了这些选项在 package.json 文件中的样子：

```
"window": {
  "max_width": 1024,
  "min_width": 800,
  "max_height": 768,
  "min_height": 600
}
```

图 7.4 展示了上述配置生效后应用的样子。

在上面这个示例的 JSON 数据结构中，设置了视窗的宽度最大不能超过 1024 像素，最小不能小于 800 像素。还设置了视窗的高度最大不能超过 768 像素，最小不能小于 600 像素。能够限制视窗的宽度和高度（尽管用户想改变尺寸）可以让你更好地将界面的样子控制在预期范围内。

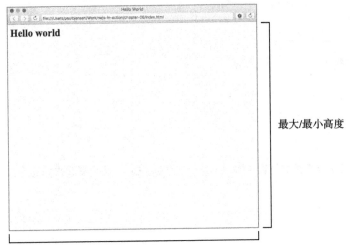

最大/最小高度

最大/最小宽度

图 7.4   视窗尺寸受最大 / 最小宽度以及最大 / 最小高度影响

当应用启动的时你就知道要设置视窗的尺寸，那么上述方法很好。但是，如果你要设置的视窗宽度和高度都是动态的值呢？比如，应用要显示一张图片（这时视窗尺寸就要匹配图片的尺寸）。

好消息是这种情况下可以使用 NW.js 的视窗 API。假设你计算机中有一张900×550 像素大小的图片，并且你想让视窗和这张图片大小一致，那么可以将视窗设置为 900 像素宽以及 550 像素高，如代码清单 7.2 所示。

代码清单 7.2   动态设置应用视窗尺寸

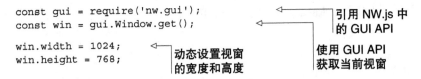

```
const gui = require('nw.gui');          引用 NW.js 中
const win = gui.Window.get();           的 GUI API

win.width = 1024;        动态设置视窗    使用 GUI API
win.height = 768;        的宽度和高度    获取当前视窗
```

能够通过编程的方式设置视窗尺寸就可以让视窗适应视窗内内容的尺寸，这会提高用户体验。

还可以通过使用同样的 API 来设置视窗在屏幕上显示的位置。NW.js 中的 GUI API 支持设置视窗在屏幕中的相对坐标位置。下面的代码清单 7.3 展示了在 NW.js 中使用编程的方式设置视窗显示位置的例子。

代码清单 7.3 设置视窗相对屏幕的位置

```
const gui = require('nw.gui');
const win = gui.Window.get();      设置应用视窗所在
win.x = 400;                       的水平坐标
win.y = 500;
              设置应用视窗所在
              的垂直坐标
```

上述代码让你可以决定应用视窗要显示在屏幕中的哪个位置，这对工具类应用或者类似的应用非常有帮助。

现在我们来看一下在 Electron 中如何限制视窗尺寸。

7.1.4 在 Electron 中限制视窗的尺寸

在 Electron 中是通过设置 BrowserWindow 实例来实现对视窗尺寸进行限制的。你应该还记得本章前面介绍过，要创建应用视窗，要在代码中创建一个 Browser-Window 的实例，如代码清单 7.4 所示。

代码清单 7.4 在 Electron 中创建一个 BrowserWindow 实例

```
'use strict';

const electron = require('electron');
const app = electron.app;
const BrowserWindow = electron.BrowserWindow;

let mainWindow = null;

app.on('window-all-closed', () => {        传递配置项给
  if (process.platform !== 'darwin') app.quit();   BrowserWindow
});                                                    实例

app.on('ready', () => {
  mainWindow = new BrowserWindow({ width: 400, height: 200 });
  mainWindow.loadURL(`file://${__dirname}/index.html`);
  mainWindow.on('closed', () => { mainWindow = null; });
});
```

mainWindow 是 Electron 中 BrowserWindow 类的一个实例，将视窗的宽度和高度传递给了这个对象。这里，你可以为应用视窗设置最大和最小宽度以及最大和最小高度。举一个例子，假设你要确保应用视窗的宽度不小于 300 像素，高度不小于 150 像素，也不能超过 600 像素宽以及 450 像素高，那么可以将这些配置项传递给 BrowserWindow 实例：

```
mainWindow = new BrowserWindow({
  width: 400, height: 200,
  minWidth: 300, minHeight: 150,
  maxWidth: 600, maxHeight: 450
});
```

表 7.2 展示了改变视窗宽度和高度的配置项。

表 7.2　改变视窗宽度和高度的配置项

属　　性	描　　述
maxWidth	设置视窗的最大宽度
maxHeight	设置视窗的最大高度
minWidth	设置视窗的最小宽度
minHeight	设置视窗的最小高度

Electron 采取的这种方式很不错，因为它可以让你单独为每个视窗进行设置，而且可以在代码的同一处书写这些配置，不需要在不同地方进行设置，这比在 NW.js 中要更加简单。另外针对属性名，NW.js 使用的是蛇形命名（max_width），而 Electron 使用的是驼峰命名（maxWidth），更贴近 JavaScript 风格。

默认情况下，Electron 在屏幕居中的位置渲染应用视窗。如果你想让应用视窗在指定区域显示，那么可以在创建 BrowserWindow 实例的时候设置其 x 和 y 坐标，就像这样：

```
mainWindow = new BrowserWindow({
  width: 400, height: 800,
  x: 10, y: 10
});
```

视窗的初始显示位置设置在距离左侧 10 个像素、距离上部 10 个像素处的位置，也就是说，它支持你控制应用在屏幕中的显示位置。

介绍完设置视窗尺寸以及显示位置，接下来看一下如何设置应用以无边框模式以及全屏模式运行。

7.2　无边框应用以及全屏应用

我们在火车站看到的时刻表和通知的显示屏就是一个全屏运行的桌面应用。像 ATM 这种触屏设备运行的也是桌面应用，并且设计为防止用户退出该应用，这种俗称 kiosk 应用。电脑游戏也采取的是这种方式，因此构建全屏运行的应用是非常常见的需求。

Electron 和 NW.js 都支持开发者将应用设置为在全屏模式下运行（像视频播放器以及游戏），也可以设置为无边框模式运行（像媒体播放器以及其他一些工具），还支持 kiosk 应用（像信息展示类应用以及自动售货机应用）。下面我们来看看在 NW.js 中如何进行设置，然后作为比较，再看看在 Electron 中如何进行设置。

7.2.1　NW.js 中的全屏应用

视频游戏是最主要的一类启动就直接进入全屏模式运行的应用。新版本的 Mac OS 操作系统支持应用方便地进入全屏模式，NW.js 利用了这个特性，并支持两种配置形式：通过修改 package.json 中的配置项或通过 JavaScript API 来动态设置。下述代码展示了通过 package.json 来设置应用一启动就进入全屏模式的例子：

```
{
"window": {
    "fullscreen": true
  }
}
```

如果你把上述 JSON 代码保存到 NW.js 桌面应用的 package.json 文件中并启动该应用，会发现应用一启动就进入了全屏模式，没有标题栏，应用内容占满了整个屏幕。

或者如果你想阻止用户让应用进入全屏模式，可以将该值设置为 false。

此前提到过，你也可以通过 NW.js 的原生 UI API 以编程的形式将应用设置为全屏运行，如下所示：

```
const gui = require('nw.gui');
const window = gui.Window.get();
window.enterFullscreen();
```

假设你有一个非常简单的 NW.js 应用（比如像 Hello World 这种），并且想让用户单击后进入全屏模式。那么该应用首页就大概会是清单 7.5 所示的样子。

代码清单 7.5　通过编程方式触发进入全屏模式的例子

```
<html>
  <head>
    <title>Full-screen app programmatic NW.js</title>
    <script>
      'use strict';
                                        ┌─ 加载NW.js
      const gui = require('nw.gui');  ◄─┘  的UI库
```

```
        const win = gui.Window.get();           ←────── 获取应用
                                                          视窗实例
        function goFullScreen () {      ←──
            win.enterFullscreen();            创建一个会让应用进
        }                                     入全局模式的函数
    </script>
  </head>
  <body>
    <h1>Full-screen app example</h1>
    <button onclick="goFullScreen();">Go full screen</button>    ←──
  </body>                                          单击按钮后，调用goFullScreen
</html>                                            函数，使得应用进入全屏模式
```

　　将上述代码插入应用的 index.html 文件，然后从命令行运行 nw 命令，就能看到如图 7.5 所示的样子。

图 7.5　应用中有一个按钮，单击它应用就进入全屏模式

　　单击 Go full screen 按钮，可看到应用进入了全屏模式。怎么做到的呢？通过查看 HTML 代码，你会看到里面内嵌了 JavaScript 代码，调用了 NW.js 的 UI API，这部分代码获取当前视窗并告诉该视窗进入全屏模式。这部分代码被封装为一个名为 goFullScreen 的函数，当页面上的按钮元素被单击的时候就调用该函数。

　　这很不错，不过，如果应用进入了全屏模式，要怎样才能退出呢？ NW.js 对这一点也是支持的。你可以修改现有的代码来调用 leaveFullscreen 这个 API 函数，不过你需要知道当前视窗的状态（是否已经在全屏模式了）。可以通过应用视窗上的 isFullscreen 函数来获取当前状态。

　　接下来修改此前的例子，当单击按钮后，应用进入全屏模式，并且按钮文字变为 Exit full screen，单击后退出全屏模式。将 index.html 文件内容替换为如下 HTML 内容：

```
<html>
  <head>
    <title>Full-screen app example</title>
    <script>
      'use strict';
```

```
    const gui = require('nw.gui');
    const win = gui.Window.get();

    function toggleFullScreen () {
      const button = document.getElementById('fullscreen');
      if (win.isFullscreen) {
        win.leaveFullscreen();
        button.innerText = 'Go full screen';
      } else {
        win.enterFullscreen();
        button.innerText = 'Exit full screen';
      }
    }
  </script>
</head>
<body>
  <h1>Full-screen app example</h1>
  <button id="fullscreen" onclick="toggleFullScreen();">Go full
   screen</button>
</body>
</html>
```

这里将 goFullScreen 函数修改为 toggleFullScreen 函数，该函数发起了一个 API 调用来判断当前视窗是否在全屏模式下。这个 API 返回 true（表示在全屏模式下）或者 false。当用户单击按钮时会调用这个函数。当用户第一次单击按钮的时候，应用会进入全屏模式（因为应用初始状态下不在全屏模式下）。按钮文字也会被改为 Exit full screen，以此表示应用当前在全屏模式下。当用户再次单击按钮时，由于应用已经在全屏模式下了，因此会退出全屏模式，同时将按钮文字改为 Go full screen。这种行为可以让用户以简单易懂的方式进行全屏模式的切换。

修改完 HTML 代码并从命令行重启应用后，单击 Go full screen 按钮，应用会进入全屏模式，按钮此刻也显示为 Exit full screen，如图 7.6 所示。

图 7.6　全屏模式下的示例应用。注意按钮文字已经改变了，可以让用户退出全屏模式

对于视频播放应用，进行全屏模式切换是非常常见的需求。事实上，由于在支持 NW.js 应用全屏模仿视频方面有一个 bug（见 GitHub 代码仓库中的第 55 号缺陷），在我们（Axisto Media）的 British Medical Journay（BMJ）应用中用曲线救国的方式解决了这个问题，方法是当用户单击播放 / 暂停按钮时，我们访问视频元素的影子

DOM（Shadow DOM）来切换全屏模式。

在使用应用的时候，全屏模式可以让用户充分利用屏幕，也可以减少其背后其他视窗的干扰。

现在你已经知道了在 NW.js 中如何实现全屏模式，接下来我们看一下 Electron 是如何支持全屏应用的。

7.2.2　Electron 中的全屏应用

Electron 也支持设置应用为全屏模式。当创建一个新的 BrowserWindow 实例时，可以设置全屏模式的参数。要在启动的时候设置应用进入全屏模式，在创建 BrowserWindow 实例的时候，将下面的配置项作为参数传递进去就可以了：

```
mainWindow = new BrowserWindow({fullscreen: true});
```

这样应用启动时就会直接进入全屏模式。这对于播放视频和游戏的应用来说是一个不错的选择。

但是如果你不想给用户这个选项呢？怎样禁用这个选项呢？很简单：在创建 BrowserWindow 实例的时候，传递一个 fullscreenable 属性并将其值设为 false，如下面的代码所示：

```
mainWindow = new BrowserWindow({fullscreenable: false});
```

上述配置项的作用是用户将无法通过标题栏中的按钮让应用进入全屏模式。这对于像小工具类的应用，希望将界面保持在一个尺寸来说是非常有用的。

如果你想通过编程的方式来让应用进入全屏模式，需要在初始化的时候调用 mainWindow 实例上的一个方法。我会将此前用 NW.js 实现的示例应用用 Electron 再实现一次，这样你就可以对它们进行对比了，如代码清单 7.6 所示。

代码清单 7.6　Electron 版全屏示例应用中 main.js 文件的代码

```
'use strict';

const electron = require('electron');
const app = electron.app;
const BrowserWindow = electron.BrowserWindow;

let mainWindow = null;

app.on('window-all-closed', () => {
  if (process.platform !== 'darwin') app.quit();
```

```
});

app.on('ready', () => {
  mainWindow = new BrowserWindow();
  mainWindow.loadURL(`file://${__dirname}/index.html`);
  mainWindow.on('closed', () => { mainWindow = null; });
});
```

　　如你所见，代码非常标准。接下来，创建一个 index.html 文件，显示一个按钮用来切换全屏模式，如代码清单 7.7 所示。

代码清单 7.7　Electron 版全屏示例应用中 index.html 文件的内容

```
<html>
  <head>
    <title>Fullscreen app programmatic Electron</title>          加载客户端代
  </head>                                                        码，放在另外
    <script src="app.js"></script>             ◁────────         一个独立的文
  <body>                                                         件中
    <h1>Hello from Electron</h1>
    <button id="fullscreen" onclick="toggleFullScreen();">  ◁─
      Go full screen                                             调用app.js文件
    </button>                                                    中声明的
  </body>                                                        toggleFullScreen
</html>                                                           函数来切换全屏
                                                                 模式
```

　　在 NW.js 版本的代码中，应用中有一个按钮，用来在全屏模式和视窗模式之间进行切换。这里唯一的区别就是你加载了一个单独的 app.js 文件，该文件中包含了客户端代码来处理全屏模式的切换。最后，你为上述 Electron 示例应用添加了一个标准的 package.json 文件，app.js 文件的代码如代码清单 7.8 所示。

代码清单 7.8　Electron 版全屏示例应用中 app.js 文件的内容

使用 remote API 来获取渲染　　　　　　　　　　使用 remote API 在 renderer
页面的当前视窗　　　　　　　　　　　　　　　进程中和 main 进程进行交互

```
    const remote = require('electron').remote;   ◁─

    function toggleFullScreen() {                              调用 BrowserWindow
      const button = document.getElementById('fullscreen');   实例中的isFullScreen
      const win = remote.getCurrentWindow();                  函数来检查视窗是否处
      if (win.isFullScreen()) {                         ◁──   于全屏模式
```

```
        win.setFullScreen(false);
        button.innerText = 'Go full screen';
    } else {
        win.setFullScreen(true);
        button.innerText = 'Exit full screen';
    }
}
```

如果是，则通过调用实例的 setFullScreen 函数并传递 false 参数来切换到视窗模式

如果不是，则切换到全屏模式

这是展现 NW.js 和 Electron 处理全屏模式区别很好的例子。Electron 通过提供 remote API 来让前端代码可以和后端代码进行通信。它允许 renderer 进程（前端）发送数据给 main 进程（后端），从而实现获取 BrowserWindow 实例并和它进行交互。接着你可以调用 BrowserWindow 实例中的诸多函数来获取当前设置（比如是否运行在全屏模式中），由此来判断是否要让应用进入全屏模式或者视窗模式。

BrowserWindow 实例中还可以调用哪些函数

本书介绍了部分（并非全部）可以在 BrowserWindow 实例中调用的函数。在 Electron 中，BrowserWindow 类在初始化的时候接受很多配置项，比如在 Mac OS X 中可以设置不同的标题栏样式（像 Hyper、Kitematic 以及 WebTorrent 这样）。

要了解更多初始化 BrowserWindow 实例可以传递的配置项以及可以调用的函数，请查看 http://electron.atom.io/docs/api/browser-window/。

上述示例展示了如何在 Electron 中在全屏模式和视窗模式间进行切换。接下来，我们来看看在无边框应用中如何更多地改变应用界面样式。

7.2.3　无边框应用

尽管可以通过单击按钮就让应用进入全屏模式还算比较有趣，但这未必能满足你的应用需求。有些应用，包括媒体播放器、屏幕小部件以及其他工具类应用，运行的时候都是没有视窗边框的，而是展示了一个独特的界面样式。Mac OS X 系统中的音乐播放器 VOX 就是其中一个例子，如图 7.7 所示。注意，界面是完全定制的，没有 Mac OS X 的系统样式（没有标题栏、没有交通灯按钮，只有一个简单的关闭按钮来关闭应用）。

图 7.7　Mac OS X 系统中的 VOX 音乐播放器，正在播放歌曲。注意，界面上没有 Mac OS X 的系统样式，也没有标题栏

在 NW.js 中创建无边框应用

这类应用称为无边框应用，在 NW.js 中也可以创建此类应用。修改 package.json 文件的内容，在 `window` 配置部分设置一个 `frame` 属性，值为 `false`，示例代码如下所示：

```
{
  "name" : "frameless-transparent-app-nwjs",
  "version" : "1.0.0",
  "main" : "index.html",
  "window" : {
    "frame" : false
  }
}
```

可以进一步修改 package.json 文件来设置应用背景的透明度，这样你就可以使用圆边并创建出非常有意思的界面样式了。将 package.json 文件修改为如下内容：

```
"window" : {
  "frame" : false,
  "transparent": true,
  "width": 300,
  "height": 150
}
```

如果将 index.html 文件修改为代码清单 7.9 所示的内容，你就有了和 VOX 应用差不多的界面样式了。

代码清单 7.9　创建带圆边的无边框应用

```
<html>
  <head>
    <title>Transparent NW.js app - you won't see this title</title>
```

```
<style rel="stylesheet">
  html {
    border-radius: 25px;
  }

  body{
    background: #333;
                    color: white;
    font-family: 'Signika';
  }

  p {
    padding: 1em;
    text-align: center;
    text-shadow: 1px 1px 1px rgba(0,0,0,0.25);
  }

</style>
</head>
<body>
  <p>Frameless app example</p>
</body>
</html>
```

如果通过命令行启动上述示例应用，你会在桌面上看到如图 7.8 所示的应用样式。

图 7.8　运行在桌面上的无边框应用。应用模拟了 VOX 的圆边样式，以此来展示如何为应用设置透明的背景

尽管这能够让你为桌面应用创建华丽的界面，但也要注意，这同样会带来一些麻烦。首先，在禁用视窗边框后，你需要自己提供按钮来关闭 / 最小化应用视窗（或者，也可以让用户通过操作系统的工具栏来关闭应用）。

还有很重要的一点要注意，无边框应用默认状态下是不能被拖动的。这是因为界面上没有可以被拖动的元素（比如标题栏）。也就是说，是没有办法可以让应用被拖动的。关键在于为屏幕的 HTML 元素设置一个名为 -webkit-app-region 的 CSS 属性。

要想将 HTML 元素设置为可拖动的（比如 body 标签），将下面的 CSS 应用上去就可以了：

```
-webkit-app-region: drag;
```

在此前的示例中，如果你将该 CSS 属性通过内嵌 CSS 样式表作用到 body 标签上再重启应用，就会发现应用已经可以在屏幕上被拖动了。我希望一切就这么简单，但是不幸的是并非如此。将该 CSS 属性作用到 body 标签后会导致应用区域内所有的 HTML 元素都可以拖动应用，包括 Frameless app example 这样的文字。试着选中文本——你会发现并不能选中。所有 body 标签中的 DOM 元素都可以被拖动，这也许并不是你期望的。那么怎么解决这个问题呢？

答案取决于 HTML 元素自身的属性。如果 HTML 元素本身是可以单击的元素，像按钮或者下拉菜单，那么可以给这些 HTML 元素设置一个 -webkit-app-region 属性，值为 no-drag，就像下面这样：

```
button, select {
  -webkit-app-region: no-drag;
}
```

它会让你单击按钮的时候不触发拖动行为。或者如果对于一些 HTML 元素你想让它们可以被选中，用于复制和粘贴（如 p 标签和 img 标签），那么可以通过结合 -webkit-user-select 和 -webkit-app-region 这两个属性，并将 -webkit-user-select 的值设为 no-drag 来实现：

```
p, img {
  -webkit-user-select: all;
  -webkit-app-region: no-drag;
}
```

如果你想让 HTML 元素可以被选中或者可以被单击，那么要对所有这些元素都进行设置。工作量有点大，不过这同时也意味着你可以完全定制应用的界面，让你的应用能够出类拔萃。

最终版本的 index.html 文件如代码清单 7.10 所示。

代码清单 7.10　背景透明且无边框的应用的 index.html 文件

```
<html>
  <head>
    <title>Transparent NW.js app - you won't see this title</title>
    <style rel="stylesheet">
      html {
        border-radius: 25px;
        -webkit-app-region: drag;
```

```
      }
    body {
      background: #333;
      color: white;
      font-family: 'Signika';
    }
    p {
      padding: 1em;
      text-align: center;
      text-shadow: 1px 1px 1px rgba(0,0,0,0.25);
    }
    button, select {
      -webkit-app-region: no-drag;
    }
    p, img {
      -webkit-user-select: all;
      -webkit-app-region: no-drag;
    }
  </style>
 </head>
 <body>
   <p>Frameless app example</p>
 </body>
</html>
```

现在你可以将应用在界面上进行拖动了，也能看到圆角边框后面的内容了。以上展示了如何在 NW.js 中创建背景透明的应用。现在，我们来看看在 Electron 中如何实现同样的需求。

使用 Electron 创建无边框应用

本章前面部分提到过，Electron 是在初始化 BrowserWindow 实例的时候来配置应用视窗的。你可以在运行时初始化 BrowserWindow 实例的时候通过传递一个配置项来设置应用是无边框的或者透明的。如下代码就是一个在 Electron 中配置无边框应用的例子：

```
mainWindow = new BrowserWindow({ frame: false });
```

应用会以无边框模式运行，如图 7.9 所示。

如果你想自己尝试运行一下这个示例，可以查看位于 https://github.com/paulbjensen/cross-platform-desktop-applications 的 GitHub 仓库，在 chapter-07 文件夹中有一个 frameless-app-electron 的示例应用。

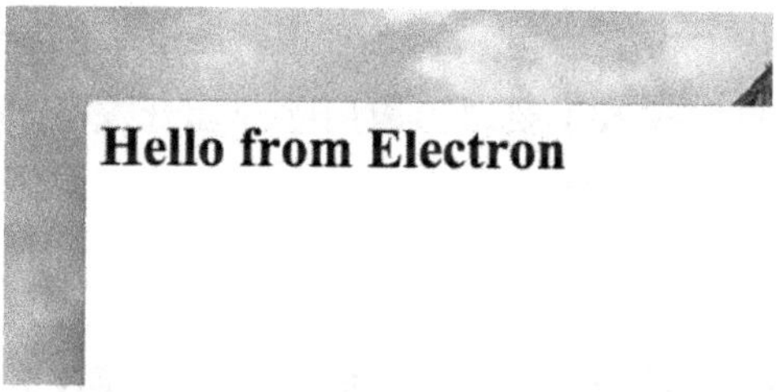

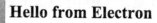

图 7.9 一个运行在无边框模式下的 Electron 应用。注意到应用内容和左上角靠得很近了吗？Mac OS X 中默认应用的边角是圆的

Electron 还支持通过传递 `transparent` 属性来设置透明的应用视窗，代码如下所示：

```
mainWindow = new BrowserWindow({ transparent: true });
```

图 7.10 展示了透明的 Electron 应用的样子。

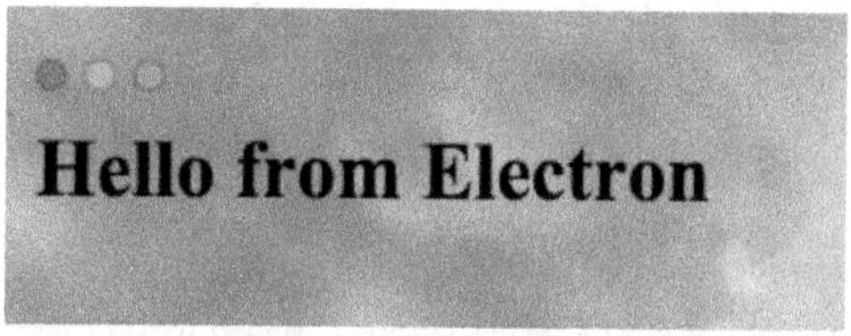

Hello from Electron

图 7.10 Electron 中一个透明的应用。注意整个背景都是透明的，但是可以看到标题栏的按钮以及应用中的文字

只要不让用户体验变得更复杂，支持透明本身在 Electron 中是一个很好的功能。对于一些小型工具类应用，这会非常有用，不过也要看具体应用的需求和使用人群。

有些应用运行在一些环境下，这些环境下用户不被信任不能拥有完全访问计算机的权限，比如，具备触屏体验的公共终端系统。接下来的内容，我们会介绍如何实现 kiosk 应用。

7.2.4 kiosk 应用

当你有机会构建被大量用户使用的应用时要注意——应用在公共区域使用，比如博物馆的信息展示区域，或者可能在银行，这就需要应用要在一种特定的模式下运行，在这种模式下用户不能退出应用也不能通过这台计算机输入任何信息（并非供用户娱乐的）。尽管这类应用是运行在 kiosk 模式下的（有的时候确实是运行在这种模式下），但是它们需要被限制对底层操作系统资源的访问权限。

　　kiosk 这种模式在 NW.js 和 Electron 中都属于锁定模式，在这种模式下要访问底层操作系统资源是很困难的——事实上，在这种模式下要退出应用除非让开发者手动添加这个功能，否则，他们只能通过重启计算机来实现。

在 NW.js 中创建 kiosk 应用

　　要让应用进入 kiosk 模式，需要修改 package.json 文件，并设置 kiosk 属性为 true，如下面的例子所示：

```
{
  "window": {
    "kiosk":true
  }
}
```

　　你也可以拿一个示例应用来尝试一下，不过，在尝试之前，确保所有必要的修改都已经保存了。

　　这是因为你可能需要重启计算机才能再进行其他操作。在 kiosk 模式下，应用会自动进入全屏模式，但是没有标题栏。唯一可以退出应用的办法就是按住键盘上的 Alt+Tab 组合键或者 Ctrl+Alt+Del 组合键——否则，你就在这个应用中出不去了。

　　假设你需要为某人构建一个 kiosk 应用，但是你也需要让用户能够退出程序（万一操作系统有 bug）。那么要怎么做呢？

　　答案就是实现键盘快捷键或者单击按钮后调用应用视窗上的 leaveKioskMode API 函数。和全屏 API 函数一样，kiosk 模式也有对应的 API 函数可以用于进入 / 退出 kiosk 模式，也可以用于检测当前应用视窗是否在 kiosk 模式下。

　　想象一下你有一个应用运行在 kiosk 模式下，并且你想给 IT 系统管理员提供一个访问计算机操作系统的方法，而不需要他重启计算机（特别是当计算机接着电源而且重启按钮被藏起来的时候）。你决定在应用视窗上增加一个退出按钮来帮助管理员返回到操作系统中。

　　确保 package.json 文件和如下所示内容一致：

```
{
  "name" : "kiosk-mode-example-app", "version" : 1.0,
  "main" : "index.html",
  "window" :{
    "kiosk"   : true
  }
}
```

并且确保 index.html 文件的内容如代码清单 7.11 所示。

代码清单 7.11 kiosk 应用的 index.html 文件，有一个明显的退出按钮

```html
<html>
  <head>
    <title>Kiosk mode NW.js app example</title>
    <script>
      'use strict';

      const gui = require('nw.gui');          创建一个函数来告
      const win = gui.Window.get();           诉应用视窗退出
                                           ←─ kiosk模式
      function exit () {
        win.leaveKioskMode();
      }

    </script>
  </head>
  <body>
    <h1>Kiosk mode app</h1>                  单击按钮时调用函数
    <button onclick="exit();">Exit</button>  来退出 kiosk 模式
  </body>                               ←─
</html>
```

你会发现这和第一个全屏应用示例（单击按钮，退出全屏模式）所采用的方法一样。上述示例展示了如何让一个应用退出 kiosk 模式。如果你现在运行该应用，就能看到如图 7.11 所示的样子了。

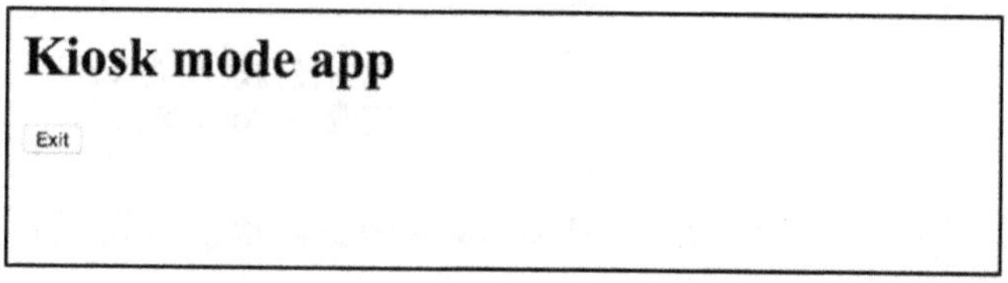

Kiosk mode app

Exit

图 7.11 运行在 kiosk 模式下的应用。应用占据了整个屏幕，整个操作系统被遮住了

单击 Exit 按钮，应用就会退出 kiosk 模式回到普通的视窗布局。

kiosk 模式下所有的键盘快捷键会被禁止吗 不，NW.js 仍然允许你通过全局的键盘快捷键（比如，Windows 系统的 Alt+F4 组合键）来退出应用。之所以允许是因为病毒检测软件会阻止应用视图覆盖全局的快捷键。

上述例子展示了如何通过 NW.js 来创建 kiosk 应用。对于 Electron 来说，创建 kiosk 模式下的应用非常简单。

使用 Electron 创建 kiosk 应用

Electron 支持在初始化 BrowserWindow 实例的时候通过传递一个名为 kiosk 的属性来设置应用进入 kiosk 模式。下面是一个例子：

```
mainWindow = new BrowserWindow({ kiosk: true });
```

通过上述配置后，应用会进入全屏模式。要退出应用，唯一的办法是通过快捷键（Mac OS X 上是 Command+Q，Windows/Linux 上是 Alt+F4）。

不过如果你想通过编程的方式进入 kiosk 模式并且可以通过一个按钮来切换的话，可以使用与此前全屏模式那个例子一样的办法来实现。

通过本书 GitHub 仓库中 chapter-07 文件夹中的 kiosk-app-programmatic-electron 文件夹中的源代码，你可以试着运行该应用。这个应用非常标准，唯一的不同是 index.html 和 app.js 文件。代码清单 7.12 所示的是 index.html 文件的内容。

代码清单 7.12 kiosk 模式下 Electron 应用的 index.html 文件

```
<html>
  <head>
    <title>Programmatic Kiosk app Electron</title>
  </head>
    <script src="app.js"></script>
  <body>
    <h1>Hello from Electron</h1>
    <button id="kiosk" onclick="toggleKiosk();">Enter kiosk</button>  ◄─────
  </body>
</html>
```
单击按钮触发进入或者退出 kiosk 模式

当单击 kiosk 按钮时，会调用一个名为 toggleKiosk 的函数。该函数定义在 app.js 文件中，如代码清单 7.13 所示。

代码清单 7.13 kiosk 模式下 Electron 应用的 app.js 文件

```
const remote = require('electron').remote;

function toggleKiosk() {                              ◄── 定义toggleKiosk函数，该函数会在按钮被单击时调用
  const button = document.getElementById('kiosk');
  const win = remote.getCurrentWindow();
  if (win.isKiosk()) {                                ◄── 检查是否应用已经处于kiosk模式
    win.setKiosk(false);
    button.innerText = 'Enter kiosk mode';            ◄── 如果是，则退出kiosk模式，并更新按钮上的文字
  } else {
```

```
      win.setKiosk(true);
      button.innerText = 'Exit kiosk mode';
  }
}
```

如果不是，则进入kiosk模式并
更新按钮上的文字

当运行上述应用时，第一次单击按钮的时候应用会进入 kiosk 模式，进入 kiosk 模式后也可以退出。这就让你可以创建按钮来很容易地关闭应用——想象一下该应用运行在一台没有键盘的计算机中。

对于在公共场合被人使用，并且对底层操作系统资源的访问受限的应用来说，kiosk 模式是非常有用的。不过话说回来，正如此前提到的，依然还是有办法可以退出 kiosk 模式的，因此并不能完全保证让应用无法退出，不过至少可以保证绝大多数普通用户在公共场所的计算机中是无法退出应用的。

7.3　小结

在本章中，我们介绍了如何根据应用的需求来定制应用的界面样式。快速过一下在本章中学到的内容：

- 可以创建指定宽高尺寸的应用。
- 可以限制尺寸，从而让应用保持在一个固定的尺寸范围内。
- 可以很容易地让应用进入全屏模式来播放视频或者玩游戏。
- 也可以移除应用视窗，让它成为无边框的应用。
- 对于无边框的应用要非常小心，因为你需要自己处理拖动、单击事件以及文本选中操作。
- kiosk 模式对于运行在 ATM 机以及其他公共场所中的应用来说非常有用。

当定制应用的时候，首先要思考的就是应用是否需要在一个固定的或者动态的视窗中操作，甚至是否真的需要视窗。然后，你可以通过在 package.json 文件中配置 window 选项来设置将应用固定在指定的尺寸上，或者进入全屏模式。还有，记住根据应用是否是基于视窗的还是需要进入 kiosk 模式，能够在应用内进行导航是很重要的，因此需要确保你可以在应用内退出一个 kiosk 模式下的应用。

在第 8 章中，我们会介绍如何使用 NW.js 和 Electron 来构建托盘应用。

创建托盘应用

本章要点

- 构建托盘应用
- 在托盘菜单中显示应用视窗
- 将菜单项添加到托盘菜单中

有些应用有别于其他应用拥有很多功能，它们更多的是专注在处理一些具体的事情并把它们做好。而且它们不需要用户在使用它们的时候进行视窗切换也无须进行应用间的切换。应用的所有功能是通过操作系统的托盘栏获取的，在 Windows 系统中位于屏幕底部，在 Mac 中则位于屏幕上方，对于 LInux 而言，取决于你使用的发行版和图形桌面环境，有的在上方，有的在底部（Gnome 一般都在上方，而 KDE 一般都在底部）。

托盘应用大多为工具类应用，如，计时器、音乐播放控制器以及即时消息应用等。它们通过菜单以及改变图标来显示应用的状态。在本章中，我们会介绍如何使用 NW.js 的 UI API 来构建托盘应用，我们会构建一个带下拉菜单的小型工具类托盘应用。然后，我们会用 Electron 再实现一遍以进行比较。

8.1 使用 NW.js 创建简单的托盘应用

我们将构建图 8.1 所示的简单的托盘应用。

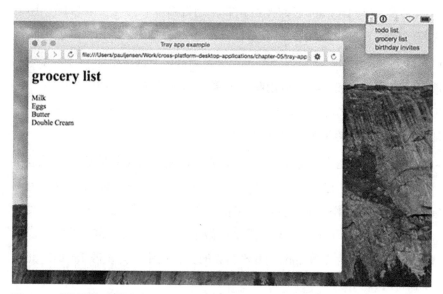

图 8.1 我们要构建的应用：一个简单的带列表的托盘应用

假设你有一个简单的 NW.js 版的 Hello World 应用，并且你想为它做一个托盘图标，让用户通过系统的状态栏能访问到。图 8.2 展示了要在菜单栏中添加的内容。

图 8.2 你的托盘应用显示在系统状态栏中的托盘区域

可以通过修改 index.html，添加如下内联的 JavaScript 代码来实现：

```html
<html>
  <head>
    <title>tray app example</title>
    <script>
      const gui = require('nw.gui');
      const tray = new gui.Tray({title: 'My tray app'});
    </script>
  </head>
  <body>
    <h1>Hello world</h1>
  </body>
</html>
```

在上述代码中，我们扩展了 Hello World 示例应用，添加了一些内联的 JavaScript 代码，包含了两行有意思的代码：第一行加载了 NW.js 的 UI API，第二行创建了一个标题为"My tray app"的托盘。如果通过命令行运行上述应用，你就能够看到和此前一样的 Hello World 示例应用，只不过你还能在系统的状态栏中看到创建的托盘，如图 8.2 所示。

应该用文本标签来表示托盘应用吗 如果你的应用只支持 Mac OS X，那么没问题，但是在 Windows 和 Linux 中，托盘应用只能用图标。所以，安全起见，最好是为你的托盘应用使用图标。

你会看到文本标签显示在托盘区域中了，从图中你还可看到其他托盘应用也在那里（VOX 和 1Password），它们没有用文本标签而是用了图标。如果你也想用图标（因为图标在托盘区域占用的地方小），NW.js 也是支持的。假设你要用一个简单的 PNG 格式的图标（我已经用 Pixelmator 为本例做了一个简单的记事本的图标，大小为 32×32 像素），将它保存在和 index.html 同级的文件夹中，并修改 JavaScript 中创建托盘应用的那行代码：

```
const tray = new gui.Tray({icon: 'icon@2x.png'});
```

改完后，你需要从命令行重新启动 NW.js，然后就能看到如图 8.3 所示的托盘图标了。

图 8.3 托盘应用显示了一个用 Pixelmator 制作的图标

它会根据 Mac OS X 托盘应用的标准来渲染一个漂亮的图标，不过你可能注意到了一个奇怪的地方：应用图标是灰色的。这是 NW.js 处理的，在 Electron 中会显示图标自己的颜色。

为托盘图标添加菜单

这个时候如果单击托盘图标的话，没有任何反应。你想通过托盘应用来执行可以和应用交互的指令。托盘菜单可以用来显示内容列表，并可以触发一些行为。在单击图标时，你需要显示一个菜单来展示笔记，如图 8.4 所示。

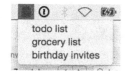

图 8.4　记事本托盘应用展示了包含笔记的列表

　　你可以扩展你的托盘应用，为其添加一个菜单，显示一系列定义好的记事项。单击其中一个记事项会在记事本应用视窗中显示其内容。我们先来创建一些示例笔记内容，放在内联 JavaScript 代码开始的位置：

```
const notes = [
  {
    title: 'todo list',
    contents: 'grocery shopping\npick up kids\nsend birthday party invites'},
  {
    title: 'grocery list',
    contents: 'Milk\nEggs\nButter\nDouble Cream'},
  {
    title: 'birthday invites',
    contents: 'Dave\nSue\nSally\nJohn and Joanna\nChris and Georgina\nElliot'
  }
];
```

　　现在内容有了，你可以将笔记标题作为菜单项添加到一个新的菜单中，并将该菜单绑定到托盘中：

```
const menu = new gui.Menu();
notes.forEach((note) => {
  menu.append(new gui.MenuItem({label: note.title}));
}

tray.menu = menu;
```

　　这里，你初始化了一个新的 Menu 对象，然后依次对笔记列表进行迭代，将它们的标题展示在菜单中。之后再将该菜单绑定到托盘中。通过命令行运行 NW.js 来启动应用，你就能看到图 8.4 所示的样子了。

　　到目前为止看起来都还不错，不过还需要做一些事情。要让托盘菜单项和应用视窗交互起来，还要把它做成这个样子——当用户单击菜单中的笔记时，笔记内容需要在应用视窗中显示出来。

　　要实现上述需求，需要完成以下事情：

- 修改 HTML 内容，为显示笔记的标题和内容放置占位符。

- 创建一个函数，用于将笔记的标题和内容插入 HTML。
- 修改 menuItem 对象，使得当它们被单击的时候调用上述函数。

先来修改 body 标签里面的内容，修改为如下所示：

```html
<body>
  <h1 id="title"></h1>
  <div id="contents"></div>
</body>
```

h1 标签会用来显示笔记的标题（所以它的 id 叫 "title"），div 标签是用来显示笔记内容的（同样的，它的 id 叫 "contents"）。接下来，在内联的 JavaScript 代码上方，创建一个函数用来将笔记的标题和内容插入页面：

```javascript
function displayNote (note) {
  document.getElementById('title').innerText = note.title;
  document.getElementById('contents').innerText = note.contents;
}
```

这个函数将传入的 note 对象中的 title 和 contents 插入到页面中的 HTML 元素中。有了这个函数，接下来需要修改 menuItem 对象，能够让它们在被单击的时候，调用 displayNote 函数并传递 note 对象。

不过，要实现上述需求，你需要将一些代码移到一个新的函数中，因为不应该在循环中创建函数（否则，你会遇到与传递给函数的变量相关的奇怪的行为）。在初始化 menu 对象后，创建一个新的名为 appendNoteToMenu 的函数：

```javascript
function appendNoteToMenu (note) {
  const menuItem = new gui.MenuItem({
    label: note.title,
    click: () => { displayNote(note); }
  });
  menu.append(menuItem);
}
```

函数接收一个 note 对象并生成一个 MenuItem 对象。它设置了菜单项的 label 属性值为笔记的标题，同时定义了一个函数，在菜单项被单击的时候触发。该函数会调用 displayNote 函数并传递 note 对象，这样当菜单项被单击的时候，笔记的标题和内容就会显示在应用视窗中了。最后，菜单项被添加到 menu 对象中。

在将 menu 添加到托盘前，需要修改一些代码来迭代所有的笔记，并逐个调用 appendNoteToMenu 函数，就像这样：

```
notes.map(appendNoteToMenu);
```

快完成了。接下来，确保应用默认会显示列表中的第一个笔记内容，并设置一下样式使其看起来更真实。

当应用的 HTML 载入后，你就可以触发显示第一个笔记了。将下面的 JavaScript 代码添加到 script 标签的最后：

```
document.addEventListener('DOMContentLoaded', () => {
  displayNote(notes[0]);
});
```

如图 8.5 所示，当应用启动的时候就能在应用视窗中看到第一个笔记的内容了。

图 8.5 记事本应用展示了列表中的第一个笔记内容

在完成之前，在 index.html 文件中添加对 app.css CSS 样式表文件的链接，使其看起来更像一个记事本应用，如代码清单 8.1 所示。

代码清单 8.1 添加 CSS 链接到 index.html 文件

```
<html>
  <head>
    <title>tray app example</title>
    <link href="app.css" rel="stylesheet">          为 app.css
    <script>                                         添加链接
      'use strict';
```

接下来，将如下内容添加到 app.css 文件中：

```
body {
  background: #E2D53C;
  color: #292929;
  font-family: 'Comic Sans', 'Comic Sans MS';
  font-size: 14pt;
  font-style: italic;
}
```

上述样式生效后，记事本应用看上去就会如图 8.6 所示了。

图 8.6　有了样式定义后的记事本应用

如果你用 NW.js 通过命令行启动应用，当单击托盘应用菜单中的笔记标题后，该笔记标题和内容就会显示在应用视窗中。

> **在哪里可以获取该应用的源代码**　可以从 GitHub 的代码仓库 https:// github.com/paulbjensen/cross-platform-desktop-applications 获取 NW.js 版示例托盘应用的源代码。

现在你已经通过 NW.js 创建了一个托盘应用，我们来看一下如何使用 Electron 来实现同样的托盘应用。

8.2　使用 Electron 创建托盘应用

Electron 模块化的创建应用的方案使其非常适合创建托盘应用。其 API 和 NW.js 提供的类似，本节我们会介绍如何重建一次此前介绍的托盘应用，不过这次是用 Electron 的 API。

搭建应用的架构

对于一个托盘应用而言，至少需要以下几个文件：

- main.js 用来存放应用代码。
- 一个 PNG 格式的图片用作应用图标。
- 一个 package.json 文件用来描述应用配置。

使用 Electron 创建托盘应用时，不需要 index.html 文件，但是要显示列表中笔记内容的话，就需要一个 HTML 文件，同时还需要 app.js 文件来存放前端代码。

我们将从 package.json 文件开始。新建一个名为 tray-app-electron 的文件夹，在文件夹中新建一个 package.json，其内容如下：

```
{
  "name"    : "tray-app-electron",
  "version" : "1.0.0",
  "main"    : "main.js"
}
```

现在，创建一个 index.html 文件，用来展示笔记内容。并将如下内容插入该文件：

```
<html>
  <head>
    <title>tray app Electron</title>
    <link href="app.css" rel="stylesheet">
    <script src="app.js"></script>
  </head>
  <body>
    <h1 id="title"></h1>
    <div id="contents"></div>
  </body>
</html>
```

上述 index.html 文件的结构和 NW.js 的例子一样，除了 NW.js 版本中是内联了 JavaScript 代码，而这里是将代码移到了 app.js 文件中。这是因为 Electron 中前后端 JavaScript 代码是相互隔离的，需要通过进程间通信来实现两者的数据传递，在本例 接下来的部分中就会看到。

app.css 文件和 NW.js 版本的托盘应用中的也是一样的，所以这里就不赘述了， 还有图标也一样。应用主要的部分就是 main.js 文件（后端）和 app.js 文件（前端）。 我们先来看 main.js 文件。

创建一个名为 main.js 的文件，并插入代码清单 8.2 所示的代码。

代码清单 8.2   Electron 版托盘应用中的 main.js 文件

```
'use strict';

const electron = require('electron');
const app = electron.app;                            加载Electron中
const Menu = electron.Menu;                          的Menu API
const tray = electron.Tray;                          加载它的 tray API
const BrowserWindow = electron.BrowserWindow;

let appIcon = null;                                  创建一个值为null的
let mainWindow = null;                               appIcon变量，防止
                                                     被垃圾回收掉
const notes = [
```

```
  {
    title: 'todo list',
    contents: 'grocery shopping\npick up kids\nsend birthday party invites'
  },
  {
    title: 'grocery list',
    contents: 'Milk\nEggs\nButter\nDouble Cream'
  },
  {
    title: 'birthday invites',
    contents: 'Dave\nSue\nSally\nJohn and Joanna\nChris and Georgina\nElliot'
  }
];

function displayNote (note) {
  mainWindow.webContents.send('displayNote', note);      ◁── 使用Electron的WebContents
}                                                              API向浏览器窗口发送数据来
                                                              展示笔记内容

function addNoteToMenu (note) {
  return {
    label: note.title,
    type: 'normal',                                           为托盘应用创建
    click: () => { displayNote(note); }                       上下文菜单，对
  };                                                          笔记进行迭代并
}                                                             添加为菜单项

                                    创建一个带图
                                    标的托盘应用
app.on('ready', () => {
  appIcon = new Tray('icon@2x.png');
  let contextMenu = Menu.buildFromTemplate(notes.map(addNoteToMenu));  ◁──
  appIcon.setToolTip('Notes app');
  appIcon.setContextMenu(contextMenu);      ◁── 将上下文菜单绑
                                                定到托盘应用上
  mainWindow = new BrowserWindow({ width: 800, height: 600 });
  mainWindow.loadURL(`file://${__dirname}/index.html`);
  mainWindow.webContents.on('dom-ready', () => {
    displayNote(notes[0]);                     当应用视窗加载好后，默
  });                                          认显示第一个笔记内容
});
```

为托盘应用添加提示信息

现在，后端代码会创建一个托盘应用，以及它的菜单，同时 BrowserWindow
实例负责展示笔记内容。这会让应用启动的时候展示第一个笔记内容。当菜单中
的笔记被单击的时候，接下来就由 app.js 来处理了。app.js 文件会使用 Electron 的
ipcRenderer 模块来接收 displayNote 事件以及由 main 进程传递给 renderer 进程的
note 对象，这样你就可以在 BrowserWindow 进程中更新 HTML 内容了。

在 app.js 文件中，插入代码清单 8.3 所示的代码。

代码清单 8.3　Electron 示例托盘应用中的 app.js 文件

```javascript
function displayNote(event, note) {
  document.getElementById('title').innerText = note.title;
  document.getElementById('contents').innerText = note.contents;
}

const ipc = require('electron').ipcRenderer;
ipc.on('displayNote', displayNote);
```

displayNote函数
负责将笔记内容
插入 HTML

Electron 的 ipcRenderer
模块监听由后端进程触
发的事件

菜单项被单击或者当应用加载的时候，ipcRenderer
模块会接收到事件以及 note 对象并将其传递给
displayNote 函数

　　Electron 的 ipcRenderer 模块可以发送以及接收来自或传递给 Electron main 进程的数据。在托盘应用的上下文中，后端进程通过 web contents API 将数据传递给浏览器视窗，因此，displayNote 事件以及 note 对象由后端传递给前端，ipcRenderer 则监听该事件。当事件被触发时，ipcRenderer 获取到 note 对象并将其传递给负责将笔记内容插入 HTML 的函数。图 8.7 展示了应用的样子。

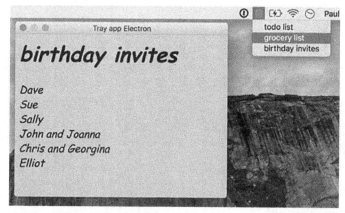

图 8.7　Electron 版的记事本应用。注意，Electron 将应用图标默认以彩色来渲染了

　　在这部分内容中，你已经会通过使用菜单来构建托盘应用了，这样用户就可以很容易地使用它——一般都是工具类应用，像聊天应用、密码管理器应用以及待办事宜应用等。你也学会了如何设置应用图标以及当它被单击的时候，如何展示菜单。

8.3　小结

　　在本章中，我们介绍了如何通过 NW.js 和 Electron 以不同的方式来创建托盘应用。托盘应用是非常简单的小工具，构建它们的时候，要确保它们在所有操作系统中都能工作，因为不同操作系统是有差异的（比如，Mac OS X 可以让你使用文本标签，而 Windows 和 Linux 却只支持图标）。还有，要记住图标的尺寸是 32×32 像素。除此之外，还介绍了如何为托盘应用添加菜单项。

以下是本章中你学到的主要内容：

- 可以使用文本作为托盘应用的菜单，不过考虑到 Windows 和 Linux 只支持图标，最好还是用图标。
- 在 Mac OS X 中，NW.js 版的托盘应用看起来会将应用图标显示为灰色，而 Electron 版的应用则会显示为彩色。

在第 9 章中，我们会介绍模拟用户操作系统样式的方法。

创建应用菜单以及
上下文菜单

本章要点

- 创建应用视窗菜单
- 在 Mac OS 中创建菜单
- 在 Windows/Linux 中创建菜单
- 为应用中的内容创建上下文菜单

菜单非常重要，可以给用户提供很多功能的选择。熟练使用微软 Office 的人应该都知道，使用 Word 和 Excel 时，在应用菜单中，给用户提供了非常多的功能。这是现如今被广泛使用的、高效的设计模式之一。

本章，我们会介绍如何为桌面应用创建应用菜单，还会介绍在 Mac OS、Windows 以及 Linux 中处理菜单的不同之处。然后，我们会介绍上下文菜单，它会在当用户单击应用内的某个元素时，给用户提供一些选项，比如，在文档某个位置插入一个项目。

9.1　为应用添加菜单

在 Node.js 桌面应用中可以使用三种菜单：应用视窗菜单、上下文菜单以及托盘菜单（在第 8 章中介绍了）。应用视窗菜单在应用视窗的上面，标题栏的下面（在 Mac OS 中是在系统菜单位置），当你在应用内右击的时候会看到上下文菜单。我们先来看看应用视窗菜单。

9.1.1　应用视窗菜单

创建应用菜单栏有一些技巧，你必须要考虑操作系统。

令人惊讶的是，在有些方面，Windows 和 Linux 操作系统是一致的，而 Mac OS 反而是那个另类。在 Windows 和 Linux 中，每个应用视窗都在应用内有自己的应用视窗菜单。在 Mac OS 中，只有一个应用菜单供所有的视窗使用（在操作系统的菜单栏中，和应用视窗是分离的）。

NW.js 考虑到这个区别，为 Mac OS 专门提供了一个 API，而对于 Windows 和 Linux 则是相同的 API。Electron 则不然，它只提供了一个 API 来创建应用菜单。我们会通过例子来具体看看这些 API，以便比较这两个框架的异同。

9.1.2　使用 NW.js 为 Mac OS 的应用创建菜单

为 Mac OS 系统创建应用菜单有专门的 API 函数。为了证明这一点，我们来看一个 Hello World 的示例应用，并为其添加一个 Mac OS 的菜单（代码在本书 GitHub 仓库中的 mac-app-menu-nwjs 应用目录中）。你需要添加一个基本的 package.json 文件以及一个标准的 index.html 文件，并添加对 app.js 文件的引用，app.js 文件中包含为创建 Mac OS 应用菜单的代码，如代码清单 9.1 所示。

代码清单 9.1　使用 NW.js 构建的 Mac 应用菜单应用中的 app.js 文件

```
'use strict';                                      创建菜单实例作为菜单栏

const gui = require('nw.gui');
                                                   将菜单转化为一个
const mb = new gui.Menu({ type: 'menubar' });      Mac OS的菜单并
mb.createMacBuiltin('Mac app menu example');       传递应用名称

gui.Window.get().menu = mb;                         将菜单绑定到应用视窗上
```

代码清单 9.1 所示的 app.js 文件包含了用来初始化新的 Menu 对象、基于此创建了内置的 Mac 菜单、获取当前应用视窗并将其菜单设置为你刚刚生成的 Mac 菜单的 JavaScript 代码。最终结果如图 9.1 所示。

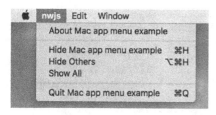

图 9.1　NW.js 为 Mac OS 应用默认显示的应用菜单。菜单中提供了一些默认的行为，如，复制 / 粘贴内容、隐藏 / 关闭视窗以及关于应用的一些信息

在 Edit 和 Window 菜单中内建的菜单项可以让用户运行表 9.1 罗列出来的指令。

表 9.1　菜单项指令

Edit 菜单指令	作　用
Undo	撤销最后一次操作
Redo	恢复最近一次撤销的操作
Cut	复制内容并将其从所在位置移除
Copy	复制选中的内容
Paste	将复制的内容放到指定的位置
Delete	从所在的位置将内容删除
Select All	选中所有内容
Windows 菜单指令	作　用
Minimize	缩小视窗并以动画的形式将其缩放到任务栏中
Close Window	关闭视窗
Bring All to Front	将所有当前应用视窗移动到其他应用视窗的前面

这些是在绝大部分应用中都有的标准指令。

我们来看一下相比 NW.js，Electron 是如何处理 Mac OS 菜单的。

9.1.3　使用 Electron 为 Mac OS 的应用创建菜单

在 Electron 应用中创建菜单时，菜单和菜单项的逻辑关系是一样的，但是用于创建和组合它们的 API 函数却不同。为了验证这一点，我们来看一个带菜单的 Electron 示例应用。这个示例的代码在本书 GitHub 仓库中名为 mac-app-menu-electron 的文件夹中。

当你下载该应用时，会发现这是一个典型的 Electron 应用，其中我们感兴趣的部分是 app.js 中的代码。当在 Electron 中定义应用菜单的时候，你需要将其添加到应用视窗，因此这部分需要在负责应用视窗的渲染进程中完成。现在让我们来看一下在 Electron 中负责定义应用菜单的代码，如代码清单 9.2 所示。

代码清单 9.2　在 Electron 中创建应用菜单

```
'use strict';

const electron = require('electron');          ← 通过 remote API 加载 Menu 模块
const Menu  = electron.remote.Menu;
const name = electron.remote.app.getName();    ← 再通过remote API 获取应用名称

const template = [{                            ← 定义一个包含菜单项的模板数组
  label: '',                                   ← 将 label 留空——在 Mac OS 上会用应用名称代替
  submenu: [                                     （将子菜单项定义为一个数组）
    {
      label: 'About ' + name,
      role: 'about'                            ← 菜单项可以声明类型，来指定默认的行为（显示关于对话框）
    },
    {
      type: 'separator'                        ← 菜单项也可以有其他类型（菜单项之间的分隔符）
    },
    {
      label: 'Quit',
      accelerator: 'Command+Q',                ← 通过accelerator属性以字符串形式传递键盘快捷键
      click: electron.remote.app.quit          ← 在click属性上定义自定义的行为
    }
  ]
}];

const menu = Menu.buildFromTemplate(template); ← 使用buildFromTemplate函数来创建应用菜单
Menu.setAppMenu(menu);                         ← 通过模板设置应用菜单
```

上述代码会让应用拥有一些简单的菜单行为，如图 9.2 所示。

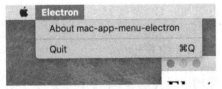

图 9.2　Electron 为 Mac OS 应用渲染菜单项。注意，应用菜单文本名显示为进程名，其中包含一个 About 菜单项、分隔符以及 Quit 菜单项，对应的快捷键显示在菜单项右侧

这是一个基础的示例，你可能想要更多的选项，比如包含调整视窗尺寸以及复制粘贴操作的 Edit 和 Window 菜单。如果这些行为你都需要，可以下载 Electron 官

网提供的示例 https://electron.atom.io/docs/api/menu/ 到你的应用中。或者如果你不想一行一行地复制代码到你的应用中的话，可以使用一个名为 electron-default-menu 的 npm 模块，具体可参见 http://www.npmjs.com/package/electron-default-menu。要将菜单库显示出来，需要修改你的应用代码，并将它用在 template 变量的位置。首先，你需要在应用中通过 npm 安装该模块：

```
npm install electron-default-menu --save
```

安装好后，将 app.js 修改为如代码清单 9.3 所示的内容。

代码清单 9.3　在 app.js 文件中使用 electron-default-menu

```
'use strict';

const electron = require('electron');                          加载npm模块
const defaultMenu = require('electron-default-menu');          供后续使用
const Menu  = electron.remote.Menu;

const menu = Menu.buildFromTemplate(defaultMenu());            在template代码
Menu.setAppMenu(menu);                                          位置调用来获取
                                                                默认菜单
```

现在，重启应用就能看到拥有完整菜单的应用了，如图 9.3 所示。

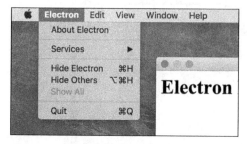

图 9.3　一个拥有 Edit、View、Window 以及对应各自菜单项的 Electron 应用

electron-default-menu 模块为应用视窗提供了更多的行为，同时也支持添加其他菜单项。`defaultMenu()` 函数返回一个数组，可以通过对 `menu` 变量调用 `pop`、`push`、`shift` 以及 `unshift` 函数进行增加 / 删除菜单项。要了解数组上支持的完整的函数列表，可以参见 http://mng.bz/cS21。

如何修改应用菜单中首个菜单项的名字　在 Mac OS 中，不论你通过代码设置的是什么，应用菜单的首个菜单项显示的都是应用的名字。这是因为 Mac OS 从应用的 Info.plist 文件中获取这个名字。如果你想修改首个菜单项的标签，需要对构建好的应用对应的这个文件进行修改。要了解更多信息，请参见 http://mng.bz/12r1。

至此，我们已经介绍了如何处理 Mac 桌面应用的菜单，接下来，我们要把注意力放到 Windows 和 Linux 系统上，看看在这两个平台上要怎么处理菜单。

9.1.4　为 Windows 和 Linux 的应用创建菜单

由于 Windows 和 Linux 处理菜单的方式和 Mac OS 不同，NW.js 提供了不同的 API 方法来创建菜单，所以我们会用这些方法来完成同样的示例应用（Hello World 应用）。首先，要用 NW.js 来创建一个应用。

使用 NW.js 构建 Windows/Linux 应用菜单

假设你有一个应用需要一个菜单栏，其中有一个菜单项 File，内嵌的菜单项包含如下指令：说 Hello（Say hello）以及退出应用（Quit the app）。图 9.4 展示了要创建的应用的样子。

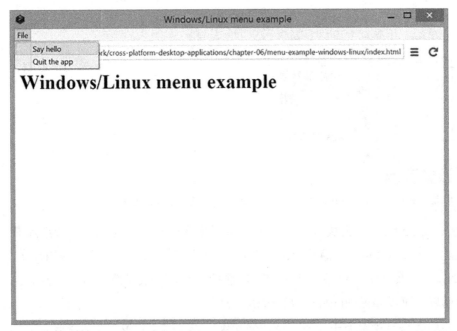

图 9.4　你要构建的应用，左上角有应用菜单

单击 Say hello 菜单项会显示一个提醒对话框，其中有一个"Hello World"的消息，单击 Quit the app 菜单项会退出应用。我们先来创建一个菜单栏并实现 File 菜单项。

创建菜单栏

假设有一个 index.html 文件，文件内容如下：

```html
<html>
  <head>
    <title>Windows/Linux menu app example for NW.js</title>
  </head>
  <body>
    <h1>Windows/Linux menu example</h1>
  </body>
</html>
```

页面初始情况下并没有任何代码来创建菜单，所以，你需要在 HTML 的 head 部分（在 title 标签后面）添加一个 script 标签：

```html
<script>
  'use strict';
</script>
```

接下来，在 script 标签中，需要加载 GUI 代码库：

```html
<script>
  'use strict';

  const gui      = require('nw.gui');
  const menuBar  = new gui.Menu({type:'menubar'});
</script>
```

加载了 NW.js 的 GUI 库就可以开始创建菜单了。在下面的代码中，你创建了一个菜单栏，用来放置菜单项并会显示在应用视窗中。你必须在创建菜单项之前就创建好菜单栏，这部分后续会介绍。在 script 标签中，有一行代码用来初始化 File 菜单栏：

```html
<script>
  'use strict';

  const gui       = require('nw.gui');
  const menuBar   = new gui.Menu({type:'menubar'});
  const fileMenu  = new gui.MenuItem({label: 'File'});
</script>
```

现在你已经初始化好了所有需要在应用视窗中渲染的对象了，你需要将 file 菜单绑定到菜单栏中：

```
<script>
  'use strict';

  const gui       = require('nw.gui');
  const menuBar   = new gui.Menu({type:'menubar'});
  const fileMenu  = new gui.MenuItem({label: 'File'});

  menuBar.append(fileMenu);
</script>
```

　　menuBar 有一个 append 函数用来往里添加菜单项，可以用这个函数来添加 File 菜单项。现在，你可以将菜单栏绑定到应用视窗中，就像下面这样：

```
<script>
  'use strict';

  const gui       = require('nw.gui');
  const menuBar   = new gui.Menu({type:'menubar'});
  const fileMenu  = new gui.MenuItem({label: 'File'});

  menuBar.append(fileMenu);
  gui.Window.get().menu = menuBar;
</script>
```

　　gui.Window.get() 函数会选中当前应用视窗，调用它上面的 menu，可以让你将菜单栏绑定到它上面。你可以通过命令行在示例应用文件夹中运行 nw 指令来运行示例应用（确保有 package.json 文件能够通过 NW.js 来将示例载入进来）。现在应当就能看到如图 9.5 所示的样子了。

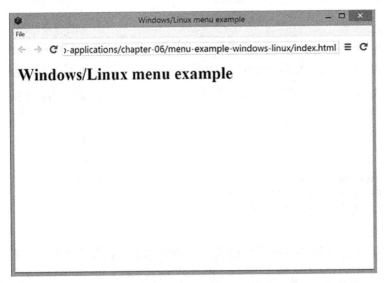

图 9.5　在应用视窗顶部显示了一个菜单栏，其中有一个 File 菜单项

太棒了！至此，你知道了如何在一个应用视窗的主菜单中创建菜单项。但当单击 File 菜单项的时候，没有任何反应。你需要将一个子菜单绑定到 File 菜单项中，里面包含了 Say hello 和 Quit the app 选项。

子菜单

基于你目前已有的代码，还需要做以下事情：

- 为 Say hello 和 Quit the app 这两个行为初始化对应的菜单项。
- 创建一个菜单来将那些菜单项绑定上去。
- 将子菜单绑定到 File 菜单项。

有一件重要的事情要记住，菜单项总是绑定到菜单上的，菜单项中还可以有子菜单，当你为 File 菜单项添加选项的时候就知道了。

我们先来创建菜单项。在 `script` 标签中，在初始化 fileMenu 菜单下方添加两行代码用于创建菜单项，如代码清单 9.4 所示。

代码清单 9.4 为 File 菜单项创建子菜单项

```
<script>
  'use strict';
  const gui         = require('nw.gui');
  const menuBar     = new gui.Menu({type:'menubar'});
  const fileMenu    = new gui.MenuItem({label: 'File'});

  const sayHelloMenuItem = new gui.MenuItem({label: 'Say hello'});
  const quitAppMenuItem = new gui.MenuItem({label: 'Quit the app'});
  menuBar.append(fileMenu);
  gui.Window.get().menu = menuBar;
</script>
```

上述代码创建了两个菜单项：`sayHelloMenuItem` 和 `quitAppMenuItem`。现在需要初始化一个菜单将这两个菜单项绑定上去。我们把它命名为 fileMenu-SubMenu（可能不是最好的名字，不过至少一看就懂），并在创建完菜单项后初始化这个菜单。然后，你需要将这个菜单项绑定到 File 菜单中。将代码调整为代码清单 9.5 所示的样子。

代码清单 9.5　将需要操作的菜单项绑定到菜单中

```
<script>
  'use strict';
  const gui        = require('nw.gui');
  const menuBar    = new gui.Menu({type:'menubar'});
  const fileMenu   = new gui.MenuItem({label: 'File'});

  const sayHelloMenuItem = new gui.MenuItem({label: 'Say hello'});
  const quitAppMenuItem  = new gui.MenuItem({label: 'Quit the app'});

  const fileMenuSubMenu = new gui.Menu();
  fileMenuSubMenu.append(sayHelloMenuItem);
  fileMenuSubMenu.append(quitAppMenuItem);

  menuBar.append(fileMenu);
  gui.Window.get().menu = menuBar;
</script>
```

这里，你创建了一个新的菜单并将用于操作的菜单项绑定了上去。就快完成了。接下来要做的一点就是将整个菜单作为菜单项绑定到 File 菜单中。在 NW.js 中，菜单项有一个 submenu 属性，通过这个属性可以将一个菜单绑定到菜单项上创建出一个子菜单。在添加两个菜单项的后面以及将 fileMenu 添加到 menuBar 的前面位置添加一行代码，如代码清单 9.6 所示。

代码清单 9.6　将子菜单绑定到 File 菜单中

```
<script>
  'use strict';

  const gui        = require('nw.gui');
  const menuBar    = new gui.Menu({type:'menubar'});
  const fileMenu   = new gui.MenuItem({label: 'File'});

  const sayHelloMenuItem = new gui.MenuItem({label: 'Say hello'});
  const quitAppMenuItem  = new gui.MenuItem({label: 'Quit the app'});

  const fileMenuSubMenu = new gui.Menu();
  fileMenuSubMenu.append(sayHelloMenuItem);
  fileMenuSubMenu.append(quitAppMenuItem);
  fileMenu.submenu = fileMenuSubMenu;

  menuBar.append(fileMenu);
  gui.Window.get().menu = menuBar;
</script>
```

通过将 fileMenu 对象上的 submenu 属性设置为 fileMenuSubMenu，你就为 File 菜单项创建了一个子菜单。保存文件，通过命令行在应用文件夹中运行 nw 命令。当你单击 File 菜单项时，就能看到两个带操作的菜单项出现了，如图 9.6 所示。

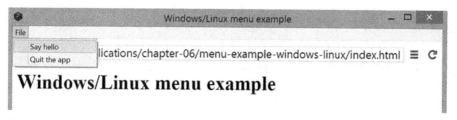

图 9.6 File 菜单项现在有了一个子菜单，其中包含了你设想的和应用交互的操作

现在马上就要看到成品了——当单击菜单的时候会触发操作的嵌套菜单。最后要实现的一点就是当你单击菜单项的时候需要触发的操作。这在 NW.js 中很容易实现。当指定菜单项和它们的标签时，你也可以指定当它们被单击的时候需要触发的函数。在本例中，你可以在代码中为 sayHelloMenuItem 和 quitAppMenuItem 对象添加两个简单的函数，将代码调整为如下所示的样子：

```
const sayHelloMenuItem = new gui.MenuItem(
  {
    label: 'Say hello',
    click: () => { alert('Hello'); }
  }
);

const quitAppMenuItem = new gui.MenuItem(
  {
    label: 'Quit the app',
    click: () => { process.exit(0); }
  }
);
```

在初始化菜单项对象的时候，你为它们的 click 属性设置了一个函数，该函数会在它们被单击的时候触发。在本例中，单击 Say hello 菜单项会触发一个包含 Hello 消息的警示框，单击 Quit the app 菜单项的时候会调用 Node.js 的 process. exit 函数来关闭应用。

保存代码并通过命令行重启应用。当单击 File 菜单然后再单击 Say hello 项时，就能看到一个对话框。关闭对话框，然后单击 Quit the app 菜单项，应用就会关闭。

如果你在 OpenSUSE Linux（Tumbleweed 版本）中运行该应用，就能看到如图 9.7 所示的样子。

现在你已经通过 NW.js 创建了应用，我们来看一下用 Electron 如何实现同样的应用。

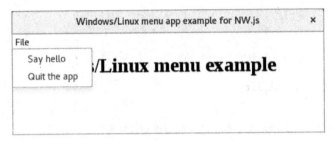

图 9.7　运行在 OpenSUSE Tumbleweed 版本上的 NW.js 开发的 Windows/Linux 菜单应用

使用 Electron 构建菜单应用

我觉得用 Electron 创建菜单应用更加简单，因为你可以直接传递一个对象，其中包含子菜单的数组，而不需要调用多个 API 方法来添加菜单。你可以通过 Electron 的 API 来实现此前用 NW.js 构建的示例应用，并注意两者的区别。

在本书 GitHub 代码仓库中，我已经创建好了一个名为 windows-linux-menu-app-electron 的应用。你可以从那里下载该应用并尝试自己运行。我会给你介绍代码中有意思的部分。

应用的代码和 NW.js 版本的相似，区别就是添加了一个 app.js 文件，其中包含与浏览器视窗相关的代码，里面有创建菜单的代码。

我们来看看这个很有意思的 app.js 文件，如代码清单 9.7 所示。

代码清单 9.7　使用 Electron 开发的 Windows/Linux 应用中的 app.js 文件

```
'use strict';

const electron = require('electron');          ←── 通过Electron的remote
const Menu    = electron.remote.Menu;              API加载Menu API

const sayHello = () => { alert('Hello'); };

const quitTheApp = () => { electron.remote.app.quit(); };

const template = [
  {
    label: 'File',
    submenu: [                                 ←── 生成菜单模板，其中
      {                                            包含了一个数组，数
        label: 'Say Hello',                        组中是子菜单项
        click: sayHello
      },
```

```
    {
      label: 'Quit the app',
      click: quitTheApp
    }
  ]
  }
];
const menu = Menu.buildFromTemplate(template);    ← 生成菜单并绑
Menu.setAppMenu(menu);                               定到应用上
```

你可以看到 Electron 提供了一个更简单的 API 来创建带子菜单项的菜单。当你在 Windows 10 上运行应用的时候，会看到如图 9.8 所示的样子。

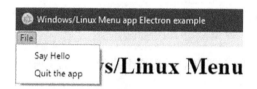

图 9.8　运行在 Windows 10 中的 Electron 版菜单应用。注意这和 NW.js 版本的几乎一样，除了标题栏上的应用图标

现在你知道了如何创建应用菜单，不过如果你想针对不同的操作系统提供不同的菜单（为了符合系统的体验规范），要怎么做呢？

9.1.5　基于操作系统来选择渲染具体的菜单

现在针对 Mac、Windows/Linux 有不同的处理菜单的代码，接下来要实现如何根据应用所运行在的操作系统来加载对应的菜单。举一个例子，假设你有两个函数，负责针对不同的操作系统加载不同的菜单，一个叫 loadMenuForMacOS，另一个叫 loadMenuForWindowsAndLinux，并且你要确保 loadMenuForMacOS 只会在 Mac 上运行——如果不是 Mac，则运行 loadMenuForWindowsAndLinux。这可以通过 Node.js 的 OS API 来实现，代码如下所示：

```
const os = require('os');

function loadMenuForWindowsAndLinux () {}
function loadMenuForMacOS () {}

if (os.platform() === 'darwin') {
  loadMenuForMacOS;
} else {
  loadMenuForWindowsAndLinux;
}
```

上述代码检查操作系统平台的名字是否为 `'darwin'`（这是 Mac 操作系统技术术语）。如果是，则加载针对 Mac OS 的菜单——否则，加载 Windows 和 Linux 的菜单。这就可保证在 Windows/Linux 以及 Mac OS 上菜单都能以正确的方式创建出来。希望将来不需要做这样的区分，不过至少目前还得这么处理。

9.2　上下文菜单

有的时候你希望可以对应用视窗内的内容进行交互，针对该内容执行一些相关的操作。比方说，当你在一个文本处理软件中右击一部分选中的文字时，会看到一些这样的选项：剪切 / 复制选中内容、检查选中内容部分的拼写，甚至是通过搜索引擎对选中的内容进行搜索。

Electron 和 NW.js 提供的 menu API 可以用来创建上下文弹出菜单，通过右击应用视窗中的内容来触发，如图 9.9 所示。

图 9.9　Mac 版微软的 Word 2016 应用中显示的一个上下文菜单

9.2.1　使用 NW.js 创建上下文菜单

我构建了一个名为 Cirrus 的所见即所得（WYSIWYG）的 HTML 编辑器（参见图 9.10），用来展示两个框架中的 API 是如何工作的。这个编辑器可以让你通过在编辑器窗口中输入一些文本来创建 HTML 页面，编辑器本身会自动为你生成 HTML 页面。你需要为 Cirrus 增加的特性是：可以右击所见即所得编辑器中的内容，并展示一个上下文菜单，通过这个菜单可以执行一些操作指令。我们先来介绍 NW.js 的例子，然后再介绍 Electron 的例子以供对比。

图 9.10   Cirrus，一个简单的所见即所得的 HTML 编辑器

首先，从本书 GitHub 代码仓库下载 NW.js 版 Cirrus 应用的代码。先看一下其中的 **app.js** 文件，再看一下如何使用上下文菜单来插入像图片、视频这样的多媒体内容。图 9.11 展示了最终的样子。

图 9.11   你要创建的上下文菜单的线框图

从线框图中可以看到，你需要完成以下这些事情：

1. 创建一个包含"插入一张图片"和"插入一个视频"这两个菜单项的菜单。
2. 在设计视图中，右击内容的时候，要找一个方法将菜单显示出来。

3. 为插入图片和插入视频创建要执行的函数。

4. 在设计视图中找一个方法能够在指定的光标位置插入 HTML。

先在 cirrus 文件夹中创建一个名为 designMenu.js 的空 JavaScript 文件。该文件用来存放负责创建图 9.11 所示线框图中的上下文菜单的代码。紧接着在 index.html 文件中添加一行 HTML 代码实现选中一张图片插入到页面中，同时还需要将 design-Menu.js 文件加载到 app.js 文件中。

在 designMenu.js 文件中，添加代码清单 9.8 所示的代码。

代码清单 9.8　创建插入图片 / 视频的上下文菜单，第 1 部分

```
'use strict';

let x;                                    使用这些变量来存储
let y;                                    鼠标右击时的坐标
let document;

function insertContent (content) {        添加函数，负责在
  const range = document.caretRangeFromPoint(x, y);   上下文菜单出现的
  if (range) {                            位置插入文本内容
    range.insertNode(content);
  }
}
```

上述代码可以追踪上下文菜单被单击的位置，然后将文本内容插入到页面中的这个位置。代码清单 9.9 所示的是这个流程的第 2 部分的代码。

代码清单 9.9　创建插入图片 / 视频的上下文菜单，第 2 部分

```
function openImageFileDialog (cb) {
  const inputField = document.querySelector('#imageFileSelector');
  inputField.addEventListener('change', () => {
    const filePath = this.value;          该函数用于处理打
    cb(filePath);                         开图片选择对话框
  });
  inputField.click();
}

function insertImage () {                 该函数用于触发
  openImageFileDialog((filePath) => {     打开图片选择对
    if (filePath !== '') {                话框，然后将图
      const newImageNode = document.createElement('img');   片作为image元
      newImageNode.src = filePath;        素插入到页面
      insertContent(newImageNode);        HTML中
    }
  });
}
```

你现在已经完成了功能的一部分——当用户右击 HTML 页面时让用户从上下文菜单中插入图片，继续看代码清单 9.10 所示的代码。

代码清单 9.10　创建插入图片 / 视频的上下文菜单，第 3 部分

```
function parseYoutubeVideo (youtubeURL) {
    if (youtubeURL.indexOf('youtube.com/watch?v=') > -1) {
        return youtubeURL.split('watch?v=')[1];
    } else if (youtubeURL.match('https://youtu.be/') !== null) {
        return youtubeURL.split('https://youtu.be/')[1];
    } else if (youtubeURL.match('<iframe') !== null) {
        return youtubeURL.split('youtube.com/embed/')[1].split('"')[0];
    } else {
        alert('Unable to find a YouTube video id in the url');
        return false;
    }
}

function insertVideo () {
    const youtubeURL = prompt('Please insert a YouTube url');
    if (youtubeURL) {
        const videoId = parseYoutubeVideo(youtubeURL);

        if (videoId) {
            const newIframeNode = document.createElement('iframe');
            newIframeNode.width = 854;
            newIframeNode.height = 480;
            newIframeNode.src = `https://www.youtube.com/embed/${videoId}`;
            newIframeNode.frameborder = 0;
            newIframeNode.allowfullscreen = true;
            insertContent(newIframeNode);
        }
    }
}
```

该函数负责获取 YouTube 视频的 URL，针对不同的视频格式进行处理

当插入视频时，会显示视频的一个对话框，让用户输入 YouTube 视频的 URL，该 URL 会传递给解析器来处理不同的格式

构建用于加载 YouTube 视频的 iframe 元素并插入到 HTML 页面中

你已经增加了一个函数用来在 HTML 页面中插入 YouTube 视频，现在剩下需要做的就是把这些函数和上下文菜单关联起来，如代码清单 9.11 所示。

代码清单 9.11　创建插入图片 / 视频的上下文菜单，第 4 部分

```
function initialize (window, gui) {
    if (!document) document = window.document;
    const menu = new gui.Menu();

    menu.append(
        new gui.MenuItem({
            label: 'Insert image',
            click: insertImage
        })
```

通过 NW.js GUI 库来创建上下文菜单

创建一个函数来加载所有这一切；该函数接收 NW.js 的 window 和 GUI 库作为参数

```
);
menu.append(
  new gui.MenuItem({
    label: 'Insert video',
    click: insertVideo
  })
);

document.querySelector('#designArea')
  .addEventListener('contextmenu', (event) => {
    event.preventDefault();
    x = event.x;
    y = event.y;
    menu.popup(event.x, event.y);
    return false;
  });
}
module.exports = initialize;
```

添加用于插入
图片的菜单项

添加另一个用于插
入视频的菜单项

将菜单绑定到应用
的设计区域，这样
在其中右击的时候
会载入上下文菜单

导出该函数

接下来，在 index.html 文件中，紧跟着 body 标签添加下面这行代码（加粗）：

```
</head>
  <body>
    <input type="file" accept="image/*" id="imageFileSelector" class="hidden"/>
```

最后，在 app.js 文件加载依赖部分中加上如下代码来载入 designMenu.js 文件：

```
const designMenu = require('./designMenu');
```

在 app.js 文件中的 initialize 函数最后，添加如下这行代码来调用 design-
Menu 函数：

```
designMenu(window, gui);
```

现 在 你 应 该 和 GitHub
代码仓库中应用代码的 ad-
dContextMenu 分支有了同
样的代码。如果你启动应用
试一下，打开 HTML 文件开
始编辑，进入 Design 选项卡
右击其中的内容，就能看到
如图 9.12 展示的上下文菜单
了。

图 9.12　展示在 Cirrus 所见即所得 HTML 编辑器中的上
下文菜单

如果你单击 Insert image 项，就会显示一个文件选择对话框，让你选择一张图片插入到页面中；当你单击 Insert video 项时，会显示一个对话框让你输入 YouTube 视频 的 URL，并将该视频插入到页面中。

9.2.2 NW.js 中的上下文菜单是如何工作的

设置上下文菜单和设置应用视窗菜单使用了类似的 API，除了一点——在初始化菜单实例的时候，不需要给上下文菜单传递任何参数，如下所示：

```
const menu = new gui.Menu();
```

菜单对象初始化后，你可以添加用于插入图片和插入视频的菜单项到菜单对象中：

```
menu.append(
  new gui.MenuItem({
    label: 'Insert image',
    click: insertImage
  })
);
menu.append(
  new gui.MenuItem({
    label: 'Insert video',
    click: insertVideo
  })
);
```

在这个阶段，单击菜单项会触发选择图片或者将视频插入到页面中。现在你可以忽略具体这些是怎么工作的，而关注当在应用内容中右击的时候上下文菜单是如何显示出来的。

在 NW.js API 中，菜单对象实例有一个 pop-up 函数，为该函数传递应用中的 x 和 y 的坐标时，就会在这个位置显示出一个菜单，如图 9.13 所示。

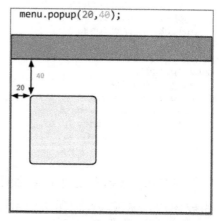

图 9.13 menu.popup 函数可以让你控制应用内上下文菜单要显示的具体位置

要将用户在应用视窗内右击时的坐标传递给这个函数，你需要首先获取右击时坐标的位置。这个可以使用一段与浏览器相关的 JavaScript 代码来实现，如下所示：

```
document.querySelector('#designArea')
  .addEventListener('contextmenu', (event) => {
    event.preventDefault();
    menu.popup(event.x, event.y);
    return false;
  });
```

在上述代码中，先查找页面上用于显示以及编辑的所见即所得编辑器的 div 元素，然后在这个元素上注册一个事件监听器，监听用户什么时候在什么位置进行了右击操作（这个事件名为 contextmenu）。当该事件发生时，将默认的行为阻止掉，然后调用 menu 的 popup 指令，并将右击时的坐标传递给它。

9.2.3　设置菜单项图标

你会发现在 Cirrus 应用的上下文菜单中，它的选项并不是很容易区分——它们的标签都差不多。为了更好地进行区分，你可以使用图标。在 NW.js 中，你可以为菜单项添加图标，这样就可以更好地进行区分了。

用于创建 Insert image 和 Insert video 菜单项的代码可以修改为如下所示的样子：

```
menu.append(
  new gui.MenuItem({
    icon: 'picture.png',
    label: 'Insert image',
    click: insertImage
  })
);
menu.append(
  new gui.MenuItem({
    icon: 'youtube.png',
    label: 'Insert video',
    click: insertVideo
  })
);
```

在 MenuItem 的选项中添加了一个 icon 属性，用于从 Font Awesome 库中生成图片。你可以在应用中使用这些图标（它们在 GitHub 仓库中 Cirrus 应用的 icons 分支下），当你启动应用并在设计视图下右击载入的页面时，就能看到如图 9.14 所示的内容。

图 9.14 上下文菜单，其菜单项中显示了图标

至此，你从零开始构建了一个所见即所得的编辑器应用，并通过上下文菜单为其添加了插入图片和视频的功能。现在我们来快速看一下如何使用 Electron 完成同样的事情。

9.2.4 使用 Electron 创建上下文菜单

你不需要从头开始把整个应用再实现一遍，可以把本书 GitHub 仓库中的 Cirrus Electron 应用代码下载下来。我们只关心上下文菜单部分，这样你就可以了解 Electron 是如何处理和实现这部分的了。

应用已经构建好了，你需要添加上下文菜单，并展示选项来插入图片和插入视频。应用菜单中包含两个菜单项：Open，用来打开一个 HTML 文件进行编辑，另一个是 Save，用来将修改的内容保存到文件中。这些操作涉及从用户的计算机中读取一个文件以及将文件内容再保存到用户计算机上的文件中。应用的这部分功能涉及两部分，一部分是用户看到的界面，运行在 renderer 进程，另外一部分是负责读写磁盘中的数据，运行在 main 进程。你需要使用 Electron 的进程间通信 API（ipcMain 和 ipcRenderer）来从前端（renderer）将文件路径以及文件内容传递到后端（main），同时也包括将文件内容以及文件保存状态的改变从后端（main）传递到前端（renderer）。

如果你已经从 GitHub 上下载了一份应用代码，看一下 cirrus-electron 文件夹中的 app.js 文件。在 app.js 文件的最上面，声明了应用的依赖，如代码清单 9.12 所示。

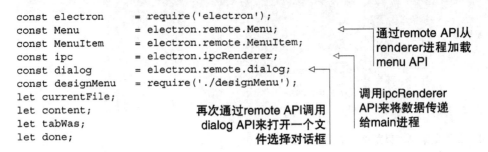

代码清单 9.12　Cirrus Electron 应用前端部分的依赖

```
const electron     = require('electron');
const Menu         = electron.remote.Menu;
const MenuItem     = electron.remote.MenuItem;
const ipc          = electron.ipcRenderer;
const dialog       = electron.remote.dialog;
const designMenu   = require('./designMenu');
let currentFile;
let content;
let tabWas;
let done;
```

通过remote API从
renderer进程加载
menu API

调用ipcRenderer
API来将数据传递
给main进程

再次通过remote API调用
dialog API来打开一个文
件选择对话框

任何时候你想访问 main 进程中的 API，都可以通过 Electron 的 remote API。在本例中，你想访问 menu 和 dialog API。由于你要通过 main 进程来读取文件以及保存文件，因此需要调用 Electron 的 ipcRenderer 模块来将消息传递给应用的 main 进程。

图 9.15 所示的是这个过程的示意图。图中显示了从 renderer 进程（前端代码所在的进程）触发的 IPC 事件流向 main 进程（后端代码所在的进程）。它用于当你从文件选择器中选择一个 HTML 文件并将其内容加载到编辑器的时候，也用于当你把编辑器中的内容保存回文件中的时候。

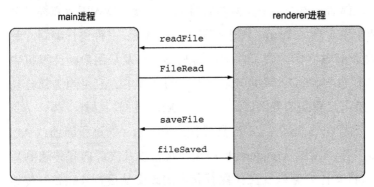

图 9.15　读取文件和保存文件时，应用内 IPC 事件的流向

为了验证这个操作，我们来看一下 app.js 文件中第 26 行开始的部分内容，这部分代码负责处理打开一个文件的操作，如代码清单 9.13 所示。

代码清单 9.13　Cirrus Electron 应用中负责从界面上打开文件的代码

```
function openFile (cb) {
  dialog.showOpenDialog((files) => {          调用dialog API加
    ipc.send('readFile', files);              载对话框来打开
    if (files) currentFile = files[0];        一个HTML文件
    if (cb && typeof cb === 'function') cb();
  });                                          将文件列表传递
}                                             给main进程
```

文件列表传递给了 main 进程，然后 main 进程中的代码会获取这个文件列表，如代码清单 9.14 所示。

代码清单 9.14　Cirrus Electron 后端用于打开文件的代码

```
'use strict';

const electron = require('electron');
const fs = require('fs');
const app = electron.app;                        main进程中
const BrowserWindow = electron.BrowserWindow;    引入Electron
const ipc = electron.ipcMain;                    的IPC API
let mainWindow = null;

app.on('window-all-closed', () => {
  if (process.platform !== 'darwin') app.quit();
});

app.on('ready', () => {                                        readFile 函
  mainWindow = new BrowserWindow();                            数读取一个
  mainWindow.loadURL(`file://${__dirname}/index.html`);        指定文件的
  mainWindow.on('closed', () => { mainWindow = null; });       内容
});

function readFile (event, files) {               从文件列表中选
  if (files) {                                   择第一个文件路
    const filePath = files[0];                   径————次只能
    fs.readFile(filePath, 'utf8', (err, data) => {   处理一个文件
      event.sender.send('fileRead', err, data);
    });                                          读取到内容后，将它发
  }                                              送给 renderer 进程
};

function saveFile (event, currentFile, content) {   定义 saveFile 函数负责
  fs.writeFile(currentFile, content, (err) => {     将内容保存到文件中
    event.sender.send('fileSaved', err);
  });                                             将结果发送回
}                                                renderer 进程

ipc.on('readFile', readFile);        监听通过IPC触发的readFile
ipc.on('saveFile', saveFile);        和saveFile事件
```

上述代码封装了文件系统 API 方法并且将它们绑定到了 IPC 模块提供的事件监听器中，这样就将独立的 main 进程（后端）和 renderer 进程（前端）的 JavaScript

上下文桥接起来了。最后，我们来看一下当一个文件被读取和保存的时候，前端的
app.js 文件做了什么。

在 app.js 文件中，你使用同样的模式监听了 IPC 模块提供的事件，并获取文件
读取（'fileRead'）以及保存时（'fileSaved'）传递过来的数据。然后当事件
触发时调用相应的行为。代码清单 9.15 列出了处理函数的代码。

代码清单 9.15　在前端处理 fileRead 和 fileSaved IPC 事件

```
ipc.on('fileRead', (event, err, data) => {          当 fileRead 事件触发
  loadMenu(true);                                     时，加载显示了文件
  if (err) throw(err);                                内容的编辑器界面
  if (!done) bindClickingOnTabs();
  hideSelectFileButton();
  setContent(data);
  showViewMode('design');                            汇报保存是成
});                                                   功还是失败
ipc.on('fileSaved', (event, err) => {
  if (err) return alert('There was an error saving the file');
  alert('File Saved');
});
```

上述代码证明了你可以从前端发送数据给后端，反之亦然，只要前端监听了后
端发出来的事件。

完成了上述内容后，你就可以加载一个文件并将内容显示在编辑器中，且在设
计模式中，当用户在页面上右击时，可以插入图片或者视频。

9.2.5　使用 Electron 添加上下文菜单

生成上下文菜单的代码和 NW.js 版本的示例类似，不过有些地方不一样。如下
所示是 designMenu.js 文件中的部分代码：

```
function initialize () {
   const menu = new Menu();
   menu.append(new MenuItem({label: 'Insert image', click: insertImage }));
   menu.append(new MenuItem({label: 'Insert video', click: insertVideo }));
   document.querySelector('#designArea')
   .addEventListener('contextmenu', function (event) {
     event.preventDefault();
     x = event.x;
     y = event.y;
     menu.popup(event.x, event.y);
     return false;
   });
}
```

你能看到 Electron 提供了类似的 API 来将菜单项添加到菜单中，而且显示菜单的流程也是一样的。

Electron 是如何处理 prompt() 调用的　　Electron 并不支持浏览器端的 prompt() 调用，该 API 会显示一个包含文本输入框的对话框。赵成说因为要支持这个功能需要大量的工作而且它很少被用到，所以不打算支持。为了能够在 Electron 中使用它，你可以使用一个名为 dialog 的 npm 模块，地址在 www.npmjs.com/package/dialogs。

9.3　小结

本章介绍了如何使用 NW.js 和 Electron 实现应用视窗菜单以及上下文菜单。下面罗列出了本章的关键内容：

- 有不同的 API 以不同的方式在 Windows/Linux 以及 Mac 系统中处理应用菜单。
- 要实现上下文菜单，需要覆盖应用的 contextMenu DOM 事件。
- 当要通过应用菜单来操作浏览器视窗中的内容时，可用 Electron 的 IPC API 来进行数据传输。

当为应用构建菜单时，有几点比较重要的事情：是否应用中每个视窗都要有各自的菜单以及应用是否支持 Mac。需要注意的是，Mac OS 是所有应用视窗共享一个应用菜单的。

在第 10 章中，我们会继续将关注点放在界面上，要实现拖曳功能，以及如何能够让应用拥有原生系统的样式。

拖曳文件以及定制界面 10

本章要点

- 配置拖曳功能
- 模拟用户操作系统的原生界面

应用界面是否显示正确是最重要的事情之一，因为它是用户使用应用时第一个看到的内容。用户可能仅凭界面就决定是否使用该应用。但这不仅仅是界面的事情，你还要考虑用户体验。

在 20 世纪，计算机中引入了拖曳功能，这使得计算机更加易用。它已经成为如今绝大多数计算机设备的一个核心功能，包括像手机和平板这样的小型设备。因此我们有必要介绍如何在你的桌面应用中实现拖曳功能。

我们还会介绍如何让界面的样式风格看起来更像操作系统的样式。

10.1　在应用中拖曳文件

绝大部分用户在用计算机的时候都喜欢在桌面和文件浏览器视窗之间拖曳文件以进行文件整理。近几年，随着 Web 浏览器中文件 API 的引入，这一功能也能在

Web 应用中使用，典型的形式就是在 Web 应用中通过拖曳文件来上传文件。这在像转换文件格式这样的场景中就非常有用，比如 Gifrocket 应用（用 NW.js 开发）就是这样用的。Gifrocket 会将一个视频生成为一个有动画的 GIF 图片，并且它界面上整个流程就是从拖曳视频文件到应用屏幕上开始的，如图 10.1 所示。

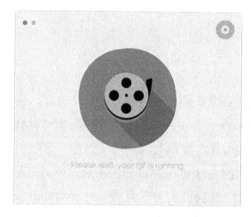

图 10.1 使用中的 Gifrocket：通过拖动一个视频文件并将其放到应用屏幕的中央来将其转化为一个 GIF 图片

10.1.1 使用 NW.js 实现在应用中拖曳文件

假设你的应用有一个功能是处理一个文件（或者一批文件），并且你想使用 NW.js 的文件拖曳功能。要怎么做呢？

一个很好的例子就是图标生成器。你要将一张大尺寸的图片转换成多个不同尺寸的小图片作为 Mac OS 的应用图标。聪明——毕竟，这对构建跨平台的桌面应用来说是很常见的需求。你的应用目前已经可以将一张图片以不同的尺寸显示出来了。你现在要做的就是在界面上以拖曳的形式接收一张图片。这个练习展示了如何在一个已有的应用中添加拖曳功能。

为了节约时间，我已经构建了一个名为 Iconic 的原型应用，你可以从本书的 GitHub 代码仓库 http://mng.bz/jKmw 获取到应用代码。将代码下载下来，我将给你展示如何添加拖曳功能。

注意看一下应用启动后长什么样子，如图 10.2 所示。

应用代码已经完成了，所以我们来看

图 10.2 Iconic：初始界面引导用户可以将图片拖曳上去，这部分功能是你要实现的

看代码中和拖曳功能相关的、有意思的部分。

在 **app.js** 文件中，有一段很重要的代码，用来捕获任何想要在应用屏幕区域中的拖曳行为：

```
function stopDefaultEvent (event) {
  event.preventDefault();
  return false;
}

window.ondragover = stopDefaultEvent;
window.ondrop = stopDefaultEvent;
```

当一个文件被拖曳到页面区域中时，浏览器默认的行为就是打开这个文件。但这并不是你要的行为。可通过调用事件上的 `preventDefault` 函数来阻止这种行为的发生。然后将它绑定到 `ondragover` 和 `ondrop` 事件上。

接下来，你需要获取被拖曳到屏幕区域中的文件路径并将其传递给另外一个函数，`displayImageInIconSet`，该函数会将它放到页面上不同的 `img` 元素中。获取文件路径牵涉如下几件事情：

1. 拦截初始界面上的 `drop` 事件。
2. 隐藏初始界面。
3. 将不同尺寸的图标展示在屏幕上。

创建一个名为 `interceptDroppedFile` 的函数，该函数包含如下内容：

```
function interceptDroppedFile () {
  const interceptArea = window.document.querySelector('#load-icon-holder');
  interceptArea.ondrop = function (event) {
    event.preventDefault();
    if (event.dataTransfer.files.length !== 1) {
      window.alert('you have dragged too many files into the app. Drag just 1
      file');
    } else {
      interceptArea.style.display = 'none';
      displayIconsSet();
      const file = event.dataTransfer.files[0];
      displayImageInIconSet(file.path);
    }
    return false;
  };
}
```

这个函数做了好几件事情。一开始，你需要获取显示初始界面内容的 `div` 元素，并在其 `ondrop` 事件上绑定一个函数，该函数会在当有文件被拖曳到该区域时被触发。接下来检查用户是否只拖曳了一个文件（因为用户可以拖曳多个文件）。如果是，就隐藏初始界面区域，显示要展示图标的区域，并将拖曳的文件路径传递给 `displayImageInIconSet` 函数，这样就会在屏幕上渲染出图标了。你还需要添加一个函数来展示一个渲染图标的区域：

```
function displayIconsSet () {
  const iconsArea = window.document.querySelector('#icons');
  iconsArea.style.display = 'block';
}
```

　　而且你还要确保初始界面撑开至整个应用的宽高，看一下 app.css 文件中的代码：

```
#load-icon-holder {
  padding-top: 10px;
  text-align: center;
  top: 0px;
  left: 0px;
  bottom: 0px;
  right: 0px;
  width: 100%;
}
```

　　保存代码后，当你拖动一个图片文件（如 images 文件夹中的 example.png 文件）到应用的初始界面中时，就能看到如图 10.3 所示的内容了。

图 10.3　Iconic 将一个图标以不同尺寸渲染出来了

这展示了在一个现有的应用中添加拖曳功能是多么简单——以及你可以构建出怎样的应用界面。

如果用 Electron 来实现会有什么不同呢？我们来看一下。

10.1.2   使用 Electron 实现拖曳功能

如果你看一下本书 GitHub 仓库中的 iconic-electron 应用，会发现代码中与 NW.js 版应用唯一的区别就是应用启动的方式。app.js 和 index.html 文件与 iconic-nwjs 应用都是一样的。这简直太棒了，因为两个应用都使用了 Web 浏览器的 HTML5 的 file API 来提供拖曳功能，这也证明了在构建桌面应用的时候，复用 Web API 是多么容易的一件事情。图 10.4 展示了运行在 Windows 10 中的 Electron 版应用的样子。

图 10.4   运行在 Windows 10 中的 Electron 版的 Iconic 应用：不同的 Node.js 桌面应用开发框架、不同的操作系统，但却具有同样的功能

这也说明了在用 NW.js 或者 Electron 开发桌面应用时还有一个好处，那就是可以在构建桌面应用的时候复用其 Web 应用的代码，当为桌面应用添加拖曳功能的时候就节约了时间。

现在我们已经介绍了如何为桌面应用添加拖曳功能，接下来我们要把注意力放到如何让桌面应用和用户操作系统的样式保持统一。

10.2 模拟操作系统原生样式

人们用 Electron 和 NW.js 开发桌面应用时通常的担忧是，如何才能让他们的应用看起来和原生应用一样，使其界面控件、元素和操作系统用的一样。

这个问题可以通过检测用户当前的操作系统以及版本，并通过 CSS 来定制你的应用样式来实现。

10.2.1 检测用户的操作系统

如果需要和操作系统界面保持统一，你需要检测用户当前所用的是哪个版本的操作系统，可以通过 Node.js 的 OS API 来实现。代码清单 10.1 列出的这段代码会检测出当前所运行的平台，并将检测出的操作系统信息打印出来。

代码清单 10.1 检测用户操作系统的 JavaScript 代码

```
'use strict';

const os             = require('os');
const platform       = os.platform();
switch (platform) {
  case 'darwin':
    console.log('Running Mac OS');
    break;
  case 'linux':
    console.log('Running Linux');
    break;
  case 'win32':
    console.log('Running Windows');
    break;
  default:
    console.log('Could not detect OS for platform',platform);
}
```

如果将上述代码复制到 Node.js REPL，就能看到一条显示你当前使用的操作系统的信息了（我的笔记本用的是 Mac OS）。

10.2.2 使用 NW.js 检测操作系统

如果你用的是 NW.js，可以将代码清单 10.1 中的代码添加到一个会被 index.html 文件加载的 JavaScript 文件中。你可以使用这段代码来为不同的操作系统加载不同的样式。假设你的应用有三种不同的样式（一个是为 Windows，一个是为 Mac，另

一个是为 Linux），并且希望可以加载匹配用户操作系统的样式，可以使用代码清单
10.2 所示的代码来实现。

代码清单 10.2　为不同操作系统应用不同的样式

```
'use strict';

const os              = require('os');
const platform        = os.platform();

function addStylesheet (stylesheet) {
  const head = document.getElementsByTagName('head')[0];
  const link = document.createElement('link');
  link.setAttribute('rel','stylesheet');
  link.setAttribute('href',stylesheet+'.css');
  head.appendChild(link);
}

switch (platform) {
  case 'darwin':
    addStylesheet('mac');
    break;
  case 'linux':
    addStylesheet('linux');
    break;
  case win32:
    addStylesheet('windows');
    break;
  default:
    console.log('Could not detect OS for platform',platform);
}
```

上述代码针对清单 10.1 中的代码做了一点修改。这里，创建了一个名为
addStylesheet 的函数，在 head 元素中插入了一个 link 标签，这个 link 标签
会加载一个和检测到的操作系统同名的样式文件。

这个例子考虑了绝大多数的情况，不过你要是想更进一步检测指定操作系统的
不同版本（比如要检测用户运行的是哪个版本的 Windows 系统），可以重复上述检
测模式，只不过要调用 os.release()。要注意的是，你需要确保在要检测的每个
版本的操作系统中都调用这个函数，因为发布号只是用于技术层面的，它并不总是
和产品号匹配（比如，在 Mac OS Mavericks 中调用 os.release 会返回 14.3.0，这
和操作系统报的版本号 10.10.3 是不一致的）。

10.2.3　使用 Electron 检测操作系统

尽管 main 进程和 renderer 进程用了不同的 Node.js 上下文，有意思的是你仍然

可以在 app.js 文件中调用 Node.js 模块，因此，你可以使用 OS API 来检测用户的操作系统。本例的代码在本书 GitHub 仓库的 Detect OS Electron 应用中。其中 app.js 的代码如代码清单 10.3 所示。

代码清单 10.3　Detect OS Electron 应用中的 app.js 文件

```
'use strict';

function addStylesheet (stylesheet) {
  const head = document.getElementsByTagName('head')[0];
  const link = document.createElement('link');
  link.setAttribute('rel','stylesheet');
  link.setAttribute('href',stylesheet+'.css');
  head.appendChild(link);
}

function labelOS (osName) {
  document.getElementById('os-label').innerText = osName;
}

function initialize () {
  const os              = require('os');
  const platform        = os.platform();

  switch (platform) {
    case 'darwin':
      addStylesheet('mac');
      labelOS('Mac OS');
      break;
    case 'linux':
      addStylesheet('linux');
      labelOS('Linux');
      break;
    case 'win32':
      addStylesheet('windows');
      labelOS('Microsoft Windows');
      break;
    default:
      console.log('Could not detect OS for platform',platform);
  }
}

window.onload = initialize;
```

　　app.js 文件和 NW.js 版本中的几乎一模一样。在 Electron 中，你可以在 renderer 进程中检测用户的操作系统。

　　现在我们来看一下有哪些 CSS 库可以用来模拟用户操作系统的界面样式。

10.2.4   使用 CSS 匹配用户操作系统的样式

让桌面应用和用户操作系统样式保持统一意味着可以让一个 Web 页面看起来就像一个原生的桌面应用。最好的办法就是用 CSS 来模拟操作系统的样式，以让应用和其样式风格保持统一。

正如上一节所介绍的，有办法可以检测用户的操作系统以及对应的版本并加载对应的样式。那么有哪些已有的模拟操作系统的样式库呢？

Metro UI

随着 Windows 8 和 Surface 平板的发布，微软对其 UI 做了很大的改变，引入了一套基于 tile 设计风格的 UI，名为 Metro。带来的改变不仅是重新设计了元素的样式，还包括应用布局和结构的改变。

一名来自乌克兰基辅的程序员 Sergey Pimenov，做了一个名为 Metro UI CSS（https://metroui.org.ua）的 CSS 框架，它可以让开发者创建出符合 Metro 规范的基于 HTML 的应用样式，如图 10.5 所示。该项目已经被 JetBrains 用在了它的 IDE PhpStorm 中。

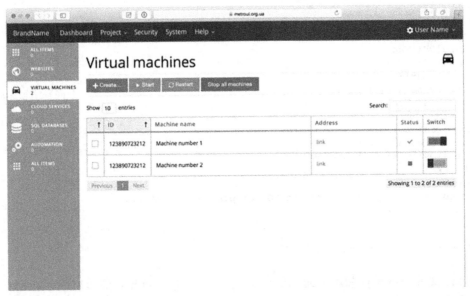

图 10.5   Metro UI CSS，一款 CSS 框架，可以构建出微软的 Metro UI 风格的 Web 应用

Mac OS Lion CSS UI Kit

Ville V. Vanninen，一位极简主义的视觉设计师，做了一个 Lion CSS UI Kit（http://

sakamies.github.io/Lion-CSS-UI-Kit/）用来在浏览器中模拟原生 Mac OS 的应用样式。这套 UI 工具集的目的是能够在浏览器里直接创建出 Mac 应用的 mockup，而不需要在像 Photoshop、Illustrator 或者 Sketch 这样的图形工具中制作。

尽管这套 UI 工具集做成了 Mac OS 应用的样子，但是整个界面都是用 HTML 和 CSS 做成的——可以完美地用在使用 HTML、CSS 和 JavaScript 构建的桌面应用中。不过，最近 Mac OS 改变了其系统样式，所以如果考虑使用这个 CSS 框架的话要注意，应用如图 10.6 所示。

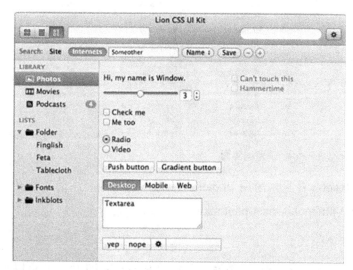

图 10.6　使用 Lion UI CSS Kit 生成的示例应用界面

Linux

不幸的是，我没能找到 Linux UI CSS kit。而且，Linux 有很多发行版（就更不用提它们各自不同的图形桌面环境了），要用一个 UI 工具集来实现模拟这些界面样式是需要很大工作量的。我建议你不要去自定义表单元素的样式，因为 Chromium 使用 GTK 作为其 UI 工具集，因此不论用户选择哪个主题，都会作用到浏览器原生的组件上。

这些都是 CSS 框架，不过，如果你需要集成其他 JavaScript 库和框架的 CSS 库的话，那选择就更多了。

Photon

Photon（http://photonkit.com）是一款为 Electron 开发的 UI 框架，它可以让你

构建出来的应用界面和原生的 Mac OS 应用看起来一样。这个 UI 框架提供一系列扩展组件，可以组合起来构建出丰富的界面，如图 10.7 所示。

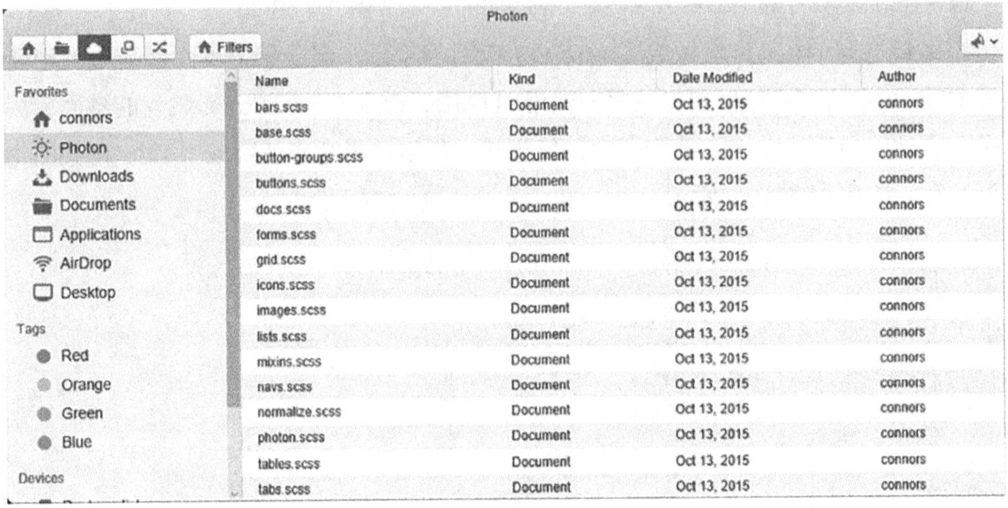

图 10.7　Photon 渲染出了像 Mac OS Finder 视窗的界面

如果你前端使用的是 React，并且也想用 Photon，这里有一个很有用的封装好的库：https://github.com/react-photonkit/react-photonkit。

React Desktop

React Desktop（http://reactdesktop.js.org）是另一个基于 React 的 UI 库，它可以让你创建出界面像 Mac OS 或者 Windows 10 的应用，而且它不需要你自己写这两部分的界面代码。图 10.8 展示了一个 React Desktop 的示例。

图 10.8　React Desktop 渲染了一个 Windows 10 示例应用

10.3 小结

在本章中，我们介绍了使用 Electron 和 NW.js 的 GUI API 来处理拖曳操作。你还学会了如何使桌面应用的界面看起来和操作系统中的控件样式一样。下面是在本章中你学到的主要内容：

- 在 Node.js 桌面应用中实现拖曳和在 Web 应用中用 HTML5 来实现拖曳是一样的。这样使得复用同样功能的 Web 应用代码变得非常容易。
- 用户可以将多个文件拖动到应用中，因此，如果你只想让应用一次只处理一个文件的时候要注意。
- 除了应用菜单和托盘应用，Electron 和 NW.js 不提供原生的界面元素；你需要通过检测操作系统以及 CSS 界面工具集来让应用拥有原生的样式。
- 当检测用户使用的操作系统时，记住其发布号和产品号不总是匹配的。

在第 11 章中，我们会介绍如何让开发的应用和操作系统进行更进一步的交互。我们会介绍如何在桌面应用中显示来自用户网络摄像头设备的视频和图片。

11 在应用中使用网络摄像头

本章要点

- 访问计算机中的网络摄像头（webcam）
- 从在线视频中截取静态图片
- 把静态图片保存到计算机中

几年前，网络摄像头（webcam）是作为外部设备（简称外设）和计算机连接后用来和朋友以及家人聊天的。如今，几乎所有的笔记本电脑都自带网络摄像头以及麦克风，这使得人们交流和沟通变得非常容易，只要有网络就可以了。以前，要想访问网络摄像头数据唯一的办法就是通过桌面应用或者使用 Adobe Flash，没有简单的方法可以在 Web 浏览器中实现。

不过这些都已成为过去。随着 HTML5 媒体捕捉 API 的引入，Web 页面（有良好的安全机制）已经可以访问网络摄像头数据了，并且这正是本章要介绍的。本章将会介绍如何使用这些 API 来构建一个照相棚应用（photo booth）。

11.1 使用 HTML5 媒体捕捉 API 来实现相片快照

在使用 Electron 或者 NW.js 构建桌面应用时，你就享受到了谷歌 Chrome 浏览器提供的对 HTML5 API 支持的好处，其中一个就是媒体捕捉 API。HTML5 媒体捕捉 API 可以让你访问计算机中的麦克风和视频摄像头，你构建的应用也可以使用。

自拍市场强劲——看看 Snapchat IPO 的估值，2017 年 2 月被估值为 220 亿美元。构建一个自拍的应用，人们自拍，其他人可以看他们拍的自拍，自拍衍生出更多的自拍，网络效益就产生了，一夜之间就可能成为几百万美元的创业公司。谁能知道自拍居然能值这么多钱？

这就是为什么要构建一个叫 Facebomb 自拍的应用。Facebomb 支持打开应用、拍照、将照片保存到计算机中，简单、实用、直接。人生苦短，为了不从零开始构建应用，这里已经做好了一个编译好的应用，下面来看一下其中有意思的部分。

这个项目有两个代码仓库：一个是用 Electron 开发的，另外一个是用 NW.js 开发的。你可以在本书 GitHub 仓库通过 Facebomb-NW.js 和 Facebomb-Electron 这两个名字找到，代码分别在 http:// mng.bz/dST8 和 http://mng.bz/TX1k。

你可以下载感兴趣的那个版本，并根据其中 README.md 文件中的安装指令来安装，然后就可以将应用运行起来了。

11.1.1　解读 NW.js 版的应用

很多代码都是标准的 NW.js 应用的代码。我们主要聚焦在 index.html 和 app.js 这两个文件上，其中包含了和本应用相关的代码，先从 index.html 文件开始。

代码清单 11.1　NW.js 版 Facebomb 应用的 index.html 文件

```html
<html>
  <head>
    <title>Facebomb</title>
    <link href="app.css" rel="stylesheet" />
    <link rel="stylesheet" href="css/font-awesome.min.css">
    <script src="app.js"></script>
  </head>
  <body>
    <input type="file" nwsaveas="myfacebomb.png" id="saveFile">
    <canvas width="800" height="600"></canvas>
    <video autoplay></video>
    <div id="takePhoto" onclick="takePhoto()">
      <i class="fa fa-camera" aria-hidden="true"></i>
    </div>
  </body>
</html>
```

在NW.js 中触发保存文件对话框

从视频中捕捉图片

视频流放在这个元素中

单击该按钮触发拍照

上述 HTML 文件包含了：

- 一个 `input` 元素用来保存文件。该元素中有一个名为 `nwsaveas` 的自定义的 NW.js 属性，该属性中的值表示默认要保存的文件名。
- `canvas` 元素用来保存你从视频中捕捉的图片数据。
- `video` 元素会播放来自网络摄像头的视频内容，这也是图片的来源。
- `div` 元素有一个 `id` 为 `takePhoto` 的按钮，这是一个圆形按钮，位于应用视窗的右下角，可以用来拍照并将照片文件保存到计算机中。该元素内是一个来自 Font Awesome 的表示照相机的图标。使用照相机图标而不是使用文字的好处就是，前者占据更少的屏幕空间，也更容易表达清楚意图，而且如果图标很好识别的话，也不需要考虑国际化的问题。不是所有人都讲英语——事实上，英语是继中文和西班牙语后第三大常用的语言。

大部分代码都可以在 Web 浏览器中运行。值得注意的是 `input` 元素上的 NW.js 独有的 `nwsaveas` 属性（它会唤起"保存文件"对话框）。要了解更多关于这个自定义属性的内容，可以看文档 http://mng.bz/nU1c。

上述就是 index.html 文件。app.js 文件约有 39 行代码，下面分段来看，先从依赖模块部分和 `bindSavingPhoto` 函数开始。

代码清单 11.2　NW.js 版 Facebomb 应用中 app.js 的初始代码

```
'use strict';

const fs = require('fs');
let photoData;                        绑定到HTML        图片文件路径是
let saveFile;                         中input元素上      通过input元素
let video;                            的函数            的值来设置的

function bindSavingPhoto () {                                     尝试将文件
  saveFile.addEventListener('change', function () {              以base64图
    const filePath = this.value;                                片格式保存
    fs.writeFile(filePath, photoData, 'base64', (err) => {       到磁盘上
      if (err) {
        alert('There was a problem saving the photo:', err.message);
      }
      photoData = null;        将存储了图片数        如果保存文件发生
    });                        据的photoData        错误，显示一个带
  });                          变量重置为 null       错误消息的提示框
}
```

这里加载了一些依赖，定义了一些空变量，然后定义了一个函数，用来绑定到

当照片保存的时候触发。在函数内，在 input 元素上添加了一个事件监听器，监听该值的变化。当值变化的时候，是因为触发了"保存文件"对话框。当要将一张照片以指定的文件名保存或者取消的时候，尝试将照片数据以 Base64 编码的图片格式保存到计算机中。如果保存文件成功，就结束了。不过要是发生了错误，要将错误以提示框的形式显示给用户。最后，将存有照片数据的 photoData 变量进行了重置。

接下来，我们来看一下 **app.js** 文件中的 initialize 函数，如代码清单 11.3 所示。

代码清单 11.3　NW.js 版 Facebomb 应用的 app.js 文件中的 initialize 函数

```
function initialize () {
  saveFile = window.document.querySelector('#saveFile');
  video = window.document.querySelector('video');

  let errorCallback = (error) => {
    console.log(
      'There was an error connecting to the video stream:', error
    );
  };

  window.navigator.webkitGetUserMedia(
    {video: true},
    (localMediaStream) => {
      video.src = window.URL.createObjectURL(localMediaStream);
      video.onloadedmetadata = bindSavingPhoto;
    }, errorCallback);
}
```

当应用视窗完成加载后，initialize 函数就会被调用

创建一个 errorCallback 函数用来处理创建视频流失败的情况

将视频流绑定到一个 video 元素上

使用媒体捕捉 API 发起请求，访问用户计算机中的视频流信息

绑定保存照片函数

如果无法访问视频流，则调用 errorCallback 函数

这些代码做了关键的事情，它请求访问来自用户的媒体捕捉设备（计算机内置的网络摄像头或者外设的视频设备）的视频流并将视频流插入应用视窗中的 video 元素。它还将 bindSavingPhoto 函数绑定到了 video 元素的 loadedmetadata 事件上。这个事件会在当视频流要开始"流入" video 元素的时候触发（通常会在真正视频内容流入前 1~2 秒）。

定义好 initialize 函数后，定义一个 takePhoto 函数，该函数在应用视窗内用于拍照的 div 元素被单击的时候被调用，如代码清单 11.4 所示。

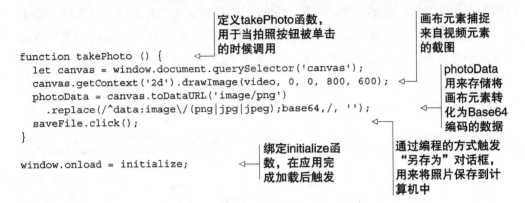

代码清单 11.4　NW.js 版 Facebomb 应用的 app.js 文件中的 takePhoto 函数

定义 takePhoto 函数，用于当拍照按钮被单击的时候调用

画布元素捕捉来自视频元素的截图

```
function takePhoto () {
  let canvas = window.document.querySelector('canvas');
  canvas.getContext('2d').drawImage(video, 0, 0, 800, 600);
  photoData = canvas.toDataURL('image/png')
    .replace(/^data:image\/(png|jpg|jpeg);base64,/, '');
  saveFile.click();
}

window.onload = initialize;
```

photoData 用来存储将画布元素转化为 Base64 编码的数据

通过编程的方式触发"另存为"对话框，用来将照片保存到计算机中

绑定 initialize 函数，在应用完成加载后触发

这里，canvas 元素用来从 video 元素中捕捉照片快照。通过 canvas 元素使用一个 2D 上下文，然后从视频元素左上角（0,0）位置开始画一个 800 像素宽、600 像素高的图片。这个尺寸就意味着捕捉了全尺寸的视频图片。

然后获取记录在 canvas 元素中的图片并将数据格式转化为 PNG 图片格式。为了让数据适合作为文件存储在计算机中，需要将图片作为内联图片显示在 Web 浏览器中的数据移除掉。字符串的 replace 方法使用了正则表达式来找到这部分数据并将其移除。

通过编程的方式触发了 input 元素上的单击事件，从而显示了一个"另存为"对话框。这意味着当应用视窗中的 #takePhoto div 元素被单击时，会创建视频元素中那个时间点的图片快照，然后触发"另存为"对话框，这样就可以让用户将其保存到计算机中了。

函数定义好之后，最后剩下的代码表示将 initialize 函数绑定到当应用加载完成后触发。之所以这样做是因为需要确保应用视窗已经完成加载 HTML 代码了——否则，视图去绑定一个尚未被渲染在应用视窗中的 DOM 元素会发生错误。

app.js 文件中的代码定义好后，还需要在 package.json 文件中进行一些配置，以确保应用视窗被设置为 800 像素宽以及 600 像素高，同时还要确保应用不会被改变尺寸以及进入全屏模式。代码清单 11.5 展示了 package.json 文件中的代码内容。

代码清单 11.5　NW.js 版 Facebomb 应用的 package.json 文件

```
{
  "name": "facebomb",
```

```
  "version": "1.0.0",
  "main": "index.html",
  "window": {
    "toolbar": false,
    "width": 800,
    "height": 600,
    "resizable": false,
    "fullscreen": false
  },
  "dependencies": {
    "nw": "^0.15.2"
  },
  "scripts": {
    "start": "node_modules/.bin/nw ."
  }
}
```

还有负责样式的 app.css 文件，如代码清单 11.6 所示。

代码清单 11.6　NW.js 版 Facebomb 应用的 app.css 文件

```css
body {
  margin: 0;
  padding: 0;
  background: black;
  color: white;
  font-family: 'Helvetica', 'Arial', 'Sans';
  width: 800px;
  height: 600px;
}

#saveFile, canvas {
  display: none;
}

video {
  z-index: 1;
  position: absolute;
  width: 800px;
  height: 600px;
}

#takePhoto {
  z-index: 2;
  position: absolute;
  bottom: 5%;
  right: 5%;
  text-align: center;
  border: solid 2px white;
  box-shadow: 0px 0px 7px rgba(255,255,255,0.5);
  margin: 5px;
  border-radius: 3em;
```

```
  padding: 1em;
  background-color: rgba(0,0,0,0.2);
}

#takePhoto:hover {
  background: #FF5C5C;
  cursor: pointer;
}
```

现在启动应用你就可以看到它"长"什么样子了，图 11.1 展示了运行在 Windows 10 中的示例应用。

图 11.1　运行中的 Facebomb 应用（图中那个就是我——也许我该刮胡子了）

为什么应用不需要请求访问摄像头的权限

在 Web 应用访问摄像头或者麦克风前，HTML5 媒体捕捉 API 有一套安全策略要求 Web 应用需要得到用户的允许才可以访问。这是为了防止恶意使用摄像头或者麦克风来拍照或者录音。

在 Electron 和 NW.js 中，因为应用是运行在用户计算机中的，应用是授信可以访问计算机设备的，因此没有出现没有权限的提示。这意味着你可以创建可以访问摄像头和麦克风的应用，不过正如 Peter Parker（蜘蛛侠）的叔叔说的："权力越大，责任越大"。

通过应用，你可以进行自拍并将照片保存到计算机中。又棒又简单——不过这里的核心是要证明构建一个可以访问摄像头的应用是多么容易，而且可以利用摄像头做任何事情。

上述内容展示了如何使用 NW.js 来构建这样的应用，那么 Electron 呢？

11.1.2 使用 Electron 构建 Facebomb 应用

如果你想直接用现成的，可以通过本书 GitHub 仓库获取 Facebomb-Electron 应用代码。我会介绍用 Electron 实现 Facebomb 与使用 NW.js 时的区别。首先，应用入口和 NW.js 是不同的——有一个 main.js 负责加载应用视窗并限制视窗尺寸，不允许它被调整尺寸以及进入全屏模式。其他使用 Electron 时不同的地方在于如何实现"另存为"对话框以及对对话框可以进行不同级别的定制。

先来看一下应用入口的代码，以及是如何限制应用视窗尺寸的。代码清单 11.7 所示的就是 main.js 文件的代码。

代码清单 11.7　Electron 版 Facebomb 应用的 main.js 文件

```
'use strict';

const electron = require('electron');          加载Electron：加载app
const app = electron.app;                       以及BrowserWindow的
const BrowserWindow = electron.BrowserWindow;   依赖
                                                创建一个空的
let mainWindow = null;                          mainWindow变量
                                                来保存对应用视
                                                窗的引用
app.on('window-all-closed', () => {
  if (process.platform !== 'darwin') app.quit();   如果在非Mac OS
});                                                 下，所有的视窗都
                                                   关闭了，则退出应用
app.on('ready', () => {
  mainWindow = new BrowserWindow({               创建一个浏览器视窗，并
    useContentSize: true,                        将宽度、高度、是否可以
    width: 800,                                  改变尺寸以及是否可以进
    height: 600,                                 入全屏等属性传递进去
```

```
  resizable: false,
  fullscreen: false
});
mainWindow.loadURL(`file://${__dirname}/index.html`);    ←——
mainWindow.on('closed', () => { mainWindow = null; });    ←——
});
```

获取应用主视窗，并将index.html加载在里面

添加事件绑定，当视窗关闭的时候重置mainWindow变量

这是一个 Electron 应用标准的样板式代码，有意思的关键部分在于传递给 BrowserWindow 实例初始化时的配置对象。

配置对象中的第一个属性叫 useContentSize，它确保了应用视窗的 width 和 height 属性会根据应用视窗中的内容来设定而不是整个应用视窗。如果不传递这个属性（或者显式地将其设置为 false），会在应用视窗中看到滚动条。这是因为 Electron 设置 width 和 height 属性的时候，不仅根据内容，还会考虑应用视窗顶部的标题栏以及视窗周边的边距。

如果不传递这个属性，那么就不得不调整 width 和 height 属性来确保应用视窗中不会出现滚动条。这种叫 pixel pushing，人们不会希望去处理它的——而且，如果应用要在多个操作系统中运行的话，还得为每个系统做调整。这不现实。如果要设置应用视窗的 width 和 height 属性的话，推荐始终传递 useContentSize 属性。要了解更多关于这个属性以及其他可以传递给视窗的配置项，可以查看 http://electron.atom.io/docs/api/browser-window/。

代码中还传递了一个配置项用于禁止改变视窗尺寸以及禁止应用进入全屏模式。而在 NW.js 中，这些配置是写在 package.json 文件中的，Electron 中则是在创建视窗的时候传递进去的。这样的好处是可以给不同的应用视窗以不同的配置，而不是所有的视窗都使用同一个在 package.json 中定义的配置。

现在，来快速浏览一下 index.html 文件，如代码清单 11.8 所示。

代码清单 11.8　Electron 版 Facebomb 应用的 index.html 文件

```html
<html>
  <head>
    <title>Facebomb</title>
    <link href="app.css" rel="stylesheet" />
    <link rel="stylesheet" href="css/font-awesome.min.css">
    <script src="app.js"></script>
  </head>
  <body>
    <canvas width="800" height="600"></canvas>
```

```
  <video autoplay></video>
  <div id="takePhoto" onclick="takePhoto()">
    <i class="fa fa-camera" aria-hidden="true"></i>
  </div>
 </body>
</html>
```

　　加载到应用视窗中的 index.html 文件和在 NW.js 版本中使用的几乎一样。唯一的不同就是在 Electron 版本中没有 input 元素，这是因为根本不需要这个元素。如果你还记得，input 元素用来存储图片的文件名，同时还包括一个自定义属性 nwsaveas，这个属性是 NW.js 用来绑定"另存为"对话框的。

　　Electron 处理对话框窗口的方式与 NW.js 不同，要了解不同在哪里，你需要看一下 app.js 文件。app.js 文件大约包含 40 行代码，所以我们一段一段来看，首先从依赖和与 bindSavingPhoto 同样作用的函数开始，请参见代码清单 11.9。

　　代码清单 11.9　Electron 版 Facebomb 应用的 app.js 文件中依赖部分的代码

```
'use strict';

const electron = require('electron');          ← 加载Electron并通过
const dialog = electron.remote.dialog;            remote API加载dialog
const fs = require('fs');                         模块
let photoData;                                                检查文件路径
let video;                                                    是否存在，以
                                 savePhoto函数接收来           免用户单击了
                                 自"另存为"对话框的            "另存为"对
function savePhoto (filePath) {  ← 文件路径作为参数            话框中的"取
  if (filePath) {                                  ←          消"按钮
    fs.writeFile(filePath, photoData, 'base64', (err) => {
      if (err) {
        alert(`There was a problem saving the photo: ${err.message}`);
      }
      photoData = null;
    });
  }
}
```

　　在 app.js 文件的头部依赖部分，加载了 Electron，并使用 remote API 在 renderer 进程中（app.js 文件）中加载了 Electron 的 dialog 模块。然后定义了一个名为 save-Photo 的函数，该函数的作用是当它接收到从 Electron 的"另存为"对话框中获取到的文件路径作为参数后，将照片保存到计算机中。如果保存成功，那就结束了该函数的任务，如果保存失败，你就要提醒用户。之后还要重置 photoData 变量。

　　让我们来看一下 app.js 文件中的 initialize 函数，如代码清单 11.10 所示。

代码清单 11.10　Electron 版 Facebomb 应用 app.js 文件中的 initialize 函数

```
function initialize () {
  video = window.document.querySelector('video');
  let errorCallback = (error) => {
    console.log(`There was an error connecting to the video stream:
    ${error.message}`);
  };

  window.navigator.webkitGetUserMedia({video: true}, (localMediaStream) => {
    video.src = window.URL.createObjectURL(localMediaStream);
  }, errorCallback);
}
```

这段代码和 NW.js 版本同名的函数几乎一样，不过有一点点不同：不需要定义 saveFile 变量，因为在 HTML 中也没有 input 元素，并且也不需要绑定视频上的 loadedmetadata 事件来触发，因为你会在 app.js 代码中的另外一个地方传递数据和文件。

最后，我们来看一下 app.js 文件中剩下的代码，takePhoto 函数与 window. onload 事件绑定，如代码清单 11.11 所示。

代码清单 11.11　Electron 版 Facebomb 应用的 app.js 文件中的 takePhoto 函数

```
function takePhoto () {
  let canvas = window.document.querySelector('canvas');
  canvas.getContext('2d').drawImage(video, 0, 0, 800, 600);
  photoData =
      canvas.toDataURL('image/png').replace(/^data:image\/(png|jpg|jpeg);base6
      4,/, '');
  dialog.showSaveDialog({                    ◁┈┈┈┈  调用dialog模块来创
    title: "Save the photo",                 ◁┈┈┈┈  建"另存为"对话框
    defaultPath: 'myfacebomb.png',           ◁┈┈┈┈  设置"另存为"
    buttonLabel: 'Save photo'                       对话框的标题
  }, savePhoto);          ◁┈┈┈┈
}                                                   传递文件的
                          将表示成功的按             默认文件名
window.onload = initialize;   钮的标签设置为
                          Save photo
                          将savePhoto函数作为
                          对话框的回调函数，会
                          接收到最终的文件路径
```

在这个版本的应用中，takePhoto 函数做的事情更多了一点。它直接触发了唤起"另存为"窗口，设置了标题、默认文件路径以及成功按钮的标签，然后将 savePhoto 函数作为回调函数传递进去，"另存为"对话框会在用户单击 Save photo 或者 Cancel 按钮时调用一次该回调函数。当 savePhoto 函数被调用时，它会

接收带有用户指定文件名的文件路径或者当用户取消保存的时候，会接收 null 值。最后，但也同样重要，将 initialize 函数绑定在了视窗的 onload 属性上，当视窗加载完 HTML 文件后就会触发。

在这里可以看到，要唤起一个保存文件的视窗，只需调用 Electron dialog 模块中的一个函数。showSaveDialog 函数是 dialog 模块中可以调用的函数之一。如果还想触发其他行为，像打开文件的对话框或者显示带有图标的消息对话框，这些 API 方法以及对应的参数在这里 http://electron.atom.io/docs/api/dialog/ 可以找到。

Electron 版的应用是什么样子的呢？它和 NW.js 版本的几乎一样，如图 11.2 所示。

图 11.2　Windows10 上的 Electron 版的 Facebomb 应用。注意，除了应用标题旁的图标不同以外，其他看起来都一样

这里关键的部分在于你已经学会构建内嵌视频以及保存图片特性的应用了。想象一下，这要使用原生的框架来实现同样的功能得投入多大的精力！公平地说，HTML5 的媒体捕捉 API 为我们减少了不少工作量，因此在这基础上构建桌面应用节约了大量时间。

11.2　小结

本章中，我们创建了一个名为 Facebomb 的照相棚应用，并使用 Electron 和 NW.js 完成了两种不同的实现。通过这部分讨论的内容让你了解了可以使用 HTML5 媒体捕捉 API 来访问视频数据并且可以将它用在有创意的地方。下面是本章的重点：

- 在使用 HTML5 媒体捕捉 API 的时候，无须担心询问用户授权访问网络摄像头或者麦克风的问题，因为不管是 Electron 还是 NW.js 都是运行在用户计算机本地，所以是授信的。
- 可以在应用中使用 video 元素来播放视频，然后使用 HTML5 的 canvas 元素来从视频中截取照片，并将其保存在计算机中。

真的很有意思。在第 12 章中，我们会将注意力放到应用数据的存储上。

存储应用数据

12

本章要点

- 通过多种方式存储数据
- 使用 HTML5 的 localStorage API
- 使用 NW.js 和 Electron 将 TodoMVC 项目移植到本地运行

应用需要存储数据。当你玩一个游戏并从某个保存的等级载入数据或者保存你使用某款应用的设置信息，又或者在业务相关的应用中存储结构化数据，这些数据都必须保存在某个地方并且可以很方便地被应用访问到。

在你的桌面应用中，存储数据的方式可以使用 HTML5 的 localStorage API，也可以使用内嵌的数据库。在本章中，我们会介绍几种存储数据的方式以及如何在桌面应用中使用它们。

12.1 应该使用哪种数据存储方案

以前，这个问题很容易回答——因为没什么选择。传统意义上，Web 应用只能依赖后端的数据库来存储数据。随着 HTML5 客户端存储 API 的引入，导致有很多新的代码库支持在客户端进行数据存储以及和外部数据库进行同步。

表 12.1 罗列了在 Web 应用中可以进行数据存储的方案，并且这些都可以在 Electron 和 NW.js 应用中使用。

表 12.1 存储数据的可选方案

名　字	数据库类型	类　　型	网　　址
IndexedDB	键 / 值	浏览器 API	https://is.gd/wwDSgj
localStorage	键 / 值	浏览器 API	https://is.gd/3XbaFQ
Lovefield	关系型	客户端库	https://github.com/google/lovefield
PouchDB	文档型	客户端库	https://pouchdb.com/
SQLite	关系型	内嵌	http://sqlite.com/
NeDB	文档型	内嵌	https://is.gd/f44eap
LevelDB	键 / 值	内嵌	http://leveldb.org/
Minimongo	文档型	客户端库	https://is.gd/yTRXhe

当然，可选的方案有很多，但是你应该使用哪种呢？这取决于你要存储的数据类型、数据量大小以及查询数据的方式。

如果你知道要存储的数据类型以及数据的 schema，并且在使用过程中一般不怎么变化，那么可以考虑用关系型数据库，因为它提供了强大的查询功能。

如果你的应用存储的数据（比如，用户的设置信息）不超过 5 MB，那么可以使用浏览器提供的 API，它对存储的数据有不超过 5 MB 的大小限制。

另外一个要考虑的因素是如何查询数据。如果数据是非规范化的，并且存储在表中，通过引用连接到另外一张表中的数据，那么对于查询来说，文档型的方案可能不是最高效的。数据 schema 的设计以及数据是否为规范化的决定了你应该使用基于 SQL 的还是基于 NoSQL 的数据库。

关于应该选择哪种方案已经讨论得够多了，我们挑其中一些来具体讲解。

12.2　使用 localStorage API 存储便笺数据

我们将创建一个名为 Let Me Remember 的简单的便笺应用。真的非常简单，它证明了适合用 `localStorage` 的场景（在一个键 / 值对的数据中心存储文本类型的数据）。根据不同的框架，本应用有两个版本，一个是使用 NW.js 构建的（名为 let-me-remember-nwjs），另一个是使用 Electron 构建的（名为 let-me-remember-electron）。

这两个版本的应用都可以通过本书 GitHub 仓库获取到，http://mng.bz/fYrm 和 http://mng.bz/COlh。

你可以选择其中一个版本的应用并根据 README 中的指令或者从头开始构建来将它运行起来。这次我们换一下，先来看 Electron 版本的应用。

12.2.1　使用 Electron 开发 Let Me Remember 应用

这个应用大部分使用原生的 JavaScript 样板代码，不过也有一些不同的尝试。让我们从 package.json 文件开始。首先，你需要创建一个应用文件夹，可以在终端应用中使用如下命令：

```
mkdir let-me-remember
cd let-me-remember
```

现在，在文件夹中创建一个 package.json 文件，并插入代码清单 12.1 所示的代码。

代码清单 12.1　为 Electron 版 Let Me Remember 应用创建 package.json 文件

```
{
  "name": "let-me-remember-electron",
  "version": "1.0.0",
  "description": "A sticky note app for Electron",
  "main": "main.js",
  "scripts": {
    "start": "node_modules/.bin/electron .",
    "test": "echo \"Error: no test specified\" && exit 1"
  },
  "keywords": [
    "electron"
  ],
  "author": "Paul Jensen <paulbjensen@gmail.com>",
  "license": "MIT",
  "dependencies": {
    "electron ": "^1.3.7"
  }
}
```

package.json 文件中的 main 属性指明了应用的入口是 main.js 文件。main.js 文件大部分都是原生 JavaScript 样板代码，不过还有一部分代码用来设置应用为无边框模式，以及设置限制应用的尺寸。这也让应用看起来更像一个便笺。

保存好 package.json 文件后不要忘记运行 npm install 来安装 Electron 的依赖。接下来创建 main.js 文件并添加代码清单 12.2 所示的代码。

代码清单 12.2　为 Electron 版 Let Me Remember 应用创建 main.js 文件

```
'use strict';

const electron = require('electron');
const app = electron.app;
const BrowserWindow = electron.BrowserWindow;

let mainWindow = null;

app.on('window-all-closed', () => {
  if (process.platform !== 'darwin') app.quit();
});

app.on('ready', () => {
  mainWindow = new BrowserWindow({
    width: 480,
    height: 320,
    frame: false
  });
  mainWindow.loadURL(`file://${__dirname}/index.html`);
  mainWindow.on('closed', () => { mainWindow = null; });
});
```

> 设置frame属性值为false，
> 设置为无边框应用

main.js 文件配置了将应用视窗设置为一个指定大小的尺寸，让它看起来更像一个便笺，同时还将应用设置为无边框视窗。在应用视窗中是 index.html 文件，它是应用唯一的可视元素。我们现在来创建 index.html 文件并插入代码清单 2.3 所示的内容。

代码清单 12.3　为 Electron 版 Let Me Remember 应用创建 index.html 文件

```
<html>
  <head>
    <title>Let Me Remember</title>
    <link rel="stylesheet" type="text/css" href="app.css">
    <script src="app.js"></script>
  </head>
  <body>
    <div id="close" onclick="quit();">x</div>
    <textarea onKeyUp="saveNotes();"></textarea>
  </body>
</html>
```

> 当单击X的时候，
> 触发调用quit函数

> 文本框元素会在每一
> 次按键后都保存输入
> 的文本内容

index.html 文件的内容相当简单，因为应用本身就非常简单。没有应用框体，所以你要自己实现一个关闭按钮，当该按钮被单击的时候会退出应用。紧接着，你还定义了一个 textarea 元素，它负责显示便笺的内容，同时也允许用户对内容进行编辑。

　　在 index.html 文件顶部，你加载了两个前端文件：一个 app.css 样式文件以及一个 app.js JavaScript 文件。我们先来看一下样式文件。在 app.js 文件夹中，创建一个 app.css 文件，并插入代码清单 12.4 所示的内容。

代码清单 12.4　为 Electron 版 Let Me Remember 应用创建 app.css 文件

```
body {
  background: #ffe15f;
  color: #694921;
  padding: 1em;
}
textarea {
  font-family: 'Hannotate SC', 'Hanzipen SC','Comic Sans', 'Comic Sans MS';
  outline: none;
  font-size: 18pt;
  border: none;
  width: 100%;
  height: 100%;
  background: none;
}
#close {
  cursor: pointer;
  position: absolute;
  top: 8px;
  right: 10px;
  text-align: center;
  font-family: 'Helvetica Neue', 'Arial';
  font-weight: 400;
}
```

　　上述 CSS 代码都是很常规的代码，如果有需要可以直接用在 Web 应用中。body 元素的样式被设置为看起来像一张黄色的便笺纸，textarea 元素样式设置为看起来像是手写的字体——它甚至还用了 Comic Sans 字体（我最后一次看到用 Comic Sans 字体的是在 AOL）。最后，关闭按钮的样式设置为让 X 字符看起来更像一个关闭的图标。

　　设置完样式后，要创建一个 app.js 文件，其中包含 quit 和 saveNotes 函数。在应用文件夹同级目录中，创建 app.js 文件并插入代码清单 12.5 所示的代码。

代码清单 12.5　Electron 版 Let Me Remember 应用的 app.js 文件

```
'use strict';

const electron = require('electron');
const app = electron.remote.app;

function initialize () {
  let notes = window.localStorage.notes;
  if (!notes) notes = 'Let me remember...';
  window.document.querySelector('textarea').value = notes;
}

function saveNotes () {
  let notes = window.document.querySelector('textarea').value;
  window.localStorage.setItem('notes',notes);
}

function quit () { app.quit(); }

window.onload = initialize;
```

通过remote API 来加载 app模块，用来退出应用

调用HTML5的 localStorage API来检查便笺笔记数据

如果没有，则设置默认值

加载便签数据，并将其显示在 textarea 元素中

获取 textarea 元素中的文本内容

通过HTML5的 localStoage API 来保存文本内容

quit函数封装调用了app模块上的quit函数

app.js 文件帮助实现了通过 HTML5 的 `localStorage` API 从计算机中加载数据，然后让用户在便笺中记笔记以及允许用户关闭应用。当用户输入便笺内容的时候，内容就会被保存。当重新打开应用时，此前保存的内容会显示在便笺中，如图 12.1 所示。

借助 HTML5 的 `localStorage` API，可以在应用中实现数据持久化，并且可以让保存数据这件事情发生在后台，用户完全感知不到。这种无缝的体验正是应用需要提供的。

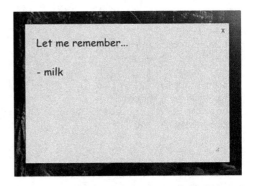

图 12.1　运行在 Windows 10 上的 Electron 版 Let Me Remember 应用。如果你输入一些内容并关闭应用，然后再次打开应用，刚刚写的内容会再次被加载出来

再来看看用 NW.js 是如何实现的，与 Electron 版有什么不同。

12.2.2　使用 NW.js 开发 Let Me Remember 应用

使用 NW.js 来实现这个应用也没有太大的区别。它和 Electron 版的应用一样用相同的 CSS 代码，并且 app.js 和 index.html 文件也几乎一样。我们从 package.json

文件开始，然后再看看以上这些文件。

　　为应用创建一个文件夹，在该文件夹中创建一个 package.json 文件并插入如下代码：

```
{
  "name" : "let-me-remember",
  "version": "1.0.0",
  "main": "index.html",
  "window": {
    "width": 480,
    "height": 320,
    "frame": false
  }
}
```

　　package.json 文件非常简单，除了其中的 window 属性之外。将 width 和 height 初始值设置为相对小的尺寸（和屏幕上大的便笺记事本类似），而且为了让它看上去更像贴在屏幕上的便笺，去除了视窗边框。

　　接下来，在文件夹中添加 index.html 文件，并插入如下代码：

```html
<html>
  <head>
    <title>Let Me Remember?</title>
    <link rel="stylesheet" type="text/css" href="app.css">
    <script src="app.js"></script>
  </head>
  <body>
    <div id="close" onclick="process.exit(0)">x</div>
    <textarea onKeyUp="saveNotes();"></textarea>
  </body>
</html>
```

　　HTML 文件也很简单。使用 textarea 元素来存放用户输入的便笺内容。本可以使用带 contenteditable 属性的 p 元素，但是需要在 p 元素中有新内容输入的时候捕获相关事件，这个目前没有办法实现。还用了一个 ID 为 "close" 的 div 元素，当它被单击的时候，会触发退出应用的流程（因为隐藏了应用周围的视窗边框，因此除了从菜单栏中将应用关闭之外，界面上没有可以关闭的地方）。注意这里没有调用 quit() 函数，因为你可以从 HTML 中的 JavaScript 上下文中直接调用 Node.js 的 process 全局变量。

　　app.css 文件和 Electron 版本中的一模一样，如代码清单 12.4 所示，直接使用就可以。至于 app.js 文件，代码也几乎一样，只有一点点区别，如代码清单 12.6 所示。

代码清单 12.6　NW.js 版 Let Me Remember 应用中的 app.js 文件

```
'use strict';
function initialize () {
  let notes = window.localStorage.notes;
  if (!notes) notes = 'Let me remember...';
  window.document.querySelector('textarea').value = notes;
}
function saveNotes () {
  let notes = window.document.querySelector('textarea').value;
  window.localStorage.setItem('notes',notes);
}

window.onload = initialize;
```

确实很不错，代码很少，我们来看一下。当应用以及 DOM 加载完成后，你调用了 initialize 函数来获取所有以 notes 为名保存的便笺笔记数据。如果没有，则提供默认的内容—— Let Me Remember ...，并将其插入页面上的 textarea 元素中。

如果你回头快速浏览一下 index.html 文件，会发现 textarea 元素中有一个 onKeyUp 属性，该属性为调用一个名为 saveNotes 的函数。saveNotes 函数，顾名思义，它获取刚刚在应用的 textarea 元素中输入的内容，并调用 localStorage API 的 setItem 函数将 notes 的值设置为获取到的文本内容。

如果你输入了一些要购买的东西，然后关闭应用，下次打开应用的时候可以再次看到这个购物单。便笺内容被保存了，并且会在下次再次显示出来，如图 12.2 所示。

对于以简单的键 / 值对存储机制（getItem，setItem）存储非结构性文本数据，localStorage

图 12.2　NW.js 版 Let Me Remember 应用，已经加入了一些之后要购买的物品清单

API 非常适合。你刚刚看到的 Let Me Remember 示例应用是一个非常合适的例子，不过，很多其他应用可能需要存储结构化的数据，而且并不一定是字符串格式的——可能是包含字符串的数组、整数或者其他数据类型。

有一个办法是使用 `JSON.stringify()` 和 `JSON.parse()` 对要存储的数据进行序列化和反序列化。如果你的应用设计得很好，那么这个办法是可行的。这个方案的示例应用就是很著名的 TodoMVC 项目。为了证明这一点，你可将其中一个TodoMVC 示例项目修改后做成一个桌面应用。

12.3　将待办事项应用移植为桌面应用

用 `localStorage` API 来存储待办事项数据也可行——事实上，TodoMVC 项目就是用它来做数据持久化的。

TodoMVC 项目是一个项目集合，其中是完全一样的待办事项应用，但是是使用不同的 JavaScript 框架来实现的。它的目的是要向开发者展示如何使用不同的框架来实现一个待办事项应用，这样用户可以找到适合他们需求的框架。

有许多不同实现方式的 TodoMVC 应用，包括 Socketstream（一个我以前参与开发过的框架，用于开发实时 Web 应用）。

你会看到一个名为 React 的著名框架，并用它来实现将示例应用移植为桌面应用。

移植示例应用能够证明一个 Electron 和 NW.js 都具备的关键好处，那就是从一个 Web 应用到桌面应用，复用代码是多么容易。

12.3.1　使用 NW.js 移植 TodoMVC Web 应用

首先你需要从 TodoMVC GitHub 仓库获得一份代码。找一个要存放代码的文件夹，然后使用终端应用通过如下 Git 命令来克隆该项目：

```
git clone git@github.com:tastejs/todomvc.git
```

在克隆出来的 GitHub 仓库中，你会看到一个 examples 文件夹，其中包含了不同实现的 TodoMVC 应用。你需要关注一个名为 react 的文件夹。用你的编辑器 /IDE 打开这个文件夹，然后在 package.json 文件中加入如下代码：

```
"name":"todo-mvc-app",
"version":"1.0.0",
"main":"index.html",
"window": {
  "toolbar":false
}
```

保存 package.json 文件，通过终端应用在该文件夹中运行 `nw` 命令，就能看到在你桌面上的应用了。添加一些待办事项，然后关闭应用再打开，可看到如图 12.3 所示的样子。

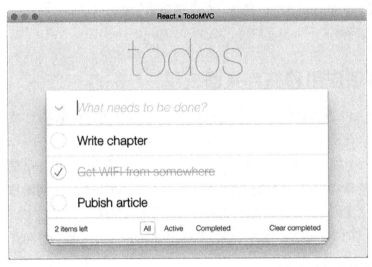

图 12.3 通过 NW.js 以桌面应用运行的 TodoMVC 应用，应用中的数据存储使用了 HTML5 localStorage API

仅需 6 行代码就将一个 Web 应用变成了桌面应用，太酷了！要是所有应用都能这么容易被移植就太好了！如果你有兴趣了解这背后发生了什么，可以看看 js/utils.js 文件，特别是从代码的第 28 行开始的 store 函数。这个函数负责数据存储和获取，它对 HTML5 的 localStorage API 做了封装，使用了 JSON.strigify() 和 JSON.parse() 方法来处理存储和获取数据。

为什么不用 Web SQL 来存储结构化数据呢

这是一个好问题。SQL 天生很适合存储像 TodoMVC 项目中这样的结构化数据。之所以没有用它，而且在本书中也不做介绍的原因就是 Web SQL 作为 Web 标准正在被废弃，最终随着时间的推移可能会被"宣判死亡"。

12.3.2 使用 Electron 移植 TodoMVC 应用

我想告诉你的是 Electron 版的应用也很简单，只是多一点步骤。首先，你需要修改 TodoMVC React 示例中的 package.json 文件，将它改为代码清单 12.7 所示的样子。

代码清单 12.7　Electron 版 TodoMVC React 应用的 package.json 文件

```
{
  "private": true,
  "dependencies": {
    "classnames": "^2.1.5",
    "director": "^1.2.0",
    "electron-prebuilt": "^1.2.5",
    "react": "^0.13.3",
    "todomvc-app-css": "^2.0.0",
    "todomvc-common": "^1.0.1"
  },
  "main":"main.js",
}
```

将Electron添加到项目依赖列表里

添加main字段，指明应用的入口文件是你将要创建的main.js文件

修改 package.json 文件的目的是能够用 Electron 将项目运行起来。接下来，我们来看看如何实现 Electron 应用要加载的 main.js 文件。创建一个 main.js 文件，并插入如下代码：

```
'use strict';

const electron = require('electron');
const app = electron.app;
const BrowserWindow = electron.BrowserWindow;

let mainWindow = null;

app.on('window-all-closed', () => {
  if (process.platform !== 'darwin') app.quit();
});

app.on('ready', () => {
  mainWindow = new BrowserWindow();
  mainWindow.loadURL(`file://${__dirname}/index.html`);
  mainWindow.on('closed', () => { mainWindow = null; });
});
```

main.js 文件非常标准，它用来加载 React 示例应用中的 index.html 文件。如果启动应用，你会发现示例应用无法工作。打开应用中的开发者工具，然后查看 Console 选项卡，会发现一个 JavaScript 错误：'className' 没有定义。这个错误来自 React 示例文件夹中的 js 文件夹中的 todoItem.jsx 文件。classNames 变量来自一个在 index.html 文件通过 <script> 标签引入的 Node.js 模块。

修复这个问题的一个办法就是在 todoItem.jsx 文件中载入 classnames 模块，这样能确保在执行 React 代码的时候载入了这个模块。在 todoItem.jsx 文件中，在即时执行的函数表达式前面，第 8 行的位置加入如下代码：

```
const classNames = require('classnames');
```

现在，你可以在和 TodoMVC 应用同目录下，从命令行程序运行如下命令来运行应用：

```
electron
```

它会启动 TodoMVC 应用。这就证明了当将一个 Web 应用移植到 Electron 的时候，需要一些额外的步骤，但是你应该注意，在 DOM 中加载第三方库无法保证加载顺序。

12.4　小结

本章我们介绍了如何为桌面应用保存数据。我们介绍了几种保存数据的方式，还使用 HTML5 的 localStorage API 实现了一个便笺笔记应用。紧接着介绍了使用 NW.js 和 Electron 将一个带本地数据存储的 Web 应用转变成桌面应用是多么容易和方便。

你可以在桌面应用中使用 HTML5 的 localStorage API 存储简单的数据集，如果有需求，可以对结构化数据进行序列化和反序列化；不过最好还是使用内嵌的数据库来存储这类数据。

我们已经介绍了如何为应用存储和获取数据，还有另外一个在应用中处理数据的方法，具体地说就是如何在操作系统的剪贴板中读取和存储数据，这些内容将在下一章中进行讲解。

从剪贴板复制和粘贴数据 13

本章要点

- 在 NW.js 和 Electron 中访问剪贴板
- 将文本内容复制到剪贴板
- 清空剪贴板
- 复制 Electron 中其他类型的数据到剪贴板

将数据从一个地方复制到另外一个地方是现如今应用的标配功能。有些工具类应用还支持自动将截图复制到剪贴板，或者可以管理复制到剪贴板中的多项数据。

在本章中，我们会介绍在 NW.js 和 Electron 中如何使用操作系统的剪贴板实现复制和粘贴功能，还包括如何清空剪贴板（特别是当复制 / 粘贴敏感数据的时候，这是很好的练习）。

通过本章的学习，你将掌握如何访问和修改用户剪贴板中的数据。

13.1 访问剪贴板数据

从操作系统的剪贴板中复制和粘贴数据改善了用户体验，它不需要用户再去手动处理了。比方说，有一款 AgileBits 开发的 1Password 密码管理应用。当你在网站登录表单中输入密码的时候，这个应用就已经自动将密码复制到剪贴板中了，在你下一次登录的时候，它会自动将其粘贴进密码框中。

Electron 和 NW.js 中的剪贴板 API 可以让你在剪贴板中存储和读取文本数据。为了证明它是如何工作的，我们将构建一个简单的应用来展示一些常用的短语、电影台词以及常用的聊天用语，然后将这些保存起来供以后使用。该应用取名为 Pearls。

如果你想看预先做好的应用，NW.js 和 Electron 版本的应用可在本书 GitHub 仓库中 https://github.com/paulbjensen/cross-platform-desktop-applications/tree/master/chapter-13 的 pearls-nwjs 文件夹和 pears-electron 文件夹中找到。你可以将代码下载下来并根据指令运行起来，如果你想了解如何从零开始构建这个应用，那么请继续往下看。

13.1.1　使用 NW.js 创建 Pearls 应用

先来创建一个名为 pearls-nwjs 的文件夹来存放应用文件。然后，添加 package.json 文件。在你的文本编辑器中，创建一个 package.json 文件并插入如下代码：

```
{
  "name":"pearls",
  "version":"1.0.0",
  "main":"index.html",
  "window": {
    "width": 650,
    "height": 550,
    "toolbar": false
  },
  "scripts": {
    "start": "node_modules/.bin/nw ."
  },
  "dependencies": {
    "nw": "^0.15.3"
  }
}
```

package.json 和其他 NW.js 应用的 package.json 文件类似，唯一不同的是，window 的 width 和 height 属性。接下来，实现 index.html 文件，将如下代码插入到该文件中：

```html
<html>
  <head>
    <title>Pearls</title>
    <link href="app.css" rel="stylesheet" />
    <script src=" app.js"></script>
  </head>
  <body>
    <template id="phrase">
      <div class="phrase"
       onclick="copyPhraseToClipboard(this.innerText);"></div>
    </template>
    <div id="phrases"></div>
  </body>
</html>
```

index.html 文件做了一些事情。它加载了一个应用样式文件以及 app.js 文件，该文件用来加载短语并将它们复制到剪贴板中。接着，它包含了一个 `template` 标签用于每一条要在应用视窗中展示的短语。代码清单 13.1 展示了 Pearls 应用的 CSS 代码。

> 代码清单 13.1 NW.js 版 Pearls 应用的 app.css 文件

```css
body {
  padding: 0;
  margin: 0;
  background: #001203;
}

#phrases {
  padding: 0.5em;
}

.phrase {
  float: left;
  padding: 1em;
  margin: 1em;
  border-radius: 12px;
  border: solid 1px #ccc;
  font-family: 'Helvetica Neue', 'Arial' 'Sans-Serif';
  font-style: italic;
  width: 9em;
  min-height: 7em;
  text-align: center;
  color: #fff;
}

.phrase:hover {
  cursor: pointer;
  background: #1188de;
}
```

应用的 CSS 代码设计为让应用有一个黑色的背景，短语通过黑色背景周围有白色的边框再配合白色的字体进行了高亮显示。当鼠标悬停到短语上时，短语的背景色就会变成蓝色。

接下来，载入 app.js 文件，如代码清单 13.2 所示。

代码清单 13.2　NW.js 版 Pearls 应用中的 app.js 文件

```
'use strict';

const gui = require('nw.gui');          ← 通过NW.gui模
const clipboard = gui.Clipboard.get();      块加载NW.js的
                                         剪贴板API
const phrases = require('./phrases');   ← 将示例短语加
let phrasesArea;                           载到应用中
let template;

function addPhrase (phrase) {                          ← 在应用视
  template.content.querySelector('div').innerText = phrase;   窗中添加
  let clone = window.document.importNode(template.content, true);  一条短语
  phrasesArea.appendChild(clone);
}
                                         函数通过
function loadPhrasesInto () {          ← phrases.js文件
  phrasesArea = window.document.getElementById('phrases');   将短语加载到
  template = window.document.querySelector('#phrase');       应用视窗中
  phrases.forEach(addPhrase);
}
                                         当单击短语的时候，这个
function copyPhraseToClipboard (phrase) {  ← 函数会被触发将短语复制
  clipboard.set(phrase, 'text');           到剪贴板中
}

window.onload = loadPhrasesInto;   ← 当应用载入HTML完成后，触发加载的短语
```

应用的重点部分是 copyPhraseToClipboard 函数，它使用剪贴板 API 将值设置到剪贴板中——在本例中，当短语被单击的时候会执行该函数。phrases.js 文件包含了一些从不同的电影中截取的台词，像 *Kindergarten Cop* 以及其他电影（后面我会告诉你其他电影的名字）。这里是短语列表：

```
'use strict';

module.exports = [
  'I have to return some videotapes',
  'Do not attempt to grow a brain',
  'So tell me, do you feel lucky? Well do ya, Punk!',
  'We\'re gonna need a bigger boat',
  'We can handle a little chop',
  'Get to the choppa!',
  'Hold onto your butts',
```

```
'Today we\'re going to play a wonderful game called "Who is your daddy, and
    what does he do?"',
'Yesterday we were an army without a country. Tomorrow we must decide...
    which country we want to buy!'
];
```

phrases.js 文件导出了一个包含字符串的列表，这些字符串来自不同电影的台词。这个列表随后会被 app.js 加载进应用视窗中。

现在，你可以通过 npm start 来运行应用，然后就能看到如图 13.1 所示的样子了。

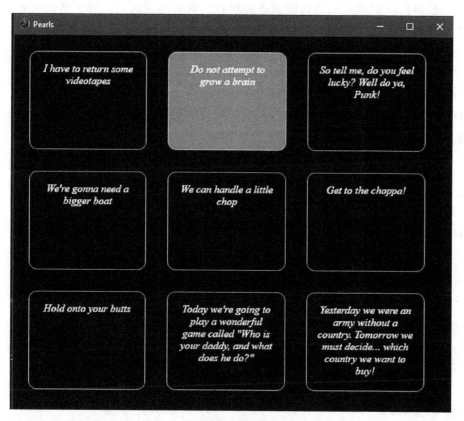

图 13.1　运行在 Windows 10 中的 NW.js 版 Pearls 应用

我可以在剪贴板中存取哪类数据

NW.js 目前只支持在操作系统剪贴板中存取文本内容，遗憾的是，不支持访问和存储图片。希望将来其他类型的数据可以通过剪贴板存储和访问，不过现在只能存储文本数据。

　　如果你想在剪贴板中存取其他类型的数据，可能最好使用 Electron，因为它支持其他类型的数据。

　　如果你想访问剪贴板中的数据（假设页面上面要引用一段话，这段话你已经复制到了剪贴板但尚未粘贴到其他地方），可以通过在应用中使用如下代码来实现：

```
let copiedText = clipboard.get('text');
```

　　这对于想要自动记录复制的内容这样的场景非常有用（比如，对于笔记应用，笔记内容是从页面或者文档复制粘贴到应用中的）。有的时候，你可能需要清空剪贴板中的数据（比如当它存储了敏感数据的时候）。调用如下 API 就可以做到：

```
clipboard.clear();
```

　　剪贴板 API 提供了存储以及从操作系统剪贴板中获取文本类型的数据的功能，不过如果你想使用其他类型的数据（如文件）的话，也许也能做到。

　　那么 Electron 中的剪贴板 API 相比之下是怎么样的呢？

13.1.2　使用 Electron 创建 Pearls 应用

　　Electron 版的 Pearls 示例应用代码可以在本书 GitHub 仓库中的 pears-electron 应用文件夹中找到。

　　应用代码和 NW.js 版的 Pearls 示例应用的代码类似，除了 package.json 文件、app.js 文件以及 Electron 用来载入应用的入口文件 main.js。代码清单 13.3 展示了应用的 package.json 文件。

代码清单 13.3　Electron 版 Pearls 应用的 package.json 文件

```json
{
  "name": "pearls-electron",
  "version": "1.0.0",
  "description": "A clipboard API example for Electron and the book 'Cross
    Platform Desktop apps'",
  "main": "main.js",
  "scripts": {
    "start": "node_modules/.bin/electron .",
    "test": "echo \"Error: no test specified\" && exit 1"
  },
  "keywords": [
```

```
    "electron",
    "clipboard"
  ],
  "author": "Paul Jensen <paulbjensen@gmail.com>",
  "license": "MIT",
  "dependencies": {
    "electron ": "^1.3.7"
  }
}
```

package.json 文件是通过在命令行程序中运行 `npm init` 生成的，并进行了一些修改，加入了 Electron 作为依赖，同时还加入了 `start` 命令，这样你就可以通过 `npm start` 来启动应用了。package.json 还指明了 main.js 文件作为 Electron 应用的入口文件。main.js 文件的代码如代码清单 13.4 所示。

代码清单 13.4　Electron 版 Pearls 应用的 main.js 文件

```
'use strict';

const electron = require('electron');
const app = electron. app;
const BrowserWindow = electron.BrowserWindow;

let mainWindow = null;

app.on('window-all-closed', () => {
  if (process.platform !== 'darwin') app.quit();
});
app.on('ready', () => {
  mainWindow = new BrowserWindow({
    width: 670,
    height: 550,
    useContentSize: true
  });
  mainWindow.loadURL(`file://${__dirname}/index.html`);
  mainWindow.on('closed', () => { mainWindow = null; });
});
```

main.js 文件加载了一个标准的应用视窗，并设置了指定的宽度和高度，这样你就可以在初始状态下将短语显示在 3×3 的格子里，同时也能确保应用的视窗大小基于视窗内容的大小。

index.html、app.css 以及 phrases.js 文件和 NW.js 版应用的文件完全一样，所以这里就不再赘述了。不同的地方在于，在 app.js 文件中，调用 Electron 的剪贴板 API 的方式是不一样的，如代码清单 13.5 所示。

代码清单 13.5　Electron 版 Pearls 应用的 app.js 文件

```
'use strict';

const electron = require('electron');
const clipboard = electron.clipboard;          加载Electron的剪
const phrases = require('./phrases');          贴板API
let phrasesArea;
let template;

function addPhrase (phrase) {
  template.content.querySelector('div').innerText = phrase;
  let clone = window.document.importNode(template.content, true);
  phrasesArea. app endChild(clone);
}

function loadPhrasesInto () {
  phrasesArea = window.document.getElementById('phrases');
  template = window.document.querySelector('#phrase');
  phrases.forEach(addPhrase);
}

function copyPhraseToClipboard (phrase) {     调用剪贴板API来
  clipboard.writeText(phrase);                将文本数据写入剪
}                                             贴板

window.onload = loadPhrasesInto;
```

如果你通过 npm start 来启动应用，能看到如图 13.2 所示的样子。

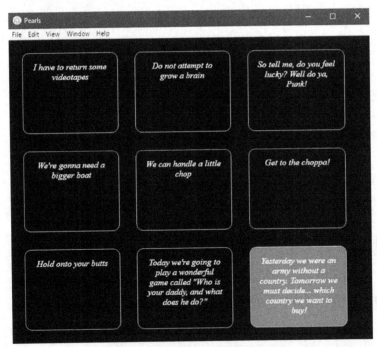

图 13.2　运行在 Windows 10 中的 Electron 版 Pearls 应用。除了工具栏和应用图标外，应用看起来和图 13.1 所示的完全一样

在 Electron 中访问剪贴板的方式是遵循一种读写的语义约定的。在 Pearls 应用的 app.js 文件中，将文本数据写入剪贴板的函数调用是 `clipboard.writeText`。要获取剪贴板中的内容，则通过如下函数调用：

```
const content = clipboard.readText();
```

要清除剪贴板中的数据，你可以调用同样的剪贴板 API 来实现：

```
clipboard.clear()
```

这个 API 方法和 NW.js 中使用的那个是一样的——又一个信号表明两个框架有共性的部分。之前提过，Electron 提供了除了往剪贴板读写数据之外更丰富的 API，你会在接下来的内容中看到。

13.1.3 使用 Electron 将不同类型的数据写入剪贴板

和 NW.js 不同，Electron 支持将 RTF、HTML 甚至是图片写进剪贴板。其 API 方法遵循了和剪贴板暴露出来的 `readText` 和 `writeText` 方法一样的模式。我们会简要地对它们做一下介绍，如果想要了解详细内容，请查看 API 文档 http://electron.atom.io/docs/api/clipboard/。

剪贴板 API 提供了针对如下数据类型的方法：

- 文本
- HTML
- 图片
- RTF（富文本格式）

调用剪贴板 API 的方法大致如下：

```
const electron = require('electron');
const clipboard = electron.clipboard;

let image = clipboard.readImage();
let richText = clipboard.readRTF();
let html = clipboard.readHTML();

clipboard.writeImage(image);
clipboard.writeRTF(richText);
clipboard.writeHTML(html);
```

上述展示了获取剪贴板数据以及设置剪贴板数据的读 / 写模式。

13.2　小结

本章我们介绍了一款将电影台词复制到用户剪贴板中的应用，介绍了开发者可以使用的用来将文本数据以及其他类型数据复制到剪贴板中的 API 方法。

本章要点包括：在 NW.js 中只能复制和粘贴文本数据到剪贴板中，而 Electron 可以处理像图片和 RTF 这样的多媒体内容。

在第 14 章中，我们会介绍不同的桌面开发框架是如何实现快捷键的。我们将通过一款著名的 2D 游戏——Snake（贪吃蛇）来介绍。

绑定键盘快捷键

本章要点

- 如何使用 NW.js 和 Electron 中的键盘快捷键
- 为一款 2D 游戏添加键盘快捷键
- 添加全局热键快捷键

资深应用使用者（以及 Vim 使用者）会告诉你学习键盘快捷键对于高效地使用应用十分重要。对于像街机游戏这样的应用，使用键盘快捷键也很重要。

在 Electron 和 NW.js 中通过编程方式为桌面应用绑定键盘快捷键可以让用户更高效地完成一些常用的任务，在界面上进行操作的同时让应用更加易用。本章我们会介绍如何为一款贪吃蛇视频游戏添加键盘快捷键功能。

几年前，我在一家名为 New Bamboo（现在属于 Thoughtbot）的 Ruby on Rails 的咨询公司时，作为圣诞节/新年项目，做了一款贪吃蛇的游戏，并在网站上写了一篇制作该游戏的教程。现在，没有比重新创建一个一样的桌面游戏更好的示例应用了。

　　尽管你可以从我 6 年前创建的代码仓库中将游戏的源代码直接拿过来用，但是最好还是重新做一遍，从中可以学到它是如何构建出来的。这样你可以更好地理解游戏的机制，也可以了解如何使用 Electron 和 NW.js 的键盘快捷键 API 来绑定方向键以控制蛇的移动。如果你想看看应用代码，可以从本书 GitHub 仓库的 snake-nwjs 和 snake-electron 两个文件夹中获取应用源代码：http://mng.bz/kxdd 和 http://mng.bz/Wis3。

14.1　使用 NW.js 创建贪吃蛇游戏

　　首先，新建一个名为 snake-nwjs 的文件夹，然后生成默认的样板代码文件：

```
mkdir snake-nwjs
cd snake-nwjs
touch app.js
touch app.css
touch index.html
touch package.json
```

　　紧接着你需要在 package.json 文件中添加初始配置，代码如下：

```
{
  "name": "snake-nwjs",
  "version": "1.0.0",
  "description": "A Snake game in NW.js for 'Cross Platform Desktop
    Applications'",
  "main": "index.html",
  "scripts": {
    "start": "node_modules/.bin/nw .",
    "test": "echo \"Error: no test specified\" && exit 1"
  },
  "keywords": [
    "snake",
    "nwjs"
  ],
  "author": "Paul Jensen <paulbjensen@gmail.com>",
  "license": "MIT",
  "window": {
    "width": 840,
    "height": 470,
    "toolbar": false
  },
  "dependencies": {
    "nw": "^0.15.3"
  }
}
```

有其他创建 package.json 文件的办法吗　有。如果你觉得手动从头创建 package.json 很没意思，可以用 npm 的 init 命令。它会通过命令行程序问你一些问题，然后帮助创建 package.json 文件。要使用它的话，打开终端或者命令行提示符程序，然后在想要创建 package.json 文件的目录下输入 npm init。要了解更多关于 npm init 的信息，可以访问 https://docs.npmjs.com/cli/init。

现在，将注意力转移到 index.html 文件上，并将如下代码添加进去：

```html
<html>
  <head>
    <title>Snake</title>
    <link href="app.css" rel="stylesheet" />
    <script src="app.js"></script>
  </head>
  <body>
  </body>
</html>
```

现在，可以开始开发游戏了。首先要确定的是，你要在贪吃蛇游戏的界面上显示什么。有些视觉元素需要显示出来：

- 分数。
- 游戏区域，里面有蛇以及蛇要吃的东西。
- 开始游戏、暂停游戏以及重玩游戏的按钮。

我们先来实现界面，然后再慢慢实现游戏的其他部分。我们在界面上定义主要的分数板和游戏区域。

首先，定义游戏区域和分数板。对于游戏区域，你会使用一个 canvas 元素，而分数板则使用一个简单的 div 元素，同时 bar 元素用来放置 "暂停" "恢复" 以及 "重玩游戏" 按钮。将如下代码添加到 index.html 文件的 body 元素中：

```html
<div id="scoreboard">
  <span id="label">Score:</span>
  <span id="score"></span>
  <div id="bar">
    <div id="play_menu">
      <button onclick="pause();">Pause</button>
    </div>
    <div id="pause_menu">
      <button onclick="play();">Resume</button>
      <button onclick="restart();">Restart</button>
    </div>
    <div id="restart_menu">
```

```
    <button onclick="restart();">Restart</button>
  </div>
 </div>
</div>
<canvas></canvas>
```

　　canvas 标签用来渲染蛇移动以及蛇的食物所在的区域。你还要为其添加一些样式让它看起来更像一些。在 app.css 文件中，添加如下样式代码：

```
body {
  margin: 1em;
  padding: 0;
  background: #111;
  color: white;
  font-family: helvetica;
}
canvas {
  border: solid 1px red;
  width: 800px;
  height: 400px;
}
#scoreboard {
  padding-bottom: 1em;
}
#label, #score, #bar {
  float: left;
  padding: 8px;
}
#pause_menu, #restart_menu {
  display: none;
}
```

　　现在，已经有了蛇移动的区域以及分数板，接下来需要让蛇移动起来以及能够将食物吃掉。下面使用 HTML5 的 canvas API 来渲染蛇。在 app.js 文件中，添加如下代码：

```
'use strict';

let canvas, ctx, gridSize, currentPosition, snakeBody, snakeLength,
    direction, score, suggestedPoint, allowPressKeys, interval, choice;

function updateScore () {
  score = (snakeLength - 3) * 10;
  document.getElementById('score').innerText = score;
}
```

　　updateScore 函数是一个简单的界面帮助类函数，负责更新 div 元素，显示当前的分数。添加如下代码：

```
function hasPoint (element) {
  return (element[0] === suggestedPoint[0] && element[1] === suggestedPoint[1]);
}
```

hasPoint 函数是一个帮助类函数，负责检查一个给定元素的 x 轴坐标和 y 坐标是否与建议的点的 x 和 y 的坐标匹配，建议的点的坐标数据存储在一个数组中。建议的点，表示了蛇要吃掉的食物所在的位置。现在，添加如下代码：

```
function makeFoodItem () {
  suggestedPoint =
    [Math.floor(Math.random()*(canvas.width/gridSize))*gridSize,
     Math.floor(Math.random()*(canvas.height/gridSize))*gridSize];
  if (snakeBody.some(hasPoint)) {
    makeFoodItem();
  } else {
    ctx.fillStyle = 'rgb(10,100,0)';
    ctx.fillRect(suggestedPoint[0], suggestedPoint[1], gridSize, gridSize);
  }
}
```

makeFoodItem 函数如其名——用来产生蛇要吃的食物。它会在画布上寻找一个随机的点，并检查这个点是否已经被蛇占据。如果已经被占据，它会调用自己再找一个点。如果没有占据，就在这个点创建一个食物。继续添加如下代码：

```
function hasEatenItself (element) {
  return (element[0] === currentPosition.x && element[1] === currentPosition.y);
}
```

又一个看名字就能知道是什么意思的函数，hasEatenItself，检查自己是否走到了自己的身上。现在来添加如下代码：

```
function leftPosition(){
 return currentPosition.x - gridSize;
}

function rightPosition(){
  return currentPosition.x + gridSize;
}

function upPosition(){
  return currentPosition.y - gridSize;
}

function downPosition(){
  return currentPosition.y + gridSize;
}
```

这些帮助类函数根据蛇前进的方向来汇报蛇是否要碰壁，用来记录蛇在坐标系中下一个要占据的坐标，这样你就可以检查蛇是否要碰壁了、或者要吃到食物了、或者是碰到自己了。继续插入如下代码：

```
function whichWayToGo (axisType) {
  if (axisType === 'x') {
    choice = (currentPosition.x > canvas.width / 2) ? moveLeft() : moveRight();
  } else {
    choice = (currentPosition.y > canvas.height / 2) ? moveUp() : moveDown();
  }
}
```

现在是对原始贪吃蛇游戏的一点改动，当蛇要碰壁的时候，它不会折返而是会朝旁边走。思路是让蛇往空间更大的区域移动，因此如果蛇在下方往右移动碰壁的时候，它就会往上移动——因为上面有空间。添加如下代码：

```
function moveUp(){
  if (upPosition() >= 0) {
    executeMove('up', 'y', upPosition());
  } else {
    whichWayToGo('x');
  }
}

function moveDown(){
  if (downPosition() < canvas.height) {
    executeMove('down', 'y', downPosition());
  } else {
    whichWayToGo('x');
  }
}

function moveLeft(){
  if (leftPosition() >= 0) {
    executeMove('left', 'x', leftPosition());
  } else {
    whichWayToGo('y');
  }
}

function moveRight(){
  if (rightPosition() < canvas.width) {
    executeMove('right', 'x', rightPosition());
  } else {
    whichWayToGo('y');
  }
}
```

这些函数会将蛇往一个给定的方向移动，只要那个方向有移动的空间。现在，添加更多的代码：

```
function executeMove(dirValue, axisType, axisValue) {
  direction = dirValue;
  currentPosition[axisType] = axisValue;
  drawSnake();
}
```

executeMove 函数负责设置蛇移动的方向、当前的位置，然后将整条蛇画在可移动的区域内。接下来，添加这部分代码：

```
function moveSnake(){
  switch (direction) {
    case 'up':
      moveUp();
      break;

    case 'down':
      moveDown();
      break;

    case 'left':
      moveLeft();
      break;

    case 'right':
      moveRight();
      break;
  }
}
```

moveSnake 负责根据一个给定的方向来移动蛇。接下来，需要添加用于重玩、暂停以及恢复游戏的按钮。插入如下代码：

```
function restart () {
  document.getElementById('play_menu').style.display='block';
  document.getElementById('pause_menu').style.display='none';
  document.getElementById('restart_menu').style.display='none';
  pause();
  start();
}

function pause(){
  document.getElementById('play_menu').style.display='none';
  document.getElementById('pause_menu').style.display='block';
  clearInterval(interval);
  allowPressKeys = false;
}

function play(){
  document.getElementById('play_menu').style.display='block';
```

```
document.getElementById('pause_menu').style.display='none';
interval = setInterval(moveSnake,100);
allowPressKeys = true;
}
```

现在，玩家可以重玩、暂停和玩游戏了。添加如下代码：

```
function gameOver(){
  pause();
  window.alert('Game Over. Your score was ' + score);
  ctx.clearRect(0,0, canvas.width, canvas.height);
  document.getElementById('play_menu').style.display='none';
  document.getElementById('restart_menu').style.display='block';

}
```

当游戏结束时，玩家需要看到他们的分数，并且游戏区域需要重置。现在，来
添加与动效相关的函数：

```
function drawSnake() {
  if (snakeBody.some(hasEatenItself)) {
    gameOver();
    return false;
  }
  snakeBody.push([currentPosition.x, currentPosition.y]);
  ctx.fillStyle = 'rgb(200,0,0)';
  ctx.fillRect(currentPosition.x, currentPosition.y, gridSize, gridSize);
  if (snakeBody.length > snakeLength) {
    let itemToRemove = snakeBody.shift();
    ctx.clearRect(itemToRemove[0], itemToRemove[1], gridSize, gridSize);
  }
  if (currentPosition.x === suggestedPoint[0] && currentPosition.y ===
    suggestedPoint[1]) {
    makeFoodItem();
    snakeLength += 1;
    updateScore();
  }
}
```

从函数要处理的任务个数来看，drawSnake 函数是所有函数中最复杂的一个。
它做了如下事情：

- 检查蛇是否吃到了自己，如果是，则结束游戏。
- 在坐标系中追踪蛇的位置。
- 在画布上将蛇画出来。
- 清除蛇此前移动的区域，并画出蛇当前的位置，以此来展示出蛇在区域中移动。
- 追踪蛇是否吃了食物，如果吃了，则再生产出另一个食物，并将蛇变大以及
  更新分数。

添加这部分代码来启动一个新游戏：

```
function start () {
  ctx.clearRect(0,0, canvas.width, canvas.height);
  currentPosition = {'x':50, 'y':50};
  snakeBody = [];
  snakeLength = 3;
  updateScore();
  makeFoodItem();
  drawSnake();
  direction = 'right';
  play();
}
```

start 函数负责启动游戏，设置游戏的初始状态，然后调用 play 来开始游戏。添加如下代码来加载并启动游戏：

```
function initialize () {
  canvas = document.querySelector('canvas');
  ctx = canvas.getContext('2d');
  gridSize = 10;
  start();
}

window.onload = initialize;
```

initialize 函数会在应用加载后开始运行。它负责初始化一个与用户交互的 HTML5 canvas 对象，并调用 start 函数来开始游戏。

现在已经实现了游戏的大部分功能了。如果要使用 NW.js 来运行游戏，就应当能看到图 14.1 所示的样子。

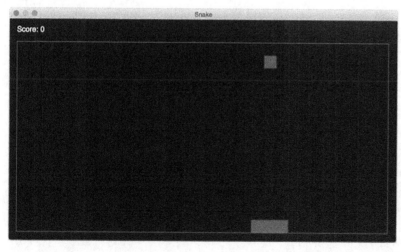

图 14.1　运行中的贪吃蛇游戏，不过还没有实现键盘控制

游戏功能已经具备了，但是你还不能控制这条蛇——它一直会绕着圆形路径转来转去。你需要实现键盘控制。

14.1.1 使用 NW.js 在视窗获取焦点的时候实现键盘快捷键

如果你需要在视窗获取焦点的时候控制应用，可以通过应用中的 JavaScript 代码来添加快捷键，而不需要使用 NW.js 的键盘快捷键 API。可以使用和浏览器相关的 JavaScript 代码来处理。

将这部分代码添加到 app.js 中 start 函数上方的位置：

```
window.document.onkeydown = function(event) {
  if (!allowPressKeys){
    return null;
  }
  let keyCode;
  if(!event)
  {
    keyCode = window.event.keyCode;
  }
  else
  {
    keyCode = event.keyCode;
  }

  switch(keyCode)
  {
    case 37:
      if (direction !== 'right') {
        moveLeft();
      }
      break;

    case 38:
      if (direction !== 'down'){
        moveUp();
      }
      break;

    case 39:
      if (direction !== 'left'){
        moveRight();
      }
      break;

    case 40:
      if (direction !== 'up'){
        moveDown();
      }
      break;
```

```
    default:
      break;
  }
};
```

这里，添加了一个事件监听器，当任何键被按下的时候都会触发它。然后再去检查是哪个键被按下了，如果是方向键，那就让蛇向这个方向移动。如果此时保存文件并通过终端应用的 nw 命令来重启应用的话，就可以使用上、下、左、右方向键来玩游戏了。

这在游戏中是没问题的，但是如果想在应用视窗没有获得焦点的时候也可以通过键盘来触发指令控制游戏，要怎么做呢？

这就要靠 NW.js 的键盘快捷键 API 了。可以将全局键盘快捷键和游戏绑定，这样就算视窗没有获得焦点，用户也可以通过键盘来暂停游戏。

14.1.2　使用 NW.js 来创建全局键盘快捷键

NW.js 的键盘快捷键 API 是用来为应用创建全局快捷键的，使得哪怕应用视窗没有获得焦点，快捷键对应的指令也会被执行。举一个例子，音乐播放器桌面应用中的媒体快捷键，哪怕音乐播放器没有获得焦点，你也可以用快捷键来暂停播放音乐。

假设，对于贪吃蛇应用，想使用 API 来暂停游戏，即使应用视窗没有获得焦点。假定通过按下 Ctrl+P 组合键来暂停游戏，或者恢复已经暂停的游戏。

首先，需要添加一个变量来追踪游戏当前是正在玩还是已经暂停的状态：

```
let currentState;
```

接下来，添加一个函数来处理玩游戏和暂停游戏这两种状态的切换。所以，当按下一个组合键的时候，会根据游戏当前的状态来进行暂停或者恢复游戏的操作：

```
function togglePauseState () {
  if (currentState) {
    if (currentState === 'play') {
      pause();
      currentState = 'pause';
    } else {
      play();
      currentState = 'play';
    }
  } else {
```

```
    pause();
    currentState = 'play';
  }
}
```

　　首次运行的时候，currentState 变量还未设置值，会被设置为 play（因为游戏默认自动开始），然后再暂停游戏。如果变量后来被设置为 pause，你就调用 play 指令并将当前状态设置为 play，反之亦然。

　　togglePauseState 函数可以将 Ctrl+P 组合键绑定到这个指令上。当 Ctrl+P 组合键被按下的时候要绑定这个函数，可以插入如下代码：

```
const pauseKeyOptions = {
  key:'Ctrl+P',
  active: togglePauseState,
  failed: () => {
    console.log('An error occurred');
  }
};
```

　　pauseKeyOptions 变量指明了要绑定的键是什么、该键被按下的时候执行什么动作，以及当指定的函数执行失败的时候怎么处理。随后，你可以将这个变量传递给 NW.js 的 Shortcut 类的某个新实例：

```
const pauseShortcut = new nw.Shortcut(pauseKeyOptions);
```

　　为了确认这个组合键能够在当前操作系统中工作，添加如下这行代码：

```
nw.App.registerGlobalHotKey(pauseShortcut);
```

　　这确保了当组合键被按下的时候，操作系统会识别到这个组合键，然后触发暂停 / 恢复的动作。你可以就这样将代码写在那，现在就完工了，但是有件事情要记住，你需要在游戏关闭的时候释放这个热键。要达到这个目的，添加如下这段代码：

```
process.on('exit', () => {
  nw.App.unregisterGlobalHotKey(pauseShortcut);
});
```

　　上述这段代码确保了当应用即将关闭的时候会释放绑定的组合键。如果现在保存文件并通过终端程序重启应用，就会发现可以通过 Ctrl+P 组合键来暂停游戏了，即使游戏视窗并没有获得焦点。

> ## 为什么在 Mac 中，Ctrl+P 实际上生效的是 Command+P
>
> 这里有点怪，不过在 Mac OS 中，NW.js 会将通过快捷键 API 指定的 Ctrl 键处理为 Command 键。即便在这个例子中指定的是 Ctrl+P 组合键，它也会在 Mac 中触发为 Command+P。
>
> Mac 使用 Command 键而不是 Ctrl 键作为快捷键的控制键（比如，在 Mac 中 Command+C 用来复制，和 Windows 中的 Ctrl+C 的效果是一样的）。

这个使用场景可能不常见，不过这证明了即便应用视窗没有获得焦点，你也可以使用 NW.js 并结合键盘来定义快捷键。使用这种方式的应用包括：音乐播放类应用，甚至是屏幕录制软件，这类软件不是通过鼠标单击按钮来开始和暂停的。

现在来看一下如何使用 Electron 来实现键盘快捷键。

14.2　使用 Electron 为贪吃蛇游戏创建全局快捷键

要与使用 Electron 实现快捷键进行比较，你需要使用 Electron 重新创建这个游戏。如果想直接获取一个可以工作的游戏版本，可以从本书 GitHub 仓库获取 snake-electron 应用的源代码。

两个版本的应用有很多类似的代码，不过对于实现键盘快捷键这部分有些不同。不仅 API 方法不同，而且访问这些 API 的方式也不同。

为了证明这一点，我会跳过同样的文件而关注在应用中实现全局键盘快捷键这部分上。

index.html 和 app.css 文件完全一样。在 app.js 和 main.js 文件中修改了一些代码。先从 main.js 文件开始，这个文件很重要，因为在 main.js 文件中，调用了 Electron 的 globalShortcut API。代码清单 14.1 所示的是 main.js 文件的代码。

代码清单 14.1　Electron 版贪吃蛇应用中的 main.js 文件

```
'use strict';

const {app, globalShortcut, BrowserWindow} = require('electron');   ← 从Electron加载
                                                                      globalShortcut
let mainWindow = null;                                                依赖

app.on('window-all-closed', () => {
  if (process.platform !== 'darwin') app.quit();
});
```

```
        app.on('ready', () => {
          mainWindow = new BrowserWindow({
            width: 840,
            height: 470,
            useContentSize: true
          });
          mainWindow.loadURL(`file://${__dirname}/index.html`);
          mainWindow.on('closed', () => { mainWindow = null; });
          const pauseKey = globalShortcut.register('CommandOrControl+P', () => {
            mainWindow.webContents.send('togglePauseState');
          });
          if (!pauseKey) alert('You will not be able to pause the game from the
            keyboard');
        });

        app.on('will-quit', () => {
          globalShortcut.unregister('CommandOrControl+P');
        });
```

注册键盘快捷键

当键盘快捷键触发时，向应用视窗分发事件

如果无法注册键盘快捷键，则给用户提示

当应用退出的时候，取消注册的键盘快捷键

Electron 中的 main 进程可以访问 globalShortcutAPI，因此，需要从 main.js 文件中加载它，然后用它来注册键盘快捷键。一旦模块被加载，就可以通过调用 register 和 unregister API 方法来添加和移除键盘快捷键。使用 Electron 创建快捷键不同的地方是，用于描述快捷键的字符串是 "CommandOrControl"，而不是 NW.js 中的 "Ctrl"。这反映出 Mac OS 使用 Command 作为快捷键的控制键而 Windows 和 Linux 则使用 Ctrl 键。Electron 足够智能，它能检测出应用所运行在的操作系统，并使用合适的快捷键。

由于键盘快捷键是在 main.js 中注册的，因此需要一个方法将消息传递给 renderer 进程来告诉它应用视窗在哪里，这样才能将游戏暂停下来。要实现这个功能，需要使用 webContents 模块将消息发送给应用视窗，这样 renderer 进程会收到消息并做出回应。为了显示这是如何工作的，代码清单 14.2 所示的是 app.js 文件中负责处理这部分逻辑的代码。

代码清单 14.2　Electron 版贪吃蛇应用中的 app.js 文件

```
const ipcRenderer = require('electron').ipcRenderer;

function togglePauseState () {
  if (currentState) {
    if (currentState === 'play') {
      pause();
      currentState = 'pause';
    } else {
      play();
```

通过 ES2015 的快捷方式从 Electron 中加载 ipcRenderer 模块

当键盘快捷键被按下时会触发的函数

```
      currentState = 'play';
    }
  } else {
    pause();
    currentState = 'play';
  }
}
ipcRenderer.on('togglePauseState', togglePauseState);  ◁─┐
```

当接收到
"togglePauseState"
事件以及消息时，触发
这个函数

ipcRenderer 模块接收一个从 main 进程通过 webContents 模块发送出来的事件。当 Ctrl（或者 Command）和 P 组合键被按下时，webContents.send 会发送一个名为 togglePauseState 的事件。随后，这个事件会被应用视窗中的 ipcRenderer 模块接收，然后触发同名的函数。

通过比较 NW.js 和 Electron 实现游戏中这个功能的不同，你会发现，Electron 中需要更多的代码来通过 IPC 使用 globalShortcut API。这其实是因为 NW.js 在前后端共享了 JavaScript 上下文，从而使得实现起来比较简单。

如果你想了解更多关于 Electron 中的 globalShortcut API，可以查阅这个文档：http://electron.atom.io/docs/api/global-shortcut/。

14.3　小结

本章介绍了如何使用 NW.js 和 Electron 为一款 2D 游戏添加快捷键功能，还学习了使用这两个框架是怎么实现快捷键的。除此之外，我们还介绍了如何添加任何时候都可以在计算机中使用的全局热键，即使应用视窗没有获得焦点的时候也能用。下面是本章的重点内容：

- 你可以像在 Web 页面中那样使用 document.onkeydown，以在应用中监听键盘按下的事件。
- 当使用 NW.js 实现全局热键的时候，在 Mac OS 中，Ctrl 键代表了 Command 键。
- 如果在应用中使用了键盘快捷键 API，确保取消了注册的全局热键，否则，其他应用的快捷键会被覆盖掉。

在第 15 章中，我们会介绍另外一个更贴近操作系统的交互方式——通过发送桌面提醒。

制作桌面通知

本章要点

- 在 Electron 中如何使用第三方 npm 模块来支持桌面通知
- 在 NW.js 中使用 HTML5 的通知 API 来实现桌面通知功能
- 结合 Twitter 制作实时推文通知应用

　　每天使用计算机工作的时候，我们喜欢打开一堆应用，然后一次只专注使用其中的一款。像聊天应用、文件下载器以及音乐播放器这样的应用可能会有一些通知，但是如果用户没有直接看到或者关注在应用上的话，就会错过这些通知。

　　操作系统提供的一个功能就是让通知以小型对话框的形式显示出来，并在所有打开的应用窗口的前面，通常是在桌面视窗的右上角，提醒用户关注一些重要的通知。NW.js 和 Electron 都提供了通知 API 来确保应用可以通过操作系统的通知系统进行事件交流。

15.1 关于你要构建的应用

在社交媒体的世界中，事件都需要被实时地追踪和监控。作为计算机的忙碌使用者，我们不可能花精力去一直盯着屏幕等着看有什么事件发生。举一个例子，你的应用监控了一个热点话题，并且你想让应用显示任何和这个话题有关的推文。你想提醒用户有人提到了 X，或者是一个洗衣液的牌子（在看了一个引人发笑的电视广告后），又或是一篇提到了一场沉闷的足球赛推文，用户想知道到底什么时候能进球。

针对这些使用场景，我做了一个名为 Watchy 的应用。当输入一个 Twitter 上你想要监控的关键词，这个应用会通过 Twitter 的 Streaming API，当有推文提到这个关键词的时候就会以桌面通知的形式展示出来。

如果你想看 Electron 版的应用，可以通过本书 GitHub 仓库 http://mng.bz/URx8 下载 watchy-electron 应用的源代码。

我们会先介绍如何使用 Electron 来构建这款应用，然后再介绍如何使用 NW.js 来实现。

15.2 使用 Electron 构建 Watchy 应用

Watchy 这款小型应用整合了 Twitter 的使用以及用于桌面通知的第三方库。你首先需要创建一个应用文件夹，然后创建一个名为 watchy-electron 的文件夹，最后再创建包含代码清单 15.1 所示内容的 package.json 文件。

代码清单 15.1　Electron 版 Watchy 应用中的 package.json 文件

```
{
  "name": "watchy-electron",
  "version": "1.0.0",
  "description": "A Twitter client for monitoring topics, built with Electron
    for the book 'Cross Platform Desktop Applications'",
  "main": "main.js",
  "scripts": {
    "start": "node_modules/.bin/electron .",
    "test": "echo \"Error: no test specified\" && exit 1"
  },
  "keywords": [
    "electron",
    "twitter"
  ],
  "author": "Paul Jensen <paulbjensen@gmail.com>",
  "license": "MIT",
```

```
  "dependencies": {
    "electron-notifications": "0.0.3",
    "electron ": "^1.3.7",
    "twitter": "^1.3.0"
  }
}
```

相比其他应用，package.json 包含了相对较多的依赖——依赖一个 Twitter API 客户端，还有 electron-notifications 模块，文档在这里，https://github.com/blainesch/electron-notifications。

下载了依赖的 Electron，主要在 scripts 字段中用到它，用于通过 npm start 启动应用。这意味着使用这种标准的方式通过命令行就可以简单地启动应用，不管是 NW.js 还是 Electron，这种方式都适用。

接下来看一下 main.js 文件，因为这是 Electron 在应用中首先启动的文件。main.js 文件中包含了配置 Twitter 客户端的代码，使用 Twitter Streaming API 根据关键词来查询，以及查询提到这个关键词的推文。这些推文随后会以桌面通知的形式显示出来。

在 watchy-electron 文件夹中创建 main.js 文件，并插入代码清单 15.2 所示的代码。

代码清单 15.2　Electron 版 Watchy 应用中的 main.js 文件

```
'use strict';

const {app, ipcMain, BrowserWindow} = require('electron');      为应用加载
const notifier = require('electron-notifications');    ◁——        electron-notifications
const config = require('./config');                             模块
const Twitter = require('twitter');
const client = new Twitter(config);       ◁——    使用Twitter API身
                                                 份凭证创建
let mainWindow = null;                           Twitter客户端

app.on('window-all-closed', () => {
  if (process.platform !== 'darwin') app.quit();         监听监控关键词的事件，
});                                                      比如"breakfast"这样
                                                         的关键词
ipcMain.on('monitorTerm', (event, term) => {       ◁——
  client.stream('statuses/filter', {track: term}, (stream) => {  ◁——
    stream.on('data', (tweet) => {                                  将关键词传递
      let notification = notifier.notify('New tweet', {    ◁——       给Twitter的
        icon: tweet.user.profile_image_url,                        streaming
        message: tweet.text                                        API，来获取
      });                                                          提到这个关键
    });                                     当接收到包含关键词的       词的推文
    stream.on('error', (error) => {         推文后，创建包含这些
      console.log(error.message);           推文的桌面通知
    });
```

```
    });
  });
app.on('ready', () => {
  mainWindow = new BrowserWindow({
    width: 370,
    height: 90,
    useContentSize: true
  });
  mainWindow.loadURL(`file://${__dirname}/index.html`);
  mainWindow.on('closed', () => { mainWindow = null; });
});
```

main.js 文件负责将 Twitter 客户端和通知模块连接起来，这样就能监听包含关键词的推文并将它们以通知的形式显示出来了。要实现这个功能，需要使用 API 身份凭证来创建一个 Twitter 客户端，身份凭证信息保存在 config.js 文件中。config.js 文件是从 config.example.js 文件复制来的，如下代码所示：

```
module.exports = {
  consumer_key: null,
  consumer_secret: null,
  access_token_key: null,
  access_token_secret: null
};
```

config.example.js 文件中的内容是一个对象，该对象中的键的值全是 null。思路是复制这个文件，保存为 config.js，然后将从 Twitter 获取到的应用的 API 身份凭证填写进去。

要获取 Twitter 的 API 凭证，需要创建一个 Twitter 应用，可以通过 https://apps.twitter.com 来创建。然后，将下面的 API 身份凭证信息复制到 config.js 文件中：

- 应用的 consumer key
- 应用的 consumer secret
- Access token key
- Access token secret

现在，可以实现应用的前端部分了。应用加载前端部分的 index.html 文件，代码清单 15.3 显示了该文件的内容。

代码清单 15.3　Electron 版 Watchy 应用中的 index.html 文件

```html
<html>
  <head>
    <title>Watchy</title>
    <link rel="stylesheet" href="app.css"/>
    <script src="app.js"></script>
  </head>
  <body>
    <form onsubmit="search();">
      <input type="text" placeholder="Monitor tweets about..." />
      <button type="submit">Monitor</button>
    </form>
  </body>
</html>
```

index.html 的界面简单使用了 HTML 的 form 元素，input 字段用于用户输入他们感兴趣的关键词，button 元素用来单击后提交查询。app.css 样式文件用来装饰界面，app.js 文件用来将关键词传递给后端。我们先来看一下 app.css 文件，如代码清单 15.4 所示。

代码清单 15.4　Electron 版 Watchy 应用中的 app.css 文件

```css
body {
  margin: 0px;
  padding: 0px;
  font-family: 'Helvetica Neue', 'Arial';
  background: #55acee;
}
input, button {
  padding: 1em;
  font-size: 12pt;
  border-radius: 10px;
  border: none;
  outline: none;
}
button {
  background: linear-gradient(0deg, #bbb, #fff);
  cursor: pointer;
}
form {
  margin: 1em;
}
```

上述样式装饰出来的应用如图 15.1 所示。

界面装饰好了，现在主要的问题是如何才能在后端获取到从前端传过来的用户在表单中输入的关键词，并在后端通过 Twitter 客户端来获取到，再通过 streaming API 将相关的推文显示为桌面通知。

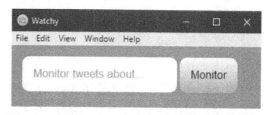

图 15.1　通过 Electron 运行在 Windows 10 上的 Watchy 应用

在 index.html 文件中，你会发现提交表单会触发一个名为 search 的 JavaScript 函数，该函数在 app.js 文件中，其代码如代码清单 15.5 所示。

代码清单 15.5　Electron 版 Watchy 应用中的 app.js 文件

```
'use strict';

const {ipcRenderer} = require('electron');        ◁── 加载Electron的ipcRenderer
                                                      模块，这样就可以将数据发
function search () {                                   送到后端了
  const formInput = window.document.querySelector('form input');
  const term = formInput.value;                   ◁── 获取通过表单
  ipcRenderer.send('monitorTerm', term);              输入的关键词
  return false;
}                                                 通过ipcRenderer模块
                                                  将关键词发送给后端
```

表单用到的 search 函数，获取了用户在表单中输入的关键词，并通过 Electron 的 ipcRenderer 模块将其发送给了后端的 Twitter 客户端。

现在，如果你通过命令行程序运行 npm start，就能将应用启动起来。如果你输入要搜索的关键词，然后按下回车键，就能看到通知在桌面右上角显示出来，如图 15.2 所示。

图 15.2　Watchy 显示了一条提到 "breakfast" 的推文

你能看到一系列推文会以通知的形式显示在桌面右上角，什么样的推文会显示取决于在应用中输入的关键词（如果关键词很流行的话，你会不断地收到提醒，根本停不下来）。

这个应用证明了如何使用 Twitter 和 Electron 提供的桌面通知功能来构建一个 Twitter 关键词监控工具。在下一节中，我们将介绍如何使用 NW.js 来实现同样的应用。

15.3　使用 NW.js 构建 Watchy 应用

NW.js 实现桌面通知的方式和 Electron 不同，而且自从 Google Chrome 浏览器支持了桌面通知后，NW.js 从版本 0.12 到 0.14 实现桌面通知的方式也不同。

NW.js 从版本 0.12 发展到 0.14，由使用原生的通知切换成使用 Google Chrome 桌面通知 API。这意味着，你可以使用 https://developer.mozilla.org/en-US/docs/Web/API/Notification 介绍的通知 API。不过，要在 NW.js 中使用的话，还有一点区别，我会进行相关介绍——而且这很重要，因为有相当一部分人在 NW.js 中使用通知 API 的时候会遇到问题。但我会先介绍如何创建这个应用，如果你想直抵目标，可以从本书 GitHub 仓库 http://mng.bz/UD6r 获取 watchy-nwjs 应用的源代码。

最佳的开始位置就是 package.json 文件，如代码清单 15.6 所示。

代码清单 15.6　NW.js 版 Watchy 应用中的 package.json 文件

```
{
  "name": "watchy-nwjs",
  "version": "1.0.0",
  "description": "A Twitter client for monitoring topics, built with NW.js
    for the book 'Cross Platform Desktop Applications'",
  "main": "index.html",
  "scripts": {
    "start": "node_modules/.bin/nw .",
    "test": "echo \"Error: no test specified\" && exit 1"
  },
  "keywords": [
    "twitter",
    "nwjs"
  ],
  "window": {
    "toolbar": true,
    "width": 370,
    "height": 80
  },
  "author": "Paul Jensen <paulbjensen@gmail.com>",
  "license": "MIT",
```

```
  "dependencies": {
    "nw": "^0.15.3",
    "twitter": "^1.3.0"
  }
}
```

　　package.json 文件中声明了一些 npm 模块的依赖，还包含一个在命令行应用中通过 npm start 可以快速启动应用的方法。接下来，通过 npm install 来安装依赖，并添加 index.html 文件，它和代码清单 15.3 展示的 Electron 版的一样。index.html 文件载入 app.css 文件（这个文件和代码清单 15.4 展示的 Electron 版应用中的也是一样的），然后添加 app.js 文件，其代码如代码清单 15.7 所示。

代码清单 15.7　NW.js 版 Watchy 应用中的 app.js 文件

```
'use strict';

const Twitter = require('twitter');         载入Twitter客户端，并
const config  = require('./config');        传递API身份凭证配置
let term;
const client = new Twitter(config);         声明一个JS变量来
let notify = Notification;                   获取对Notification
                                            全局变量的引用
function notifyOfTweet (tweet) {
  new notify(`New tweet about ${term}`,      使用该变量来
    {                                        创建新的通知
        body: tweet.text,
        icon: tweet.user.profile_image_url
    }                                        将推文文本以及用户
  );                                         的头像照片作为body
}                                            和icon属性传递给通知

function search () {
  const formInput = window.document.querySelector('form input');
  term = formInput.value;
  client.stream('statuses/filter', {track: term}, (stream) => {
    stream.on('data', notifyOfTweet);        订阅streaming API后，将
    stream.on('error', (error) => {          推文传递给notifyOfTweet
      alert(error.message);                  函数
    });
  });
  return false;
}
```

　　现在你已经完成了应用绝大部分的代码。最后一件事是创建一个复制自 config.example.js 的文件，以 config.js 名字来保存，然后将 Twitter API 身份凭证信息添加进去：

```
module.exports = {
  consumer_key: null,
```

```
  consumer_secret: null,
  access_token_key: null,
  access_token_secret: null
};
```

　　将 Twitter 应用的 API 身份凭证信息复制到那个文件中后，就可以通过 npm start 来运行应用了。应用启动后，输入一个关键词，你就能看到通知开始出现在屏幕的右上角了，如图 15.3 所示。

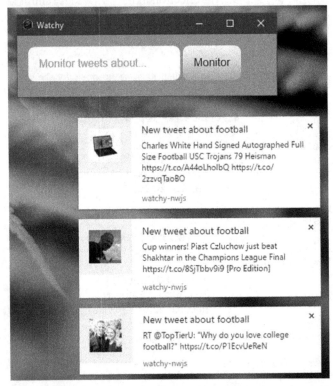

图 15.3　运行在 Windows 10 中的 NW.js 版 Watchy。注意，桌面通知是如何被显示在右上角的，和 Google Chrome 的桌面通知一模一样

　　由于 NW.js 在应用前后端部分共享了上下文，所以不需要通过进程间通信来传递数据。Twitter 客户端也可以和 search 函数放在一个地方，直接获取界面上用户输入的关键词。从某种程度上来说，这让应用更简单，因为你不需要担心在不同进程间传递数据，但是与此同时，在大型桌面应用中，代码如果不及时重构或者清理的话，很快会变得很难维护。

15.4 小结

在本章中，我们使用 Electron 和 NW.js 实现了一个实时推文监控应用。你学习到了两个框架各自是如何实现桌面通知的，以及如何在它们中使用桌面通知，下面是一些关键点：

- 要在 Electron 中使用桌面通知，可以通过 npm 使用 electron-notifications 模块。
- NW.js 从 0.14 版开始，切换到了使用 Google Chrome 的通知 API，而此前版本的 NW.js 则使用了另外一个实现。
- 使用桌面通知的时候要注意——尽管这个功能很实用，但也不能滥用，否则会"污染"用户桌面（我发现，如果你在 Watchy 应用中输入关键词 NFL 的话就悲剧了）。

在第 16 章中，我们将从开发应用转移到如何来测试应用，这样你就可以充满自信地添加新功能以及修改代码了，同时这也是正确构建应用的方式。

第4部分

准备发布

一旦桌面应用的功能开发完毕，剩下的最后几步就是确保代码都被测试过、缺陷也被发现并修复，并且应用针对多个操作系统都有了构建包。这部分将介绍如何为桌面应用编写测试、如何调试、定位性能问题以及如何为应用生成二进制执行包。

在第 16 章中，我们会介绍测试桌面应用的方法，使用像 Mocha、Cucumber 以及 Devtron 这样的工具。然后我们会继续为应用发布做准备，会介绍使用调试工具来帮助解决定位性能问题。本书的最后一章，会介绍几种方法让应用可以安装在 Windows、Mac 和 Linux 系统中。

测试桌面应用

本章要点

- 理解测试桌面应用的重要性
- 介绍不同的测试应用的方法
- 使用 Mocha 来写单元测试
- 使用 Spectron 测试 Electron 应用
- 使用 Cucumber 来实施行为驱动开发

回首自己 2006 年刚开始编程的时候，我根本不知道如何测试软件，也不明白为什么要这么做。然后，有一天，我准备给一个客户演示一款产品的 demo，在开始前 20 分钟修改了一些代码。当我给客户演示的时候，它崩溃了。如果我当时为应用写了测试的话，就能提前发现应用崩溃这个问题，避免后面尴尬的情形。这就是其中一个你不应该在没有测试的情况运行代码的原因（或者，在那个例子中，在产品演示前做"最后一分钟（last minute）"修改）。

感谢我的同事 Matt Ford（他运营一家数字咨询公司 Bit Zesty），坐在我旁边向我介绍如何使用 RSpec 在 Ruby 中做单元测试。自那以后，我学会了以 TDD 的形式为我的代码书写测试来提升工作的质量。

我并非是唯一一个没有意识到测试应用这个问题的人，在我的职业生涯中，我发现很多地方测试这件事情都不为人知，或者被那些"没有时间写测试"的人所忽视（这是一位产品经理告诉我的）。我可以告诉你我的经验之谈，没有测试的应用是经受不住时间的考验的。同理，你能安心乘坐一架相应的软件都没有被测试过的飞机吗？或者是那些存储了对你来说很重要的数据的应用——如果它们崩溃了，或者发生更严重的情况，直接把你的数据弄丢了？测试是你在创建应用时的一张安全网，这个明智的选择可以帮助我们在开发同一款应用的时候不会导致意外的错误。

我会介绍几种不同的测试应用的方法。我们先从基础任务开始——使用 Mocha 来对你的代码进行单元测试，Mocha 是一款用于 Node.js 的测试工具。然后，我会进一步测试功能组件以及使用 Cucumber 从用户角度来测试应用如何工作。我还会介绍 Spectron，一款用于测试 Electron 应用的优秀工具。这样你将会对测试应用时该选择什么样的软件有一个了解。

目标是让你充分理解如何测试桌面应用。构建经常在用户面前出问题的应用是没有意义的——用户会放弃使用并选择其他可以替代的应用。

准备好进一步了解了吗？开始吧！

16.1　测试应用的不同方法

测试应用的方法有很多种——比如，测试驱动开发（TDD）和行为驱动开发（BDD）。它们是什么，我们应该学习吗？本章接下来的几节就会回答这些问题。你会对软件测试有足够的理解从而找到适合自己的测试方法。如果你已经了解这些技术了，那么可以直接跳到 16.2 节。

16.1.1　测试驱动开发

测试驱动开发（TDD）指的是在写代码前先写测试。测试用例会失败（因为还没写实现代码呢）。然后开发者要为这个功能编写实现代码，让测试能够通过。一旦测试通过，开发者就可以重构代码（如果有需要的话），然后接着实现下一个功能。这个过程叫作红 - 绿重构，如图 16.1 所示。

红 - 绿重构循环背后的思想是通过提供一个结构化开发软件的方法，来提高开发者的生产效率。它要求你思考并严格执行在编写生产代码前先写测试代码。一旦你为应用写了测试，就能够编写应用代码了。先写哪部分应用代码是由测试代码决定的。这有助于让你思考先实现什么，同时减少决策的次数，能够让你更加专注和高效。

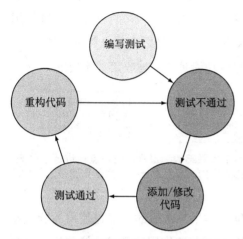

图 16.1　红 - 绿重构循环。首先，写测试代码；然后测试不通过；接着写 / 修改应用代码；然后测试通过，同时完成功能开发；最后，可以对代码进行重构，可以很安全地进行重构，因为一旦破坏了功能，测试就会失败

随着代码的编写，测试就开始了，只要测试充分覆盖了需要实现的内容，开发者就可以非常自信地通过重构来提升代码的质量。如果测试通过了，那么说明这个实现很好——不过，如果失败了，开发者需要判断为什么失败并修复它。这是一张用来帮助开发者的安全网。

不得不承认，并不是所有人都喜欢 TDD。在 2014 年，David Heinemeier Hansson（Ruby on Rails 的作者）写了一篇名为"TDD 已死，测试永存"的博文。他描述了他过去几年实践 TDD 的经验以及他是如何得出 TDD 影响了他设计优秀软件的能力这一结论的（此文值得一读：http://mng.bz/sXUJ）。随后网上还有 Kent Beck 和 Martin Fowler 对于这篇文章观点的讨论：http://mng.bz/Iy3O。

围绕 TDD 最有意思的争论点是软件社区德高望重的前辈们持有不同的意见——对于 TDD 解决的问题，TDD 并非是唯一正确的答案。

所以，应该使用 TDD 来构建我们的应用吗？我的建议是不妨试试，看看是否对你有用。如果无效，不要担心——还有其他选择，比如我们接下来要介绍的。最重要的是找到对你以及周围其他人有效的方案。

16.1.2 行为驱动开发

行为驱动开发（BDD）是 TDD 的变种，其理念受验收测试（从用户的角度来检查软件是否能如期工作）的影响。TDD 关注在开发者的工作流中，而 BDD 不仅关注开发者的工作流，还关心其他利益相关者（如，用户）。它的目标是通过使用一种通用的语言来描述软件的需求，从而在这些利益相关者之间建立起有效的协作。图 16.2 所示的是一个流程图，展示了产品的特性功能是如何被收集并实现的。

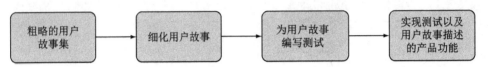

图 16.2 使用 BDD 收集功能需求并实现的流程。用来串联起敏捷流程，它对流程进行了补充，使用 Cucumber 这样的工具来帮助更好地描述用户故事，用一种通用的语言来为用户故事写测试，以及实现这些测试

从图 16.2 中我们能看到 BDD 是如何帮助充实用户故事的。通过使用和验收测试类似的风格，BDD 鼓励用一系列用户故事来帮助收集应用的需求。这些用英语写成的用户故事，帮助描述功能应该如何工作。以这个功能为例：

```
Feature: Search
    In order to locate a file quickly
    As a user
    I want to filter files by their name

    Given I have opened the application
    And I am browsing the contents of my "documents" folder
    When I type "expenses" into the search bar
    Then I should see a file called "expenses"
    And I should not see "invoices"
```

这个示例的用户故事是基于此前在本书中构建的 Lorikeet 应用的。它从一个用户的角度用简单的词汇描述了这个应用功能是如何工作的，同时帮助提供了针对该功能的一些验收标准。有了这个用户故事，你就可以编写用来测试应用的代码了——描述功能如何工作的文档也指明了如何来测试应用。这确保了产品是根据那个真正会使用它的用户的标准来工作的，这通常被认为是软件开发中的一个难题。

BDD 可以让开发者以一种方式来实现对应用的测试，这种方式就是确保功能是用户所期望的。换句话说，测试一个应用并非只是"写测试并让测试通过"。软件测试有不同的级别。在下一节中，我们会进一步介绍如何进行不同层面的测试。

16.1.3　不同层面的测试

软件开发者为应用编写测试的时候，有三种不同层面的测试：

- 单元测试
- 功能测试
- 集成测试

单元测试主要专注代码中函数这个层面，这些函数通常是开放的 API 方法。功能测试关注这些方法整合起来后是否工作正常（主要是组件层面）。集成测试关注这些组件组装起来作为一个用户可以用的功能是否工作正常。图 16.3 展示了不同层面的测试。

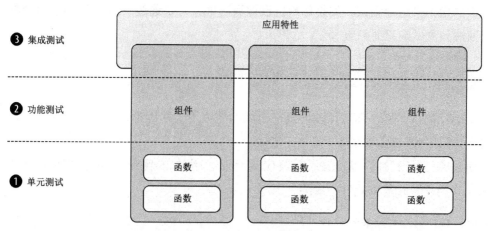

图 16.3　软件测试栈中不同层面的测试。单元测试覆盖了软件功能中粒度最小的元素。功能测试是在单元测试基础上，测试各个函数之间的工作是否正常，是组件层面的。集成测试也沿用了这种模式，测试组件之间的交互是否正常

从图 16.3 可以看出，栈的底部是单元测试，它负责检查每个功能单独是否工作正常。接下来是功能测试，检测组件中各个函数之间工作是否正常。要检测组件之间是否工作正常，则是集成测试这个层面来负责的。

接下来，我们从单元测试开始，详细介绍各个层面的测试。

16.2　单元测试

单元测试负责测试单个函数是否工作正常。这有点像检查一辆车的每个部分是否按序工作正常。说到桌面应用的单元测试——笼统来说就是 Node.js 单元测试——

使用最广的就是 Mocha 测试框架了。在下一小节中，我们会介绍什么是 Mocha，以及如何使用它来对你的应用进行单元测试。

16.2.1　使用 Mocha 编写测试

Mocha 是一款 Node.js 的测试框架。它在服务端和客户端都能用（测试桌面应用的理想之选），并且提供了非常多的功能。

假设你想对此前构建的 Lorikeet 文件浏览器应用中的一个函数做单元测试。在本书 GitHub 仓库中有 NW.js 和 Electron 版本的 Lorikeet 文件浏览器应用的代码，lorikeet-test-nwjs 和 lorikeet-test-electron。

这些应用中包含了测试代码，可以运行它们来看看效果，可根据 README.md 文件中的指令来运行测试。如果你想自己编写测试，可以通过下面这个 git 命令将代码回滚到测试编写前的版本：

```
cd cross-platform-desktop-applications/chapter-16
git checkout -b before-tests-added
```

要运行测试示例，你可以随便挑一个版本的应用（代码都是一样的），接下来，我们会介绍用 Mocha 来编写一些单元测试。

通过命令行程序，进入 Lorikeet 应用目录，并在该目录下通过如下命令将 mocha 作为开发时的依赖进行安装：

```
npm install mocha --save-dev
```

现在，创建一个名为 test 的文件夹，用来存放你的测试代码。取名为 test 有两个原因：这个名字一看就知道里面放了什么代码，mocha 执行的时候默认是找 test 文件夹来执行测试脚本的。

接下来看一个 Lorikeet 应用中具体的文件，并且测试其中一个函数来确保它工作正常：search.js 文件，它负责对文件进行过滤。你要写一个测试来确保下面这些工作运行正常：

- 查询到的结果要和搜索关键词匹配。
- 查询到的结果不会包含和关键词不匹配的内容。

在 test 文件夹中创建一个名为 search.test.js 的文件，然后插入代码清单 16.1 所示的代码。

代码清单 16.1　使用 Mocha API 来编写一个测试

```
'use strict';

const lunr = require('lunr');
const search = require('../search');

describe('search', () => {
  describe('#find', () => {
    it('should return results when a file matches a term');
  });
});
```

> describe 函数是 Mocha 提供的，并定义测试的上下文

> it 函数也是 Mocha提供的，定义了一个测试用例

我现在会介绍 Mocha 的 DSL。在文件顶部是常规的加载代码库的声明，然后是 describe 函数，它的任务是接收一个字符串名字，表示你要测试的内容，然后是一个函数，它会执行另一个嵌套的 describe 或者是一系列通过 it 定义的测试。it 函数负责执行一个测试，该函数接收一个参数，用于描述要测试的内容。由于你还没有写实现代码，所以就像现在这样放在那——一个待完成的测试。

如果你现在通过终端程序运行 node_modules/.bin/mocha 命令，应该能看到如图 16.4 所示的结果。

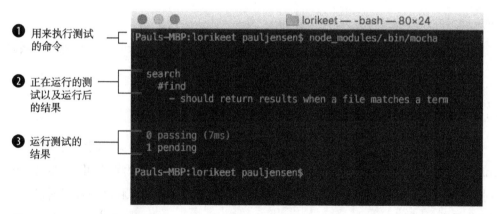

❶ 用来执行测试的命令

❷ 正在运行的测试以及运行后的结果

❸ 运行测试的结果

图 16.4　Mocha 正在运行测试。should return results when a file matches a term 以及 1 pending 表示测试待完成

从图 16.4 中可以看到没有通过的测试以及一个待完成的测试。接下来，开始实现那个待完成的测试。

16.2.2　让待完成的测试变成执行通过的测试

要测试对于文件进行基于某个搜索关键词的搜索是否工作正常，你需要完成如图 16.5 所示的步骤。

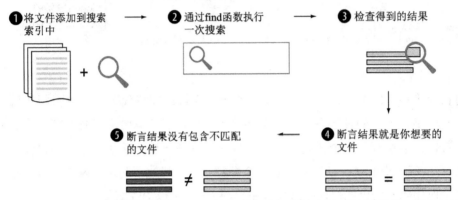

图 16.5　单元测试的流程。 通过以下步骤来测试查询功能，对示例文件进行索引、针对关键词执行搜索、检查搜索结果是否是预期的，并且确保无关的内容没有被搜索出来

要实现测试代码，先加载 Node.js 的 `assert` 代码库，用它来实现测试中的断言。

```
const assert = require('assert');
```

这个库用来检查测试是否匹配验收标准。如果满足，则返回 true，否则，抛出错误。

接下来，将 Lunr.js 绑定到全局作用域中：

```
global.window = {};
global.window.lunr = lunr;
```

因为 Lunr.js 是一个客户端代码库，它需要绑定到 `window` 对象上，所以你在 Mocha 中模拟了（创建一个了替身）`window` 对象来确保这个代码库可以被正常访问到。在这之后，在待完成的测试代码中添加一个函数来实现测试代码，如代码清单 16.2 所示。

> **代码清单 16.2　设置一个能执行而不是待完成的 Mocha 测试**

```
it('should return results when a file matches a term', (done) => {

});
```
←──── 这里插入你的测试代码

这里，扩展了初始的待完成的测试，加入了一个回调函数，以 done 为名称。在测试中所有的异步代码执行完毕后会调用一次 done 函数。在函数内部，添加一些代码注释来记录代码的执行过程，如代码清单 16.3 所示。

代码清单 16.3   用测试代码来充实 Mocha 测试

```
it('should return results when a file matches a term', (done) => {

  const seedFileReferences = [                          ←──  示例数据（对种子
    {                                                        文件的引用），用
      file: 'john.png',                                      于搜索功能的索引
      type: 'image/png',
      path: '/Users/pauljensen/Pictures/john.png'
    },
    {
      file: 'bob.png',
      type: 'image/png',
      path: '/Users/pauljensen/Pictures/bob.png'
    },
    {
      file: 'frank.png',
      type: 'image/png',
      path: '/Users/pauljensen/Pictures/frank.png'
    }
  ];

  search.resetIndex();                                  ←──  重置搜索索引来确
  seedFileReferences.forEach(search.addToIndex);             保在添加种子文件
                                                             到搜索索引前，索
  search.find('frank', (results) => {                        引是干净的
    assert(results.length === 1);
    assert.equal(seedFileReferences[2].path, results[0].ref);
    done();
  });
});
```

（左侧批注）为frank关键词执行一次查询操作并检查结果

search.test.js 文件最终应该如代码清单 16.4 所示。

代码清单 16.4   用于 Lorikeet 应用的 search.test.js 文件

```
'use strict';

const assert = require('assert');
const lunr = require('lunr');
const search = require('../search');

global.window = {};
global.window.lunr = lunr;

describe('search', () => {
  describe('#find', () => {

    it('should return results when a file matches a term', (done) => {

      const seedFileReferences = [
        {
          file: 'john.png',
```

```
        type: 'image/png',
        path: '/Users/pauljensen/Pictures/john.png'
      },
      {
        file: 'bob.png',
        type: 'image/png',
        path: '/Users/pauljensen/Pictures/bob.png'
      },
      {
        file: 'frank.png',
        type: 'image/png',
        path: '/Users/pauljensen/Pictures/frank.png'
      }
    ];

    search.resetIndex();
    seedFileReferences.forEach(search.addToIndex);

    search.find('frank', (results) => {
      assert(results.length === 1);
      assert.equal(seedFileReferences[2].path, results[0].ref);
      done();
    });

  });

});
});
```

这里，你创建了一些种子文件（表示要传给模块的数据）。然后将这些文件传递给搜索模块的 addToIndex 函数，来对它们建立搜索索引。然后，你调用了 find 函数（就是想要测试的那个函数），并传递了关键词 'frank'，再检查是不是只获得了一个搜索结果，并通过比对文件路径，检查搜索结果中包含的文件名是否是同样的 frank.png 文件名。如果是，你就调用 done 函数来表示结束。

如果你现在试着运行这个测试，可以得到图 16.6 所示的结果。

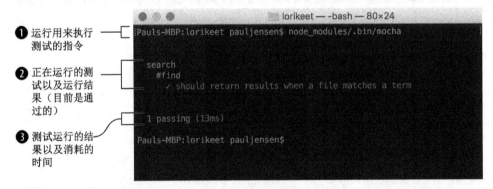

图 16.6　单元测试现在通过了。之前蓝色的部分现在变成了绿色，并且前面还有一个钩。这意味着它通过了，你可以接着测试其他函数或者将现在这个函数重构得更好

这是一个简单的为一个桌面应用实现单元测试的例子。我希望你能从这个例子中学到的是，知道如何使用 Mocha 来对单个 JavaScript 函数进行单元测试，因为这将帮助你对代码进行简单层面的测试。在写测试的时候，我建议首先在测试中以代码注释的形式记下你要测试的内容，并在你知道如何实现这个单元测试的时候再把代码写出来。

> **除了 Mocha 还能用其他测试框架吗**
>
> Mocha 是在 Node.js 中用得最多的测试库，不过它也不是唯一的选择。还有其他一些选择也值得关注。
>
> Jasmine，从 Pivotal 实验室开始到现在已经存在了很久的 JavaScript 测试框架，可以在 JavaScript 环境中使用，它有一套和 Mocha 差不过的 DSL。你可以通过 https://github.com/jasmine/jasmine 了解更多关于 Jasmine 的信息。
>
> 另外一个是来自 Sindre Sorhus 的 Ava。Ava 是 Node.js 的一个测试执行器，它通过把测试以独立的进程并行来执行使得执行速度变得很快。其想法就是每个测试的状态都是互相独立的——意味着单个测试可以放在一个有别于其他测试的独立的进程中，这样执行起来就快了。查看 https://github.com/avajs/ava 可了解更多相关知识。

接下来，我们继续从测试栈中往上看一层，来到功能测试。

16.3　功能测试

功能测试风格上和单元测试类似，但是关键的区别是，测试的是一个组件中不同函数之间是如何一起工作的。你可能会争辩说，用作单元测试的例子技术上来说其实算功能测试，因为，尽管只是测试了一个函数，但是这个函数要依赖一系列其他函数（resetIndex 函数、addToIndex 函数以及这一切背后的 Lunr.js 库）工作正常。换句话说，功能测试是检查一组函数是否如预期那样工作，而单元测试则只关心单个函数是如何工作的。功能测试就像检查一辆车上的碟刹是否安装正确，并且当刹车的时候是否工作正常。

你需要知道：修改了一个模块中的函数会影响其他模块中的函数。为了更好地说明这一点，假设你有一个桌面发布工具。新功能来了，团队中其他成员实现这些新功能，并且现有的代码需要修改来和新功能一起工作。举一个例子，在应用中引入一个扩展功能，可以让第三方开发者开发扩展，在工具栏中添加按钮。然后，其他人过来重构了工具栏的实现，修改了访问 API。这会破坏第三方扩展，因为用来在工具栏中添加按钮的 API 已经改了。像这一类破坏性的修改就应该由功能测试来发现。

16.3.1　功能测试实践

功能测试的挑战是需要知道哪个模块和其他的模块 / 上下文有交互，并且要知道如何对它们进行测试。在 search 函数单元测试的例子中，我们伪造了浏览器中默认可以访问的 window 对象。在功能测试中，你要尽可能地用真正的组件。在 Lorikeet 文件浏览器应用中，绝大部分模块都设计成是互相独立的。app.js 文件中有模块间的交互，所以，这是需要进行功能测试的地方。

我们将继续关注在搜索功能上，来测试工具栏中的搜索框是否可以对显示在主区域中的文件进行过滤。这对以下应用中的元素进行了测试：

- userInterface.js 文件中的 bindSearchField、resetFilter 以及 filterResults 函数。
- search.js 文件中的 find 函数。

你需要在应用运行的环境中进行测试（而不是尝试去伪造像 DOM 这样的环境）。你需要一个办法能够在应用中对其进行测试，并且可以自动在搜索框中进行输入以及检查在可视区域中看到的结果。

16.3.2　使用 NW.js 和 ChromeDriver 进行测试

通过 ChromeDriver 测试 NW.js 应用既复杂又对开发者不友好，它需要大量修修补补的工作。在老版本的 NW.js（0.12）中，有一个关于使用 ChromeDriver 测试 NW.js 应用的例子，但是后来，随着各种代码库的升级，现有的测试集不能用了，而且要修复它们的话需要耗费大量的时间。你肯定也不想在开发和测试应用的时候成天和工具和相应的代码库进行斗争。鉴于此，我不打算介绍如何在 NW.js 中进行功能测试，而是只介绍 Electron 的。

但愿在将来，测试 NW.js 的应用能够变得容易一些。

16.4　使用Spectron测试Electron应用

一些开发者发现试着将 ChromeDriver 和 WebDriver 运行起来是一个痛苦的过程，特别是当你试图去找文档和一个可用的示例时。在 Electron 社区中，有专门的工具将 ChromeDriver 和 WebDriver 整合到一个 Node.js 模块中，提供了相对简单的方法来测试桌面应用。这个工具的名字叫作 Spectron，它的文档在 http://electron.atom.io/spectron/。

Spectron 是以 npm 模块发布的，可以通过如下命令将其安装在 lorikeet-electron 应用中：

```
npm install spectron --save-dev
```

现在，你可以创建一个文件来测试 Lorikeet 应用中的一个功能：双击文件夹查看其内容。将该文件放到 test 文件夹中并取名为 folderExplorer.test.js。

要使用 Spectron，你需要将其引入测试代码中，并且进行设置将应用启动起来。在 folderExplorer.test.js 文件中，添加代码清单 16.5 所示的代码。

代码清单 16.5　开始实现 folderExploer.test.js 文件

```
'use strict';

const Application = require('spectron').Application;        在test文件中载
const assert = require('assert');                          入Spectron作
const osenv = require('osenv');                            为依赖的模块
const path = require('path');
                                                           创建一个对Electron
let app;                                                   二进制文件路径的
let electronPath = path.join(__dirname, '../node_modules/.bin/electron');  引用
let entryPointPath = path.join(__dirname, '../main.js');
if (process.platform === 'win32') electronPath += '.cmd';   创建一个对应用
                                                            入口（main.js）
如果在Windows系统中，                                         的引用
则为Electron二进制文件
路径添加.cmd文件扩展名
```

在上述代码中，加载了依赖的模块，其中包含 Node.js 的 assert 模块以及 path 模块。Spectron 库也是作为模块加载进来的，并且使用 Application 模块来协助启动应用，其底层用到了 ChromeDriver 和 WebdriverIO。代码清单 16.6 展示了如何处理 Electron 应用的启动。

代码清单 16.6　使用 Spectron 启动 Electron 应用

```
describe('exploring folders', () => {

  beforeEach(() => {
    return app = new Application({
      path: electronPath,
      args: [entryPointPath]
    });
  });
});
```

初始化Spectron
的Application类
的实例

将Electron二
进制文件的路
径传递进去

将应用入口文件的
绝对路径传递给
Application实例

这实质上是对启动应用的一种封装，通过 ChromeDriver 将 Electron 的二进制文件路径以及应用入口传递给它。这是对设置启动应用进行功能测试最少的要求，不过更多的配置项也有，请看 https://github.com/electron/spectron#application-api。

现在你需要让应用运行你的代码并检测是否你双击了一个文件夹并导航到了该文件夹路径。从 Spectron 的 Application 类返回的应用实例对 WebDriver 客户端 API 进行了封装（参见 http://webdriver.io/api.html 可了解更多）。这份文档值得一读，可以感受一下测试代码是"长"什么样的。API 方法可以触发一系列用户行为。

我们想要启动应用、双击名为 Documents 的文件夹，然后检查是否导航到了 Documents 文件夹。如果所有这些条件都满足，则测试通过。我们将使用 Mocha 风格的语法来写测试代码并将它和 Spectron 中的 Promise 风格整合在一起，代码清单 16.7 展示了测试代码。

代码清单 16.7　测试通过双击可以导航到文件夹中的内容

```
it('should allow the user to navigate folders by double-clicking on them',
    function (done) {

  function finish (error) {
    app.stop();
    return done(error);
  }

  let documentsFilePath = path.join(osenv.home(),'/Documents');

  this.timeout(10000);
  app.start().then(() => {
    return app.browserWindow.isVisible();
```

Documents
路径用来找
到带图片的
文件夹，从
而对其进行
双击操作并
验证测试

创建一个便捷方法，当遇
到错误时停止应用，并执
行Mocha的回调函数

设置10秒
超时时间
（为启动
比较慢的
机器）

触发启动
应用

检查应用是否已经
启动并且可见

```
}).then((isVisible) => {
  assert.equal(isVisible, true);
}).then(() => {
  return app.client.doubleClick(`//img[@data-
  filepath="${documentsFilePath}"]`);
}).then(() => {
  return app.client.getText('#current-folder');
}).then((currentFolder) => {
  assert.equal(documentsFilePath, currentFolder);
})
.then(finish)
.catch(finish);
});
```

使用Documents文件夹路径来找到img元素，并双击它

获取工具栏中当前文件夹元素的文本

检查文本是否和双击的文件夹路径一致

如果一致，测试通过，并调用finish函数

如果不一致，则抛出错误，并由finish函数来捕获错误

如果你现在是使用 npm test 来运行测试的，会发现应用打开了、双击了一个文件夹、检测文件夹是否在应用中被查看了，然后在测试完成后又把应用关闭了。这展示了在 Electron 中实现一个功能测试相对而言是多么简单，它真的会打开应用并像真实用户那样去使用应用，可以让我们编写测试来检测真实世界中的情况。

现在，我们来看一下顶层的集成测试。

16.5　集成测试

集成测试又被称为端到端测试（E2E），它测试的层面是将整个用户使用过程转化为一组组测试并检测整个使用过程是否正确，过程中没有任何模拟环境和隔离。一切该怎么运行就怎么运行，而且所有功能都会被测试到。这是在一个应用中完成的最全面的测试了。在有些情况下，应用只做集成测试（不做单元测试，因为更多的代码会被集成测试覆盖到）。

集成测试是怎么样的呢？举一个例子，Lorikeet 的用户可能想要找一个图片文件，然后用他们喜欢的图片编辑器打开。他们需要打开应用，可能要输入图片的名字，然后双击它。这测试了应用中的多个功能，和功能测试一样，需要尽可能地在真实场景中进行测试。

正如前面提到和证明的，可以结合 Mocha、Selenium 和 WebDriver 来帮助做自动化测试，不过这种方法有一个问题，只有开发者明白这种方法。需要一个折中的方案来帮助负责产品的人、用户以及开发者都能理解应用是如何运行的以及如何进行验收测试的。来看看 Cucumber 吧！

16.5.1　Cucumber 介绍

Cucumber 的作者 Aslak Hellesøy 说，Cucumber 被认为是"世界上被误解最深的测试工具"。Cucumber 是一个工具，帮助开发者使用普通的英语来描述软件每部分是如何工作的。目标是提供一种方法，让开发者、产品负责人以及用户（还有其他相关者）都能理解关于软件是如何工作的。它提供了一种明确定义客户期望和开发者规范的软件文档来源。

对于开发者，Cucumber 看起来是怎样的呢？它是从软件管理流程中的需求定义出发的，并且是从用户 / 客户的视角出发的。回到此前的例子，假设你要测试打开一个文件夹中的图片文件这个功能，可以使用下面的用户故事来描述这个需求：

```
In order to see photos that I'm currently interested in
As a User
I want to open images from the application
```

这个用户故事包含了需求的上下文：功能是给谁用的、目的是什么，以及最终如何才能达到目的。基于此，你可以创建一个描述这个功能的文件。

在 Lorikeet electron 应用文件夹中创建一个名为 features 的文件夹，用来存放 Cucumber 功能描述文件，用来描述对软件如何进行测试、驱动自动化测试以及提供一种共享的、通用的互相可以理解软件如何运作的方式。

现在，来创建你的第一个 Cucumber 功能描述文件。创建一个名为 images.feature 的文件并插入如下文本：

```
Feature: Images
    In order to see photos that I'm currently interested in
    As a User
    I want to open images from the application

    Scenario: Open a PNG image
        Given I have the application open and running
        When I search for "Pictures"
        And I click on the "Pictures" folder
        And I double click on "Pictures/app with set icons.png"
        Then I should see the "Pictures/app with set icons.png" file
        ➡ opened in a photo app
```

这里，你可以阅读上述文本来理解如何使用应用的某一功能——希望这对你来说很容易理解。它的目的就是不管你是项目中的开发者、产品负责人、用户或者其他相关者，都能读懂这个描述并且在理解能做到一致。

有了这个功能描述，现在你可以来看一下如何使用这个普通英语描述的文档来测试应用功能了。

16.5.2 使用 Cucumber 和 Spectron 对 Electron 应用进行自动化测试

本节将向你展示如何使用 cucumber.js 并结合 Spectron 来对你的应用进行集成测试。Cucumber 示例代码在本书 GitHub 仓库中，不过在这里我还会介绍这些代码来帮助你理解它们是怎么工作的。

首先，通过 npm 运行如下命令来安装 cucumber.js 模块：

```
npm install cucumber --save-dev
```

作为 Lorikeet Electron 应用开发依赖的模块安装好后，你就可以设置必要的文件了。在 features 文件夹中已经有 images.feature 文件了，所以接下来你要在 features/support 文件夹中设置 hooks.js 文件。如代码清单 16.8 所示，hooks.js 文件中的代码负责启动和关闭用 Spectron 库启动的应用。

代码清单 16.8 Lorikeet Electron 应用中的 hooks.js 文件

```
'use strict';

const Application = require('spectron').Application;
const path = require('path');
let electronPath = path.join(__dirname, '../../node_modules/.bin/electron');
const entryPointPath = path.join(__dirname, '../../main.js');
if (process.platform === 'win32') electronPath += '.cmd';
const {defineSupportCode} = require('cucumber');

defineSupportCode(function ({Before, After}) {

  Before(function (scenario, callback) {          Before钩子会在Cucumber
    this.app = new Application({                   功能文件运行以及通过
      path: electronPath,                          Spectron启动应用前被调
      args: [entryPointPath]                       用
    });
    callback();
  });
                                                  After钩子会在Cucumber功能文
  After(function (scenario, callback) {            件运行完毕并且应用关闭后被
    this.app.stop();                               调用
    callback();
  });
});
```

hooks.js 文件包含驱动应用通过 Spectron 启动以及当 Cucumber 功能文件运行完毕后关闭应用的代码。将 Spectron 的 app 实例绑定到 Cucumber scenario 的上下文中意味着你不仅可以在要关闭的时候在 After 钩子中访问到 app 变量，还可以在要定

义步骤以及使用 app 实例来做一些诸如单击应用上的界面元素这样的操作。这引出了下一个你要在 features/step_definitions 文件夹中添加的文件：image_steps.js 文件。

代码清单 16.9 所示的 image_steps.js 文件用于保存匹配 Cucumber 功能文件的步骤定义。

代码清单 16.9　Lorikeet Electron 应用中的 image_steps.js 文件

```javascript
'use strict';

const assert = require('assert');
const fs = require('fs');
const osenv = require('osenv');
const path = require('path');
const {defineSupportCode} = require('cucumber');

defineSupportCode(
    function({Then, When, Given}) {
        Given(/^I have the app open and running$/, {timeout: 20 * 1000},
    function (callback) {
        const self = this;

        self.app.start().then(() => {
          return self.app.browserWindow.isVisible();
        }).then((isVisible) => {
         assert.equal(isVisible, true);
          callback();
        })

    });

    When(/^I search for "([^"]*)"$/, function (term, callback) {
      this.app.client.setValue('#search', term)
      .then(() => { callback(); });
    });

    When(/^I double click on the "([^"]*)" folder$/, function (folderName,
callback) {
        const folderPath = path.join(osenv.home(),folderName);
        this.app.client.doubleClick(`//img[@data-filepath="${folderPath}"]`)
        .then(() => { callback(); });
    });

    When(/^I double click on "([^"]*)"$/, function (fileName, callback) {
        const filePath = path.join(osenv.home(),fileName);
        this.app.client.doubleClick(`//img[@data-filepath="${filePath}"]`)
        .then(() => { callback(); });
    });

    Then(/^I should see the "([^"]*)" file opened in a photo app$/,
```

```
    function (fileName, callback) {
        const filePath = path.join(osenv.home(),fileName);
        setTimeout(function () {
          fs.stat(filePath, function (err, stat) {
            const timeDifference = Date.now() - stat.atime.getTime();
            assert.equal(null, err);
            assert(timeDifference < 3000);
            callback(err);
          });
        }, 3000);
      });

      When(/^I wait (\d+) seconds$/, (numberOfSeconds, callback) => {
          setTimeout(callback, numberOfSeconds * 1000);
      });
    }
);
```

你会发现触发界面操作的 API 非常简单。有了这部分代码，你就能通过在命令行中运行如下命令来进行测试了：

```
NODE_ENV=test node_modules/.bin/cucumber-js
```

如果你使用 Windows 系统来运行测试的话，那么需要运行在同一个 .bin 文件夹中的 cucumber-js.cmd 命令。为了在 UNIX/Linux 以及 Windows 环境中都能运行测试，你可以写一个脚本来处理这两种情况。创建一个名为 cuke.js 的文件，并插入如下代码：

```
'use strict';

const exec = require('child_process').exec;
const path = require('path');

let command = 'node_modules/.bin/cucumber-js';
if (process.platform === 'win32') command += '.cmd';

exec(path.join(process.cwd(), command), (err, stdout, stderr) => {
  console.log(stdout);
  console.log(stderr);
});
```

这部分代码片段使用 Node.js 的 child_process 模块在另外一个进程中运行一个命令。你要运行的命令是 cucumber-js，该命令在 node_modules/.bin 文件夹中。紧跟着定义这条命令的代码，检查脚本是否运行在 Windows 系统中。如果是，则给命令加上 .cmd 后缀，它会运行 Cucumber.js 的 Windows 二进制包，执行该命令并将日志内容打印到终端上。如果你要运行这条命令，在终端应用中运行如下命令：

```
NODE_ENV=test node cuke.js
```

如果一切正常的话，你就能在终端中看到测试通过了，表明它工作正常。

考虑到所有这些可用的测试桌面应用的工具，你可能会问："那我应该用哪一款应用呢？"这个问题比较难回答，因为没有一个直观的答案——你得去发现哪一个工具更适合你以及你的团队。我的建议是先尝试单元测试，因为这是最容易实现的测试形式。一旦你适应了它，就可以针对测试栈中描述的再进一步来做功能测试，检查组件是否如期工作。最后，你可以再去尝试集成测试。

或者，如果你最大的担心是界面上的元素是否一切工作正常，那么我建议先从集成测试开始。这可能需要多花点时间，但是最终的结果是值得的，而且通常你会有选择地根据需求来进行单元测试。测试是为了确保软件工作正常——绝对不能忘了这点。

16.6　小结

本章内容很多，以下是一些关键点：

- 从一开始就对你的应用编写测试是避免花时间来修改 bug 以及糟糕的用户体验最好的方式。
- 对单个函数进行单元测试是学习测试最快、最容易的方法。
- 为你的应用提供最好的测试覆盖的办法是进行集成测试。
- 如果你想让应用的相关人员也能帮助描述和测试应用，那么使用 Cucumber 这样的工具。
- 因为 Mocha 简单的 API 以及更具语义的语法，它是编写单元测试以及功能测试很不错的工具。

在第 17 章中，我们会介绍如何借用 NW.js 和 Electron 中的调试工具的力量来发现奇怪的问题以及避免性能问题。

17 调试并提升应用性能

本章要点

- 使用 Chrome 开发者工具调试客户端错误
- 在 Node.js 中调试服务端错误
- 分析 UI 性能以及内存使用情况
- 通过火焰图来定位性能瓶颈
- 使用 Devtron 来调试 Electron 应用

代码是人写的，人会犯错，犯的错甚至连自动化测试工具都可能无法捕获。如果幸运的话，你能看到堆栈追踪告诉你错误在哪里，以及哪一行代码出错了。

但是，有些 bug 比较隐晦，并且未必能在错误消息中被识别出来。要找到这些 bug，需要借助一些工具来帮助诊断代码到底哪里出了问题，以及应用在计算机中运行的时候性能如何。性能也是功能之一。

在本章中，我会介绍一些可以使用的调试工具；我会展示如何使用在 Electron 和 NW.js 中可以用的开发者工具来定位和解决前端代码的瓶颈，同时还会介绍用来定位 Node.js 中的错误和性能分析的调试工具。除此之外，还会介绍用来追踪用户使用你应用过程中发生的错误的工具。让我们来埋葬一些 bug 吧！

17.1　了解你要调试的是什么

当调试一个 Node.js 桌面应用的时候，第一件事情就是要在你确定应用发生了什么之前定位问题是什么。很多技术可以用来定位问题所在，比如使用"五个为什么"（可访问 https://en.wikipedia.org/wiki/5_Whys 了解更多），或者尝试去阅读 bug 所在的堆栈追踪信息（如果你足够幸运能够获取堆栈追踪信息的话）。

调试 Node.js 桌面应用是一项比较有意思的挑战，因为 bug 或者性能问题可能发生在以下任何一个地方：

- Chromium 浏览器以及它负责渲染和执行 HTML、CSS 和 JavaScript 的部分。
- 前端的 bug 以及性能问题。
- Node.js 的 bug 以及性能问题。
- 如果使用 NW.js 的话，NW.js 处理应用视窗和进程间的状态共享的部分。
- 如果使用 Electron 的话，Electron 在应用的不同视窗之间保持状态独立的部分。
- 这些桌面框架本身也有可能有 bug、奇怪的行为以及性能问题。
- 应用的源代码。

要考虑的地方太多了，除非你记忆力超群，否则不可能了解所有这些地方存在的所有问题。所以，对你来说最好的办法就是进行根本原因分析（root cause analysis）。

我们来看一个例子。假设你在一个 CRM 应用中发现了一个问题；单击一个联系人的 E-mail 并没有打开计算机中的电子邮件客户端并新建一封发送给该联系人的邮件。在这种情况下，你知道了正确的行为是什么，而且因为知道了怎样才能触发它，所以就可以对这个问题进行调试了，如图 17.1 所示。

现在你可以基于这一系列问题来确定如何对问题进行调试了。图 17.1 所示的问题已经调整为开发者在调试的时候会问的问题了，不过为了确定到底哪里出了问题，更通用的方法应该是问至少五个"为什么"。

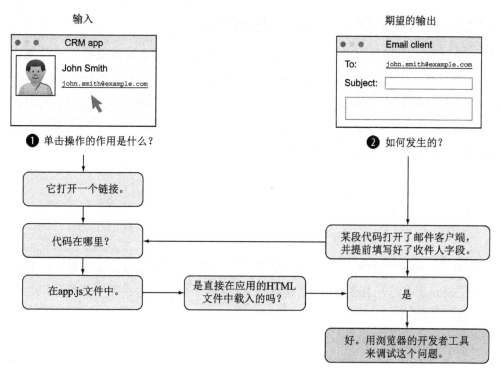

图 17.1 确定问题根本原因的位置，这样你就可以选择对应的工具来调试了

17.1.1 确定问题根本原因的位置

调试 Node.js 桌面应用是一件比较有意思的事情，因为 Node.js 上下文是在应用的前后端共享的。在这种情况下，最好的办法是确定根本原因是什么——以及问题出在哪里——在你打开任何调试工具开始调试前。知道了代码中根本原因所在的位置可以帮助你确定应该使用哪个调试工具来诊断问题。

如果代码是直接通过应用的 HTML 中的 script 标签来载入的，那么你需要使用前端开发者工具（Chrome 的开发者工具）来调试问题。但如果代码并非直接通过客户端载入（比如，是一个 Node.js 模块或者通过 require 来载入的脚本），那么你可能需要使用 Node.js 的调试工具来找到根本原因所在。

当你知道根本原因发生的位置，就可以开始调试了。让我们来看看如何使用浏览器开发者工具调试客户端的错误。

17.1.2　使用浏览器开发者工具进行调试

当使用 NW.js 开发桌面应用的时候，你会发现有一个令人讨厌的小工具条显示在应用上方，就像 Web 浏览器上方的工具条（因为这反映出了你的应用所运行的环境——一个定制的 Web 浏览器）。其实这个工具条包含了一些好东西。如果你没有看到这个工具条，检查一下你应用中 package.json 文件中的 window 属性中的 toolbar 是否设置为 true。代码如下所示：

```
{
  "window": {
    "toolbar": true
  }
}
```

启用了应用视窗中的工具条后，你就可以使用应用视窗的调试工具了，它和 Google Chrome 中的开发者工具是一样的。单击地址栏右侧的齿轮图标就可以使用它了，如图 17.2 所示。

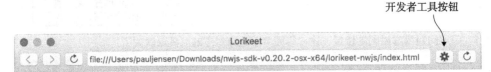

图 17.2　NW.js 应用中的工具条。注意地址栏右侧的齿轮图标。当你的 NW.js 应用运行很慢或者出了什么问题时，这个齿轮图标是你的好朋友

单击这个齿轮图标就能打开开发者工具视窗，如图 17.3 所示。

这展示了 NW.js 中的调试工具是如何工作的。在 Electron 中则不一样。在保持 Electron 的模块化架构，要在一个 Electron 应用中打开 Chrome 开发者工具时，需要调用应用浏览器视窗上的方法，就像下面这样：

```
new BrowserWindow({width: 800, height: 600})
.webContents.openDevTools();
```

这会打开 Google Chrome 的开发者工具，和你在图 17.3 中看到的类似。

代表不同工具的选项卡

应用的CSS代码

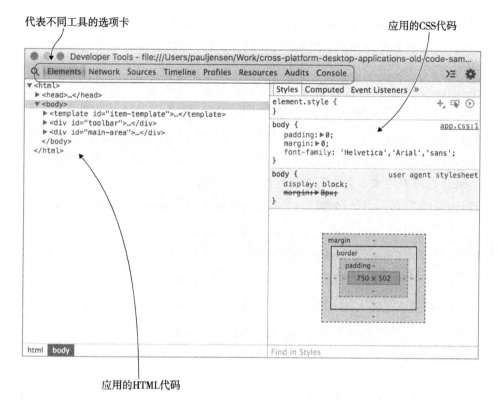

应用的HTML代码

图 17.3　一个 NW.js 应用中的开发者工具。如果你此前有过前端开发经验，那么对这个视窗肯定很熟悉。这和你在 Google Chrome 中看到的开发者工具一样

要是应用没有视窗怎么办

很幸运，还有一种不需要单击齿轮图标也能打开调试工具的方法。你可以从命令行运行你的应用时传递如下参数来启用 NW.js 的远程调试工具：

```
--remote-debugging-port=PORT
```

这会在你指定的端口上打开一个 Web 浏览器，这样就能在那个页面上看到开发者工具。

开发者工具视窗提供了一些好用的选项卡，如图 17.4 所示，它包含：

- Elements 选项卡让你可以浏览应用的 HTML 代码、CSS 样式以及绑定在页面中 HTML 元素上的 JavaScript 事件。

- Network 选项卡展示了应用中所需的文件加载需要的时间以及顺序。
- Sources 选项卡支持在线实时编辑源代码文件，可以让你在应用运行过程中进行调试。
- Timeline 选项卡让你看到浏览器执行不同部分的 JavaScript 代码以及渲染页面上的元素所需的时间，还可以看到占用的内存情况。
- Profiles选项卡显示了 CPU 的使用情况，可以看到代码中哪部分占用 CPU 最多。
- Resources 选项卡展示了应用用到了哪些数据资源，如本地存储中的数据。
- Audits 选项卡用来审查应用并找到提升应用性能的方法。
- Console 选项卡可以让你通过一个控制台来访问当前的 JavaScript 上下文。

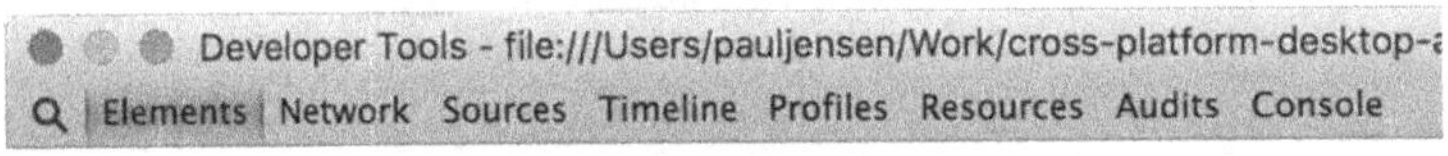

```
●●●  Developer Tools - file:///Users/pauljensen/Work/cross-platform-desktop-a
Q │ Elements │ Network  Sources  Timeline  Profiles  Resources  Audits  Console
```

图 17.4　开发者工具视窗中的选项卡

表 17.1 详细展示了图 17.4 中每个选项卡的作用以及使用方法。

表 17.1　开发者工具中的选项卡的作用

开发者工具选项卡	作　用
Elements	可以审查以及编辑应用的 HTML 代码。对于直接修改页面展现以及调试显示问题（通常会修改 CSS）非常有帮助
Network	显示了应用文件加载所需的时间以及加载顺序。对提升应用加载速度非常有帮助
Sources	显示了加载进来的应用文件的源代码，可以让你插入断点以及在线编辑代码，无须在 IDE 中修改了代码后再重载应用
Timeline	可以查看浏览器处理应用底层任务所花的时间，从执行 JavaScript 代码到渲染页面上不同的 DOM 元素。对于深入分析应用性能非常有用
Profiles	录制你的应用 CPU 以及内存使用情况。对于定位占用 CPU 过高的应用代码以及潜在的内存泄漏都有帮助
Resources	展示了应用加载的文件内容以及存储的数据，诸如：本地存储、cookies、会话信息、甚至是 Web SQL（尽管已经被标准废弃了）。这对查看应用存储的数据很有帮助
Audits	分析你的应用来看看是否有可以提高性能的地方并且会给你提供修改建议。非常好用的、帮助你提升应用性能的工具，而且是免费的
Console	提供了一个运行 JavaScript 代码的控制台。对于测试 JavaScript 代码片段、审查 DOM 以及获取应用状态都很有用

表 17.1 展示了当调试客户端代码问题的时候，在开发者工具视窗中提供的选项卡的具体信息。在本章后续部分，我们会深入介绍使用这些工具来定位代码中的性能问题并帮助你解决它们。现在，我们将注意力转移到调试的首要目的：修复 bug。

无法使用开发者工具调试整个应用　是的，不过除非你的应用没有加载任何 Node.js 模块。如果用到了 Node.js 模块，那么你就需要其他调试工具来看它们背后到底发生了什么。这是因为在开发者工具中的 Sources 选项卡有一个 bug，它不能显示载入的 Node.js 模块的代码。这是 NW.js 团队已知的 bug。

17.2　修复 bug

bug 是软件的一部分。在理想世界中，人类写代码不会犯错，所以 bug 也就不复存在。但我们一定会犯错误，所以我们要正视它，并且需要修复 bug。

当说到使用 Electron 或者 NW.js 来构建桌面应用时，如果你的 bug 抛出了一个 JavaScript 错误对象，那么你算幸运的。你可以通过应用视窗开发者工具中的 Console 选项卡或者当在本地运行应用的时候（如果你的应用是通过 NW.js 运行的）从命令行输出的内容进行调试。假设你为一个正在开发的应用添加了一个名为 bee-tle.js 的文件，而这个文件中有如下的错误代码：

```
check.line;
```

接着你通过 require 将 beetle.js 文件加载到应用中：

```
require('./beetle');
```

从命令行运行应用，如图 17.5 所示（使用 nw 命令），并注意应用输出的内容。

图 17.5　应用中的错误，以及它产生的堆栈跟踪信息

终端中显示的堆栈跟踪看上去有点让人眼花。好在也可以在 Console 选项卡中看到错误，可读性更好，如图 17.6 所示。

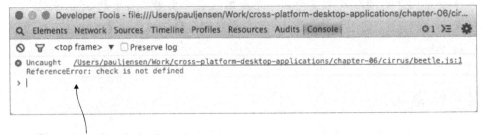

错误信息以及更可读的跟踪信息

图 17.6　在开发者工具视窗的 Console 选项卡中显示的同样的错误

在这个简单的例子中，错误很容易定位，因为它抛出了一个 JavaScript 错误对象。如果运气好的话，你在桌面应用中遇到的 bug 都会抛出 JavaScript 错误信息，并提供可读的堆栈跟踪信息，这样调试起来就很简单了。

但并非所有的 bug 都会抛出 JavaScript 错误对象。在那些情况下，需要更多的工具来认定发生了什么。接下来的部分我们就会介绍可以给你提供帮助的那些工具。

17.2.1　使用 Node.js 的调试器来调试应用

在 NW.js 中，你可以从命令行或者开发者工具来进行调试，取决于你要调试的代码是前端代码还是 Node.js 代码。在 Electron 中，你可以通过 Node.js 支持的调试模式或者使用 Node Inspector 模块来调试 Node.js 进程。

作为运行 Node.js 的框架，NW.js 和 Electron 都提供了 Node.js 生态环境中的调试工具。这些年来，调试工具已经可以让开发者充分了解背后的运行机制，提供了基本的堆栈追踪信息以及更深入的火焰图。

表 17.2 展示了可用的工具、NW.js 和 Electron 的支持情况，以及针对什么代码。

表 17.2　Node.js 的调试工具

Node.js 的调试工具选项	支持情况	用　　于
Node Debug	NW.js、Electron	后端代码
Node Inspector	NW.js、Electron	后端代码
React Inspector	Electron	同构的 React 应用

Node Debug

Node.js 默认自带了调试工具。这些工具可以让你以通过添加断点的方式来暂停代码的执行，并且可以一步一步地执行代码。当你审查代码或者 bug 原因尚未清楚的时候很有帮助。

对于标准的原生 Node.js 应用，如果你想使用调试器，首先在你想让调试器暂停代码执行的地方添加如下这行代码：

```
debugger;
```

然后，在执行你的 Node.js 应用的时候，通过命令行应用传递如下命令：

```
node debug <NAME_OF_FILE>
```

一旦代码执行到 debugger 调用的时候，就会启动一个可交互的 REPL。然后你就可以通过将表 17.3 中列出的指令传递给可交互的 REPL 来一步步执行代码了。

表 17.3　传递给可交互 REPL 的指令

键	指　　令	作　　用
C	继续（Continue）	继续执行代码
N	下一行（Next）	执行下一行代码
S	步入（Step in）	进入到这一行执行的代码来看内部是什么情况
O	步出（Step out）	跳出当前执行的函数
PAUSE	暂停（Pause）	暂停程序的执行

你可以使用这些指令来控制应用代码的执行，并一步步地看程序做了什么，这对于难以定位的 bug 来说很有用。

这个方案有一个问题，就是你要暂停执行的地方藏在代码很深的位置，但在触达这点之前一行一行地执行代码的话会非常耗时（得按好多键）。试想一下，一个相对小的应用有 20 个文件，每个文件有 100 行——你可能不大想按 C 键继续执行代码很多次。再者，如果你试着按 C 键来继续执行代码，这个时候你可能已经错过了程序中你要暂停的那行代码。因此，你需要断点。

断点可以让代码停在一个指定的地方。你可以插入断点来暂停代码的执行，然后查看代码的执行状态，而不需要一行一行地执行代码来实现在应用中不同的位置进行调试。

当你在可交互 REPL 中调试应用的时候，你可以使用额外的全局函数，如表 17.4 所示。

表 17.4　可用的全局函数

函　　数	作　　用
setBreakpoint()	在应用的当前代码行设置断点
setBreakpoint(line)	在当前文件的指定代码行设置断点
setBreakpoint(fn())	当调用到指定名字的函数时设置断点
setBreakpoint(filename, line)	在指定文件的指定代码行设置断点
clearBreakpoint(filename, line)	为指定文件的指定代码行清除断点

以上就是对 Node.js 内置调试工具的粗略介绍。在 NW.js 的上下文中，调试稍微麻烦一些。那是因为，当你执行一个 NW.js 应用时，背后有多个 Node.js 进程在运行。你可以使用调试器连接到现存的 Node.js 进程，但是应该连接哪个进程以及如何进行远程连接呢？

远程调试应用

Node.js 的调试器不一定非得和应用运行在同一个进程中；它可以绑定到一个已经在运行的外部 Node.js 进程。可以运行如下命令来实现：

```
node debug -p PROCESS_ID
```

它让你将调试器连接到一个运行中的 Node.js 应用。你需要获得 NW.js 应用的进程 ID 并将其传给上述命令中 PROCESS_ID 文本的位置。在 Mac OS/Linux 平台中有多种方法可以获取到进程 ID，而在 Windows 平台中也有一个办法可以获取到：

- 在 Windows 中，使用任务管理器。
- 在 Mac OS 中，使用活动监视器。
- 在 Linux 中，使用任务管理器（或者在命令行应用中输入 ps）。

最简单的获取进程 ID 的方法（不管你在哪个操作系统平台）就是打开显示运行的应用 / 进程列表的工具。在 Windows 中，就是任务管理器；在 Mac OS 中就是活动监视器；不同的 Linux Gnome 环境中，就是系统监视器应用；KDE 环境的话，就是系统活动应用。

在 Mac OS 中的活动监视器应用中，输入 node 这个名字，你能看到匹配这个关键词的运行着的进程列表，如图 17.7 所示。图中显示的进程 ID 就是运行中的 NW.js 应用的 Node.js 进程的，ID 为 10169。将这个进程 ID 放到 node debug 命令中，这样就能将调试器绑定到运行中的 NW.js 应用进程上：

```
node debug -p 10169
```

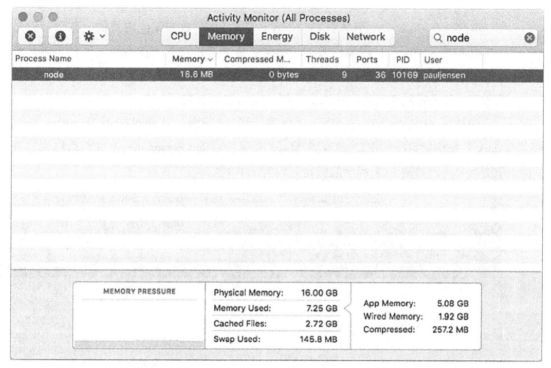

图 17.7　Mac OS 的活动监视器应用。高亮显示的就是运行中的应用进程，你可以记录 PID 这列中的进程 ID（本例中就是 10169）

　　这意味着你可以远程调试 NW.js 应用的 Node.js 进程。在接下来的部分中，我们会介绍调试客户端错误的方法。

17.2.2　使用 NW.js 的开发者工具来调试应用

　　NW.js 中的开发者工具和 Google Chrome 的开发者工具是一样的。Google Chrome 的开发者工具长期致力于帮助开发者调试他们的 Web 应用，并且开发者可以重用知识和技术来调试他们的 NW.js 应用。

　　要使用 NW.js 中的开发者工具，需要安装 SDK 版本的 NW.js，你可以访问 NW.js 官网并从那里获取 SDK 版本的 NW.js 来安装，或者通过 npm 来安装 SDK 版的 NW.js：

```
npm install nwjs --nwjs_build_type=sdk
node_modules/.bin/nw install 0.16.1-sdk
node_modules/nw/bin/nw
```

　　本来，在 0.12 以及更早版本的 NW.js 中，SDK 是 NW.js 内置的一部分，但是后续版本的 NW.js 将它剥离出去了。尽管这意味着开发 NW.js 应用的时候得多几步操作才能使用开发者工具，但好处是你可以为你的应用构建一个更小的二进制文件，因为它不包含开发者工具，这减少了好几兆的二进制文件大小。

　　安装好 SDK 版本的应用后，你可以运行该应用，并通过按下 Windows 以及 Linux 系统中键盘上的 F12 键或者 Mac OS 系统中的 Command+Alt+I 组合键来打开开发者工具。如图 17.8 所示的就是开发者工具视窗。

图 17.8　NW.js 中的开发者工具视窗

Elements 选项卡

　　当你在 NW.js 应用中打开开发者工具视窗后，默认选中的是 Elements 选项卡，如图 17.8 所示。这个选项卡可以让你审查 DOM，当 HTML 中有 bug，资源路径拼错了或者应用中有样式 bug（如图 17.9 所示）的时候。

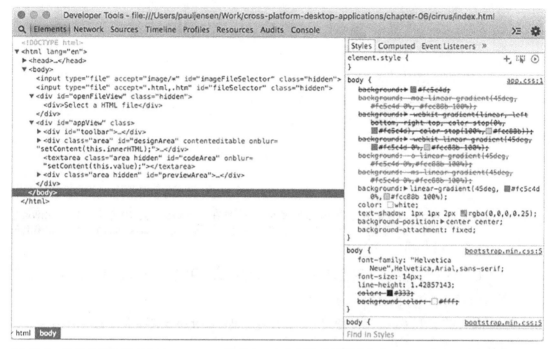

图 17.9　开发者工具视窗中的 Elements 选项卡。在左侧你能看到应用的 HTML 代码，右侧是作用到选中 DOM 元素的 CSS 样式（本例中就是 body 标签）

　　Elements 选项卡还可以让你审查作用到选中 DOM 元素的 CSS 样式，并可直接对其进行编辑，这样你就可以修复应用中的视觉 bug。你还可以编辑 DOM，这样就可以事先进行尝试，确定了再将修改更新到应用代码中。

　　如果你要调试一个 JavaScript 代码的问题，有以下两个办法：

- 可以使用 Console 选项卡和应用进行交互，并在那里查看 JavaScript 上下文。
- 可以使用 Sources 选项卡来插入断点并在应用执行到不同地方的时候观察变量的值。

Console 选项卡

　　如果你曾经接触过任何形式的前端 Web 开发，并且需要调试前端的 JavaScript 代码的话，你肯定看到并接触过 Console 选项卡。图 17.10 所示的就是 Console 选项卡的样子。

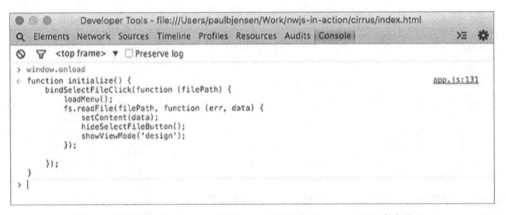

图 17.10　开发者工具视窗中的 Console 选项卡。如果你在 Console 选项卡中输入 window.onload，就能看到对应函数的代码被展示出来，另外，代码中任何 console.log 语句都会输出在这个地方

Console 选项卡的作用就是可以交互式地调试应用的 JavaScript 的状态，不需要插入断点并暂停 / 恢复应用的执行。

如果你打开 Cirrus 应用的开发者工具并单击 Console 选项卡，就可以输入语句来执行看看会发生什么。

Sources 选项卡

Sources 选项卡中有许多好用的功能可帮助调试，如图 17.11 所示。

Sources 选项卡中最关键的调试工具是右侧的面板。在这里，你可以插入断点，当代码执行到断点位置的时候就会停止执行。另外一件很棒的事情就是可以查看代码中变量的值，比如 app.js 文件中 currentFile 变量的值，该变量用来存储所见即所得编辑器打开的 HTML 文件的路径。如果你想查看变量当前的值，可以通过在 Watch Expression 标题位置单击 + 按钮来添加一条观察表达式，然后输入变量名 currentFile 来查看。

之后，如果你已经用过应用的话，就能看到 currentFile 变量的值等于你此前在所见即所得编辑器中打开过的文件路径，图 17.12 所示的是我计算机中显示的情况。

当你运行应用的时候，可以单击 Watch Expression 标题中的刷新按钮来查看某个变量当前的值。

你的应用的文件在这里　　　文件源代码显示在这里并可以编辑　　　调试选项显示在右侧的面板中

图 17.11　开发者工具视窗中的 Sources 选项卡

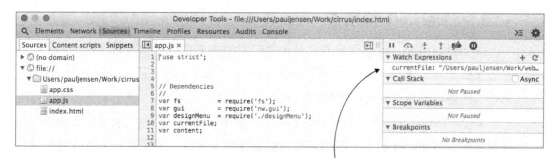

有了 Watch Expression 工具，你可以查看 currentFile 变量当前的值，并可以查看和你的预期是否一致

图 17.12　观察一个变量当前的值

Chrome 的开发者工具中有一个很棒的功能，你可以直接在 Sources 选项中编辑你的源代码；但是，不幸的是，这个功能在 NW.js 中不能用，所以目前你只能在自己的编辑器中对代码进行修改。

能够添加断点、检查 JavaScript 错误以及观察变量的值，这些就可以让开发者定位应用中的 bug 并对它们进行修复。其他的问题并不是绝对意义上的 bug（取决于你问的是谁），而更多是速度的问题：性能。下一节我们将介绍如何诊断性能问题以及如何进行修复。

17.3   解决性能问题

影响桌面应用性能的问题和影响 Web 应用性能的问题是一样的：

- 浏览器加载资源的速度有多快。
- 执行 JavaScript 的时候占用了多少内存和 CPU。
- 浏览器以多少帧率来渲染页面。

性能优化往往是等应用上线后并且性能影响到了用户的使用才会有的想法。另外就是要很容易发现错误、快速解决并快速将修改部署给用户。

对于桌面应用而言，用户使用的是该应用的某个特定的版本，出了问题用户就没法用了，除非应用自身支持热更新。不管哪种情况，第一次就要工作得很好压力还是很大的（因为用户可能没有耐心）。在这一节中，我们会介绍开发者工具中每个选项卡的作用以及对你定位桌面应用的性能问题时有何帮助。

17.3.1   Network 选项卡

关于性能问题，首先要看的就是加载应用中的 HTML、CSS 和 JavaScript 代码花了多长时间。在开发者工具视窗中，Network 选项卡展示了浏览器对资源加载、解析、渲染花了多长时间，如图 17.3 所示。

对于 Web 应用来说，Network 选项卡是非常有用的，因为它展示了加载资源的耗时情况并且提供了具体分析的基准。如图 17.13 所示，应用看起来载入速度很快（128 毫秒——最右侧蓝色的线），一部分原因是因为资源都是直接从计算机硬盘载入的，而不是通过因特网从 Web 服务器中载入的。无论如何，Network 选项卡对构建桌面应用是很有帮助的：

- 能看到文件的大小，是否太大了，是否应该对其进行缩小和压缩来减小文件大小。
- 能看到应用加载了多少资源文件，并检查是否通过合并这些资源能够提高应用的性能。

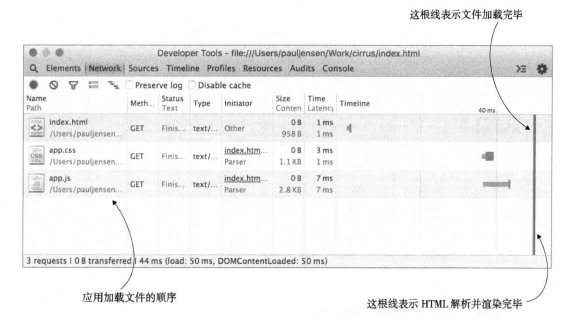

这根线表示文件加载完毕

应用加载文件的顺序

这根线表示 HTML 解析并渲染完毕

图 17.13　Network 选项卡

这个选项卡能够很好地预示你的应用是否变得臃肿了；如果是，你需要注意应用加载的资源文件多了多少，开始影响加载速度了。当你的应用变大的时候，注意观察加载数据的数量和大小。

应用载入后，接下来就要看它运行的情况如何。对于这一点，开发者工具中有其他选项卡可以帮到你。

17.3.2　Timeline 选项卡

下面介绍 Timeline 选项卡——开发者工具中的"瑞士军刀"，因为它有非常多显示性能数据的方式。当你想通过以下几方面来提升应用性能的时候，它非常有帮助：

- 追踪 JS 堆内存的使用情况。
- 查看应用花了多长时间来执行浏览器相关的任务。
- 查看哪些浏览器渲染事件导致了卡顿。

　　在这个选项卡中可以查看很多可视化数据的特性，但首先你要录制性能数据。单击 Timeline 选项卡，然后单击红色的录制按钮，如图 17.4 所示。

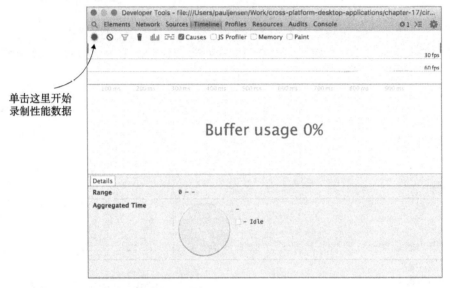

图 17.14　Timeline 选项卡中的录制按钮

　　单击了录制按钮后，就开始录制性能数据了。这个时候，你还是和往常一样使用应用，或者如果有某些操作你注意到会导致变慢或者卡顿，就在应用中进行此操作。

　　什么是卡顿　卡顿指的是当浏览器进行动画播放或者渲染低于每秒 60 帧，并且你开始感觉到页面渲染有点抖动或者渲染页面上元素的时候有点卡。

　　当你完成了与性能相关数据的分析时，再按下录制按钮来停止录制性能数据，现在就可以看到屏幕上显示了很多数据，如图 17.5 所示。

　　现在有了很多数据可以使用和查看。图 17.5 显示的一些数据在时间线中某个点的位置急速下跌，在某个地方 JS 堆内存使用情况急速上升，意味着这个地方肯定发生了什么事情。如果你看一下使用应用的过程中这个时点发生了什么事件，会发现这个时候进行了从设计视图切换到代码视图的操作，所以导致了这个情况。现在你有足够多的数据来定位到那部分代码并对其进行优化。

当你勾选或者取消勾选 Timeline 选项卡中的选项时，会展示不同的可视化数据。我推荐你去看看这些工具，自己体会一下，这一个选项卡下就有很多可以做的。接下来我们看看 Profiles 选项卡。

在这里你可以看到对应时间发生的
JavaScript事件以及内存使用情况

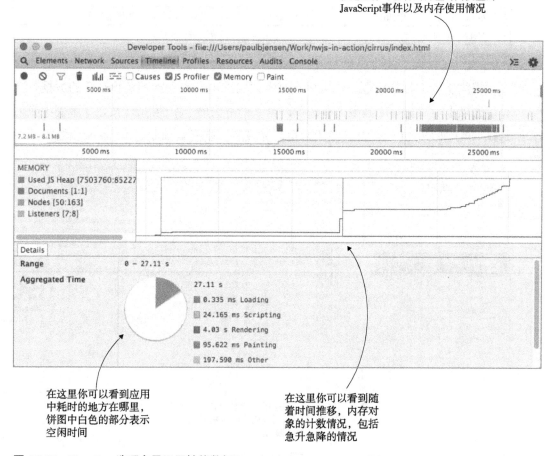

在这里你可以看到应用
中耗时的地方在哪里，
饼图中白色的部分表示
空闲时间

在这里你可以看到随
着时间推移，内存对
象的计数情况，包括
急升急降的情况

图 17.15　Timeline 选项卡显示了性能数据

17.3.3　Profiles 选项卡

Profiles 选项卡提供了追踪如下与性能相关问题的能力：

- 应用执行代码的时间（CPU 周期）都花在哪里了。
- 在应用使用过程中，内存使用情况如何，并且随着时间的推移，哪类内存对象被创建出来了。

■ 在哪里代码会有潜在的内存溢出风险。

当你单击 Profiles 选项卡的时候，能看到三个选项，如表 17.5 所示。

表 17.5　Profiles 选项卡中的选项

选　　项	作　　用
Collect JavaScript CPU Profile	显示应用执行代码的过程中时间都在哪里消耗了
Take Heap Snapshot	对应用当前堆内存情况进行快照
Record Heap Allocations	录制一段时间内堆内存的情况

根据实际的性能问题，你可以尝试不同的选项，看看能得到什么样的数据。要使用选项卡中列出来的其中一个选项，可以单击选项卡中的 Start 按钮（本例中我们选择 CPU PROFILES），然后使用应用。完成后，就能看到如图 17.16 所示的样子。

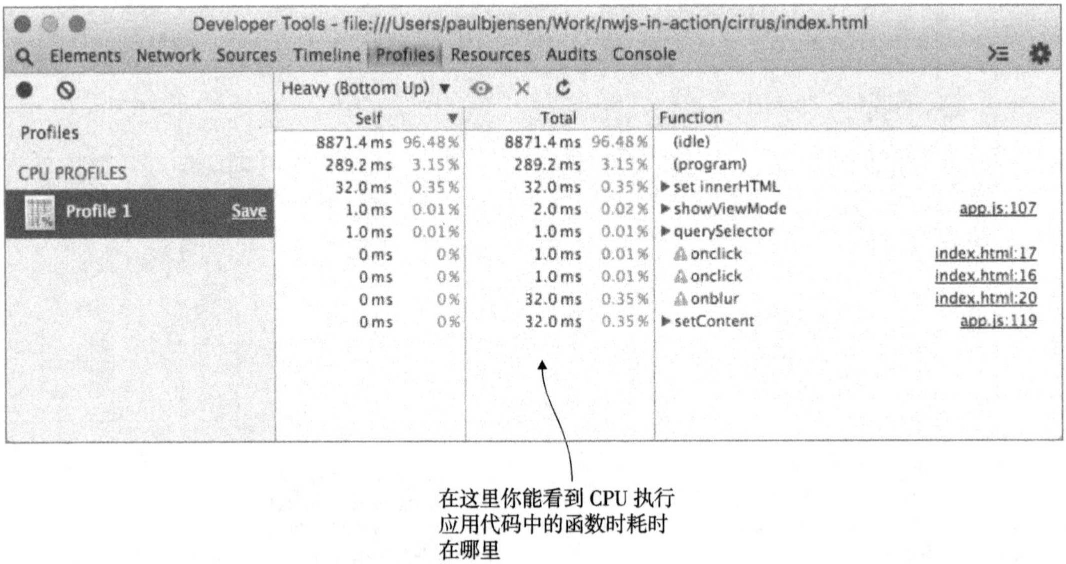

在这里你能看到 CPU 执行
应用代码中的函数时耗时
在哪里

图 17.16　Profiles 选项卡显示了 CPU 占用分析的结果

CPU 分析的结果也可以以火焰图的形式进行显示。可单击工具栏下拉菜单来修改结果展现的方式，效果如图 17.17 所示。

火焰图显示了应用耗时的情况并且帮助定位到性能瓶颈。

在产品发布前，如果你想要确保它能工作正常，分析桌面应用性能这个功能就派上用场了。

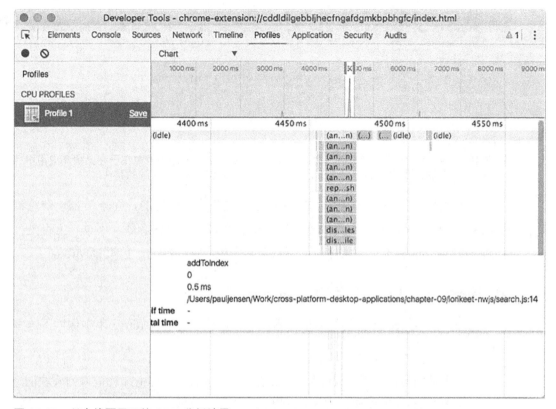

图 17.17 以火焰图显示的 CPU 分析结果

现在已经介绍了 NW.js 的开发者工具，让我们来看看 Electron 的开发者工具。

17.4 调试 Electron 应用

和 NW.js 类似，Electron 在底层也使用了 Chrome 的开发者工具。在 Electron 中，可以通过应用主菜单中的 View 菜单或者按下 Ctrl+Shift+I（在 Mac OS 中是 Command+Shift+I）组合键来访问开发者工具。

如果你试着在一个 Electron 应用中打开开发者工具，会看到弹出一个新的窗口，如图 17.18 所示的那样。

开发者工具视窗和 NW.js 中的几乎一样，选项卡和 NW.js 中的也一样，但顺序不一样。从这方面来说，还是很不错的，因为你可以使用相同的工具来调试 NW.js 和 Electron 应用。

图 17.18 Electron 的开发者工具视窗。Chrome 开发者工具很好的地方在于它会检测应用中的浏览器特性并在控制台中显示警告信息来告知你将来会被废除的特性

话又说回来，Electron 是以独立的进程来渲染应用视窗的，而不是在一个进程中，这对于要调试在每个应用视窗中发生了什么来说会有些麻烦。不过，上帝是公平的——Electron 有一个非常好用的调试工具来处理这种情况，它叫 Devtron。

用于调试 Electron 应用的 Devtron 工具

Devtron 是 Electron 应用的调试工具，它可以让你对 Electron 应用中像如下这些比较复杂的方面进行调试：

- 应用是如何在后端 main 进程以及前端的 renderer 进程中加载依赖的模块的。
- 审查在 main 进程和 renderer 进程之间传递的数据。
- 校验代码，确保你没有错误地限定变量的作用域或者错误地在一个 case 语句中用了 break 命令。
- 显示 Electron 应用中存在的事件，这样就能知道特定的事情是否发生了，如视窗关闭了或者应用准备就绪的时候注册了自己。

Devtron 是基于 Chrome 开发者工具构建的，因此要安装它需要两步。首先，通过 npm 将它以 Electron 应用的开发时的依赖进行安装：

```
npm i devtron --save-dev
```

然后，运行 Electron 应用完成安装。一旦你的 Electron 应用运行起来后，通过按下 Ctrl+Shift+I（在 Mac OS 中是 Command+Alt+I）组合键或者单击 View 菜单并选择 Toggle Developer Tools 来打开开发者工具，如图 17.19 所示。

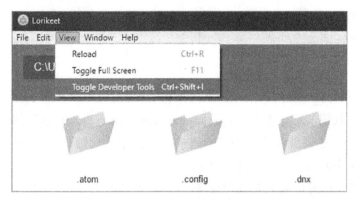

图 17.19 从一个 Electron 应用的主工具条中打开开发者工具

开发者工具打开后，单击 Console 选项卡并运行如下命令：

```
require('devtron').install()
```

就可以在开发者工具中看到出现了一个新的选项卡（Devtron 选项卡），如图 17.20 所示。

图 17.20 在开发者工具最后出现了 Devtron 选项卡

Devtron 是以开发者工具的扩展构建的，这意味着它是随着应用的开发者工具一起运行的。如果你单击这个选项卡，就能看到如图 17.21 所示的样子。

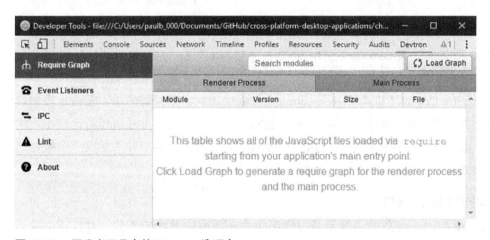

图 17.21 开发者工具中的 Devtron 选项卡

在开发者工具视窗左侧的菜单栏中，有 5 个菜单项。我们会逐个进行介绍，最后一个只是信息，并非调试选项。

Require Graph

Require Graph 项会列出所有在应用的 renderer 进程和 main 进程中依赖的 npm 模块。作用是通过看到的依赖图信息，你不仅能看到 main/renderer 进程加载模块的顺序，还能看到它们的大小（也就能知道它们各自占应用总大小的比例）。你还可以在顶部的搜索框中输入模块名或者文件名进行搜索。

在开始使用 Require Graph 前，首先需要确定你是否需要可视化 main 进程和 renderer 进程的依赖图，并单击你要选择的进程的标签。然后单击视窗右上角的 Load Graph 按钮。当在 Lorikeet 应用中的 renderer 进程中做此操作时，你就能看到如图 17.22 所示的依赖图信息。

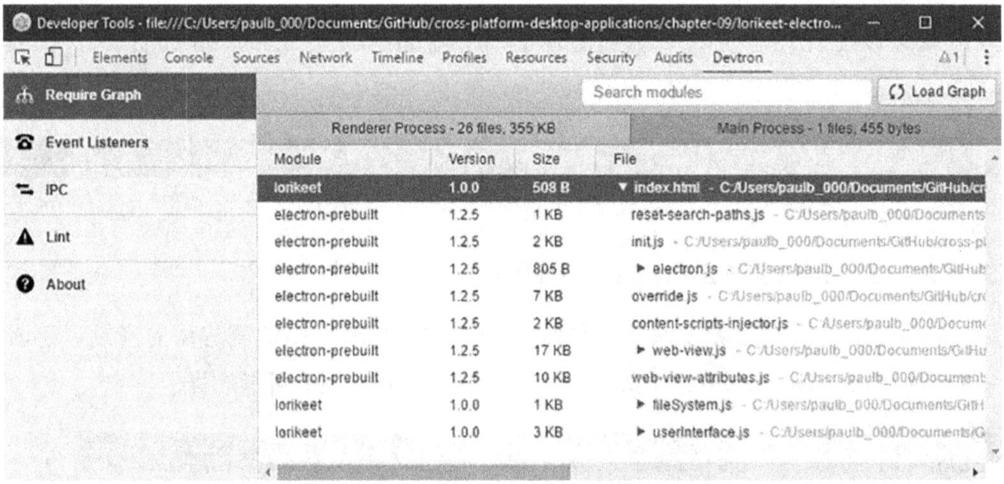

图 17.22　Electron 版 Lorikeet 应用中 renderer 进程的依赖图。注意，应用的所有文件大小为 355 KB ——对于一个简单的文件浏览器应用而言还不算太糟

Require Graph 项显示了 index.html 文件最先加载，紧跟着的是 Electron 在加载它必要的文件，然后加载了 Lorikeet 其他剩下的文件。文件尺寸也相对比较小，这很好，因为这表明你将相当多的功能打包到桌面应用中，但却并不是以一个整体一起加载的。

Event Listeners

Event Listeners 菜单项显示了在应用的生命周期内发出的事件，并且让你看到绑定了这些事件的函数代码长什么样子。作用是你可以看到发生了什么事件以及是在哪里通过 Electron API 触发的。

　　要查看它们，单击左侧菜单栏中的 Event Listeners 菜单项，然后单击视窗右上角的 Load Listeners 按钮。接下来就能看到如图 17.23 所示的开发者工具了。

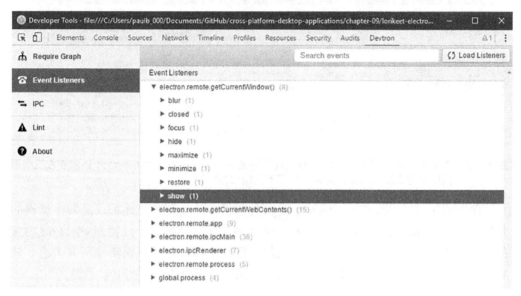

图 17.23　Devtron 选项卡中的 Event Listeners 面板

　　在视窗中，你能看到通过 Electron API 正在触发的事件，以及通过 Node.js 触发的事件。这可以让你看到应用中你预期的事件有没有如期发生。

IPC

　　IPC 菜单项显示了 Electron 应用中 main 进程和 renderer 进程间正在通信的内容。当你想查看两者之间传递了什么数据的时候非常有用。

　　要看发生了什么，单击 Devtron 选项卡面板中左侧菜单栏中的 IPC 菜单项，然后使用面板右上角的 Record 按钮来录制 IPC 消息以及使用 Clear 按钮清除这些消息，如图 17.24 所示。

图 17.24　Devtron 选项卡中 IPC 菜单项中的按钮。你可以录制应用运行过程中传递的 IPC 消息

　　录制按钮负责录制应用中的 IPC 消息，包括 Electron 内部模块用来在 main 进程

和 renderer 进程之间传递的消息。要开始录制这些 IPC 消息，单击右上角的 Record
按钮，在使用应用的过程中，就能看到视窗中会出现 IPC 消息了，如图 17.25 所示。

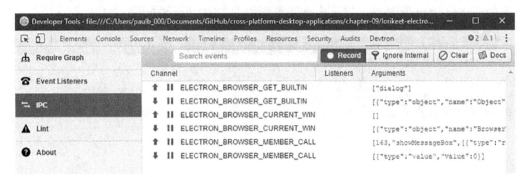

图 17.25　在 Lorikeet 应用中，IPC 消息正在被记录下来。一些内部的 Electron 消息正在三个不
　　　　　 同的频道上发送出来，各自携带了不同的数据参数

　　IPC 消息可以用来查看 Electron 是如何触发内部功能的，比如，当发生错误的
时候，在 renderer 进程中显示给用户一个带消息的对话框。要过滤掉 Electron 内部
的 IPC 消息，单击 Ignore Internal 按钮就能把它们隐藏起来；要清除所有消息，就
单击 Clear 按钮。另外，不要忘了再单击 Record 按钮来停止录制 IPC 消息。

Lint

　　当你要对 Electron 应用做一些整理工作的时候，Lint 菜单项很有用。它可以做
如下事情：

- 检查当前你运行的 Electron 版本并通知你是否有更新的版本可用。
- 检查你是否使用了 asar archive 来更快地加载你的应用。
- 检查你是否处理了应用中的异常，还是忽略了它们。
- 检查你的应用是否安装了崩溃处理机制来捕获应用崩溃时的状态。
- 检查当应用视窗无法响应的时候，应用视窗是否有对应的事件处理器。

　　单击左侧菜单栏中的 Lint 项，然后再单击右上角的 Lint App 按钮。Lint 面板就
会显示有用的建议，如图 17.26 所示。

　　你可以把 Lint 项看作准备分发应用前，发现应用中存在的问题的一种方法。

　　我们已经介绍了 Devtron 中的一系列功能，可以用来调试 Electron 应用，如，
它是如何使用 IPC 消息以及如何使用事件的。当说到构建 Electron 应用的时候，对
于调试和改进应用，Devtron 是一款很好用的工具。要了解更多关于 Devtron 的信息，
可以查看这个项目 http://electron.atom.io/devtron/。

图 17.26　Devtron 选项卡中的 Lint 面板。Lorikeet 应用可以改进得更好

17.5　小结

本章，我们介绍了当你在应用中发现 bug 时可以使用的工具，以及可以帮助发现性能问题并定位问题原因的工具。下面是本章的重点内容：

- 当试着去诊断一个问题的原因时，根本原因分析是第一个你应当使用的工具，它会给你节省时间，避免在分析过程中陷入死胡同。
- 你看到的开发者工具和 Google Chrome Web 浏览器中的是一样的（Chrome 开发者工具），如果你在 Web 应用以及桌面应用中的话，它非常便于使用。
- 你可以使用 Node.js 的远程调试功能来在线调试一个正在运行的应用，不需要把应用关闭再煞费苦心地去重现这个 bug。
- 试着让你的应用尽可能少地加载一些资源。
- 当需要修复一个 bug 的时候，开发者工具中的 Sources 选项卡对于分析应用状态很有帮助。
- Profiles 选项卡对于分析应用性能非常在行。
- Devtron 是一款调试 Electron 应用很好的工具。

在第 18 章中，我们会介绍如何打开应用并将其分发到 Mac OS、Windows 和 Linux 这样的平台上。

18 为多平台打包应用

本章要点

- 为应用创建 Mac 二进制文件
- 为应用创建 Windows 的 .exe 文件
- 使用构建工具来自动创建应用
- 为应用创建 Linux 可执行文件
- 为应用创建 Mac 和 Windows 启动安装器

一旦你的应用准备好可以让用户使用了，下一步就是如何对其进行打包使其可以在用户的计算机中运行，这样用户就可以拿来安装了。取决于你的应用以及应用的受众，打包的方式有很多种，知道有哪些打包方式以及如何使用它们总是没错的。

在本章中，我们会介绍这些方法以及如何将应用打包成针对 Mac OS、Microsoft Windows 以及 Linux（Ubuntu）的二进制可执行文件，包括为你的 Electron 应用创建 Windows 安装器。

首先，我们来看一下保护你的源代码的几种方法，以及这些方法各自的优缺点。

18.1 为应用创建可执行文件

当你准备将应用分发给用户的时候，首先得确保提供了用户可以下载以及能安装到他们计算机中的文件。为此，你需要为每一种应用支持的操作系统创建可执行文件。好消息是，你可以直接使用同一份代码就能做这件事情，唯一的坏消息就是为所有操作系统提供可执行文件这件事情做起来有点烦琐。幸运的是，有一些工具可以帮助你来做这件事，本节将介绍如何使用这些工具来为每种操作系统创建可执行文件。

我们先来创建 Microsoft Windows 系统的可执行文件。

18.1.1 为 Windows 系统创建 NW.js 应用的可执行文件

世界上最流行的操作系统是微软的 Windows 系统，随着 Windows 7 的发布，微软试图在平板市场和苹果公司一决高下。它发布了 Windows 8，一个拥有友好界面以及支持触屏的 Windows 版本，可以同时在个人计算机和平板电脑中使用。这是一个大胆的举动，不过不幸的是，它并赢得 Windows 用户的芳心；移除了桌面上的"开始"按钮是一个很大的障碍。很快，Windows 8.1 发布，重新在桌面引入了备受喜爱的"开始"按钮，并且去年 Windows 10 还为 Windows 7、8 和 8.1 用户提供了免费的升级。

尽管 Windows 不再像它在 20 世纪 90 年代以及 21 世纪初期那样占据主导地位，但随着 Windows 7 的领跑，它依然占据操作系统市场中最大的份额。尽管如今在用的有好几个版本的操作系统（包括 Windows XP，不管你信不信），但是构建一个 Windows 系统的 .exe 文件就可以在几个主流版本的操作系统中使用。

为了简单，假设你的计算机中运行的是 Windows 10 操作系统。它是可以免费升级的，不过如果你运行的是 Mac OS 或者 Linux，也不要沮丧，因为还有其他办法。你可以安装虚拟机软件和镜像来运行一个 Windows 10 系统来测试你的应用。

18.1.2 安装虚拟机

表 18.1 列出了一些可供选择的虚拟机软件和镜像。

表 18.1 流行的虚拟机软件

虚 拟 机	平 台	URL	费 用
VirtualBox	Windows/Mac/Linux	virtualbox.org	免费
VMware Fusion	Mac	vmware.com/products/fusion	89 美金
Parallels	Mac	parallels.com	95 美金

安装好你喜欢的虚拟机软件后，找一个运行了你要测试的 Windows 系统的镜像。

有了运行着 Windows 系统的虚拟机（或者你的计算机本来运行的就是 Windows 系统），你可以构建和测试一个针对该操作系统的应用可执行文件。

18.1.3 为一个 NW.js 应用创建针对 Windows 系统的 .exe 文件

对于这个练习，你需要用到本书前面章节中构建过的一个应用，名为 Lorikeet 的文件浏览器应用，我们将介绍如何将其转化为一个可执行的应用。在第 4 章中，我们已经介绍了使用一个叫 nw-builder 的工具来生成 Windows 版本的 NW.js 应用。这里你可以重复那个步骤，不过我要给你介绍的是当你为该应用创建 Windows 系统可执行二进制文件的时候，到底发生了什么。这样你就能理解它是如何运作的，而不只是会用而已。

我们从 GitHub 上获取一份 Lorikeet 应用代码：

```
git clone git://github.com:/paulbjensen/cross-platform-desktop-
applications/chapter-04/lorikeet-nwjs
```

现在，安装依赖的模块，并且准备构建该应用的 Windows 可执行文件：

```
cd lorikeet-nwjs
npm install
```

我们从将 Lorikeet 文件夹中的内容创建为一个 zip 文件开始。这在 Windows 系统中很容易就能做到，选择文件夹中所有的内容并选择 Send to > Compressed（zipped）folder 命令，如图 18.1 所示。

接下来，将该 zip 文件命名为 package.nw，而不是以 .zip 为后缀。你会看到一个对话框询问你是否要这样做，会警告你文件可能会变得不可用。单击对话框中的 Yes 按钮，如图 18.2 所示。

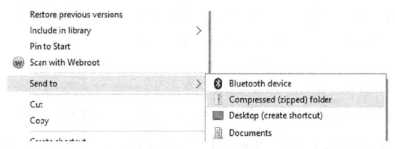

图 18.1 将 Lorikeet 文件夹中的内容创建为一个 zip 文件。确保你是为 Lorikeet 文件夹中的内容创建了一个 zip 文件，而不是 Lorikeet 文件夹本身

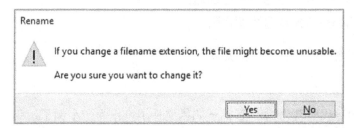

图 18.2 将 zip 文件重命名为 package.nw，这样应用可以被正确地打包成 Windows 可执行文件

现在你需要将 NW.exe 文件和 package.nw 文件整合起来。假设你的计算机中已全局安装好了 NW.js（通过运行 `npm install -g nw`），将 package.nw 文件复制到和 nw.exe 文件同一个文件夹中（以下是在我的计算机中的操作）：

```
C:\Users\paulb_000\AppData\Roaming\npm\node_modules\nw\nwjs\nw.exe
```

将 package.nw 应用复制到和 nw.exe 文件同一个文件夹下，然后运行如下命令来生成 exe 文件：

```
copy /b nw.exe+package.nw lorikeet.exe
```

这会生成一个独立的 lorikeet.exe 文件，你可以将其放到另外一台 Windows 计算机中正常打开使用。以上就是如何将 NW.js 应用制作成一个 Windows 系统的可执行文件的过程。

接下来会为大家介绍如何为一个 Electron 应用创建 Windows 可执行文件。

18.1.4　为一个 Electron 应用创建 Windows 系统的可执行文件

在 Electron 中为应用创建 Windows 系统的独立执行文件和在 NW.js 中类似。首先需要的就是 Electron 版应用的代码。你可以从 GitHub 仓库中获取一个示例应用：https://github.com/paulbjensen/cross-platform-desktop-applications。

从第 1 章中获取 Hello World Electron 版的应用，并将其转化为一个独立的可执行的 .exe 文件。获取应用源代码后，你需要安装一个名为 asar 的 Electron 工具库。asar 是一个工具，它可以将你的应用打包成一个 asar 归档文件，它能解决如下问题：

- 它能让长的文件路径变得更短，这样就不会有 Windows 系统中对文件路径的 256 个字符的限制问题了。
- 它会对 Node.js 的 `require` 函数进行一些加速。
- 它不会将应用的代码暴露给想要看到源代码的人。

首先，在命令行应用中通过如下命令来安装 asar：

```
npm install -g asar
```

现在，你可以将应用的源代码转化为一个 asar 归档文件了。作为一个例子，我们用 Hello World Electron 版应用的源代码并将其转化为一个 asar 归档文件。`cd` 到包含应用的文件夹，然后在命令提示符 / 终端应用中运行 asar 归档命令：

```
cd cross-platform-desktop-applications/chapter-01
asar pack hello-world-electron app.asar
```

第二条指令会生成一个 app.asar 文件，该文件包含 hello-world-electron 目录中的内容。这之后，你需要将 app.asar 文件和 Electron 应用整合起来。

从 Electron 的 GitHub 仓库获取一份构建好的二进制文件，https://github.com/electron/electron/releases。下载和操作系统以及 CPU 版本对应的文件，在本例中是 v1.4.15-win32-x64.zip，在 http://mng.bz/yH23。

解压该文件，会得到一个名为 electron-v1.4.15-win32-x64 的文件夹。该文件夹包含另外一个名为 resources 的文件夹。将 app.asar 文件放到 resources 文件夹中。然后，进入其上级目录中，双击 electron.exe 文件来运行该应用。随后你就能看到如图 18.3 所示的界面了。

图 18.3 作为独立的可执行文件运行的 Hello World 应用。注意，Windows 应用没有默认的菜单栏，它在从命令行启动 Electron 的时候会显示，并且 Electron 的图标会显示在任务栏中

还不错，不过你可能需要将 electron.exe 文件重命名为匹配你的应用的名字（比如，hello-world.exe），并且把应用图标也改了。要修改应用图标，可以使用一个名为 rcedit 的工具（一个命令行的资源编辑工具）。在命令行中通过 npm 来安装 rcedit：

```
npm install -g rcedit
```

现在就可以编辑图标以及应用的版本号了。考虑到你已经有了 ico 格式的应用图标，你可以在命令行应用中运行如下命令来修改 electron.exe 文件使用的应用图标：

```
rcedit electron.exe --set-icon "my-app-icon.ico"
```

使用 rcedit，可以给你的应用专属的风格。

还有其他能够帮忙打包的工具吗？ 有，在 Electron 中有一个很棒的工具叫 electron-packager，可以通过 npm 安装它。它可以让你为 Electron 应用创建针对 Windows、Mac OS 和 Linux 的构建包。和 NW.js 的 nw-builder 库类似，完整的 API 详细信息以及它能做什么，可以从这里找到：www.npmjs.com/package/electron-packager。

以上就是如何在 Windows 系统中创建独立的可执行应用的方法，但是如果你要为 Windows 应用创建启动安装器，要怎么做呢？好吧，好消息是——你可以。接下来就介绍怎么做。

18.2　为 Windows 的应用创建启动安装器

尽管有了 Windows 独立的可执行文件已经不错了，但是大部分 Windows 用户习惯于通过启动安装器来安装应用。启动安装器负责将应用以及内容放到用户计算机中正确的地方，同时还会确保为应用添加桌面和开始菜单快捷键。通过双击 setup. exe 文件来启动安装器并且在过程中通过单击来确保应用正确安装以及拥有正确的用户权限。

怎样在 NW.js 和 Electron 中制作启动安装器呢？

18.2.1　使用 NW.js 创建 Windows 系统启动安装器

要为一个独立的 NW.js 应用创建 Windows 启动安装器有点难，但好消息是可以做到。下面是一些可以用来创建 Windows 启动安装器的工具：

- Nullsoft 的 NSIS
- Inno Setup
- WinRAR

我会给你介绍如何使用 Inno Setup 来创建 Windows 安装器。我发现它工作得相当好，而且也不难用。软件在这里可以找到：www.jrsoftware.org/isinfo.php。访问该网站并下载对应的 Windows 应用。

在你的 Windows 中安装好 Inno Setup 后，就可以开始为你的应用创建 Windows 安装器了。在你的计算机中运行 Inno Setup，就能看到如图 18.4 所示的界面。

在 Inno Setup 的欢迎对话框中，New File 部分显示了两个选项：

- 创建一个新的空脚本文件。
- 使用脚本向导创建新的脚本文件。

对于新用户而言，最好选择第二个选项。选择第二个选项并单击 OK 按钮，你可以看到 Inno Setup 的脚本向导对话框，如图 18.5 所示。

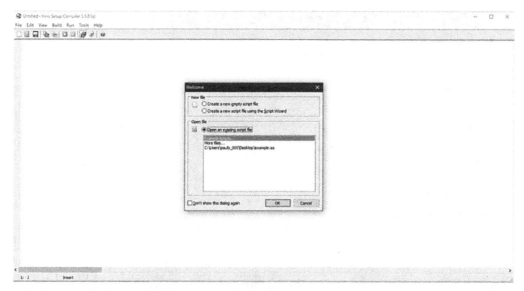

图 18.4　Inno Setup 的初始界面

图 18.5　Inno Setup 脚本向导

　　单击 Next 按钮进入应用信息界面。这里，你可以提供应用的信息，如：名字、版本号、应用发布者名字以及应用的网站，如图 18.6 所示。

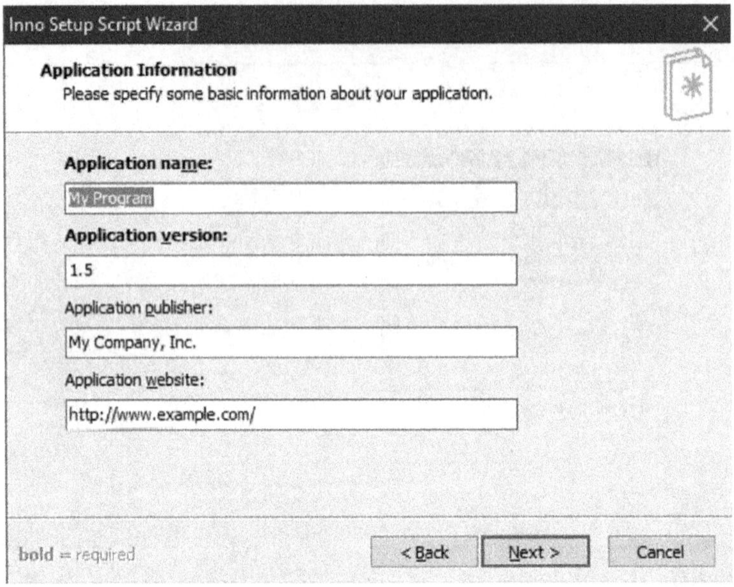

图 18.6　脚本向导中的应用信息界面

　　填写你的应用信息，并单击 Next 按钮进入应用文件夹界面。这里，你要填写应用文件夹名字以及默认要将它安装到什么地方（通常是 C 盘的 Program Files 文件夹）。你将能看到如图 18.7 所示的界面。

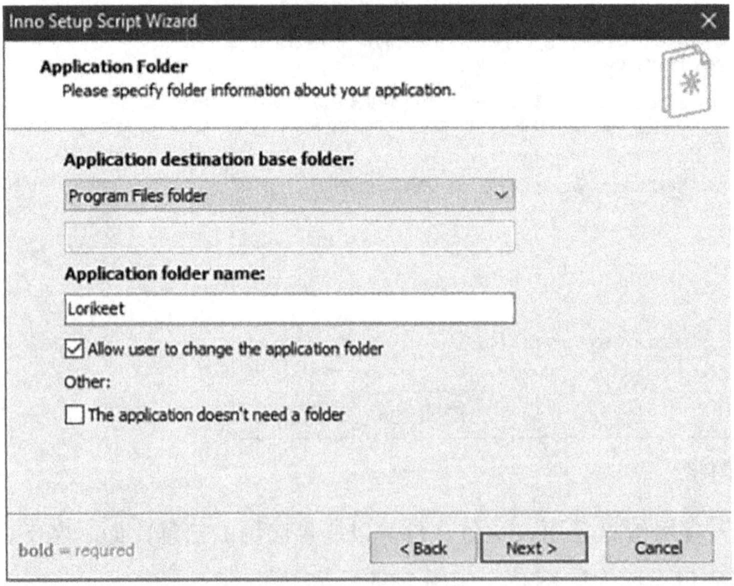

图 18.7　设置向导中的应用文件夹选择界面

我决定用 Windows 版的 Lorikeet 应用，并把文件夹取名为 Lorikeet。还可以配置应用是否需要在 Program Files 中建立文件夹，以及是否允许用户在安装应用的时候修改文件夹的名字。

填好了文件夹的名字后，单击 Next 按钮进入下一个界面，本例中是如图 18.8 所示的界面。这里要填写你构建的 NW.js 应用的文件，这样设置向导才能将它编译进 Inno Setup 要创建的 setup.exe 文件。

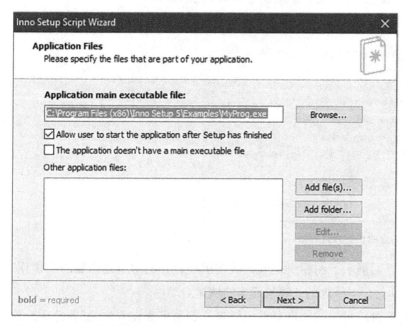

图 18.8　设置向导中的应用文件界面

图 18.8 所示的对话框显示了以下几个选项：

- 应用的主执行文件。
- 是否允许用户在安装完后立即运行应用。
- 是否要将其他文件和文件夹安装进启动安装器中。

第一个和第三个选项是最重要的，因为要你添加文件 / 文件夹到你的 NW.js Windows 应用中。如果你的 Windows 应用是一个简单的可执行文件，你可以选择 .exe 文件将其包含到启动安装器中。但是，若你是通过 nw-builder 构建的 Windows 应用的话，会发现 Windows 应用中有很多文件，你需要通过添加包含这些文件的文件夹来将其添加到安装器中。

　　　添加了应用的主文件（以及其他文件）后，单击 Next 按钮进入设置向导的下一个界面，即如图 18.9 所示的应用快捷方式界面。

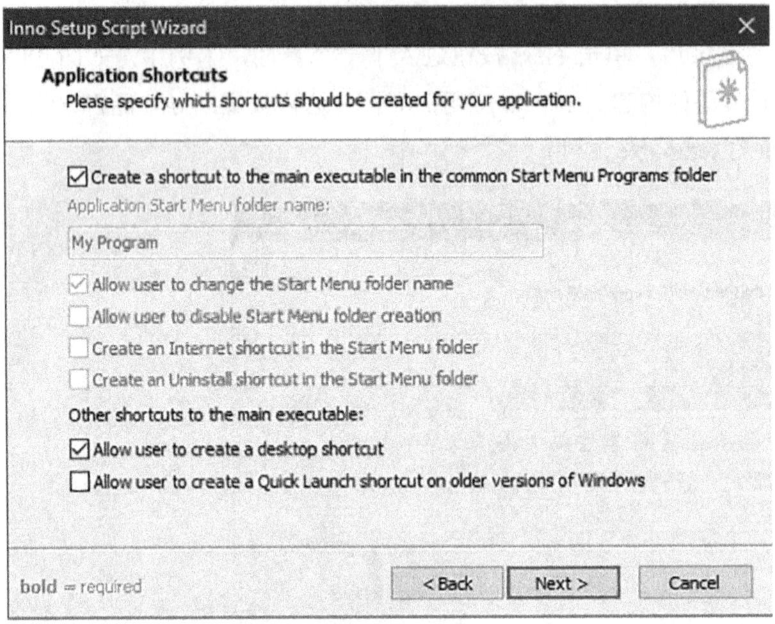

图 18.9　设置向导中的应用快捷方式界面

　　　应用快捷方式界面展示了图标快捷方式放在用户计算机中不同位置的配置项，如，开始菜单、桌面甚至对于老的计算机而言的快速启动栏。

　　　这里用默认的配置就可以（你也可以根据自己的喜好来设置）。配置好后，单击 Next 按钮进入下一个界面。向导显示了用户在安装应用时会看到的许可证信息的配置项，如图 18.10 所示。

　　　这里你不必填写任何信息，但推荐在应用中包含软件许可证信息。可以在用户使用前显示许可证信息，也可以在软件安装前（或者之后）随着发布信息以及其他信息一同显示。

　　　填完后，单击 Next 按钮，在下一个界面中能看到你希望启动安装器支持的语言，如图 18.11 所示。

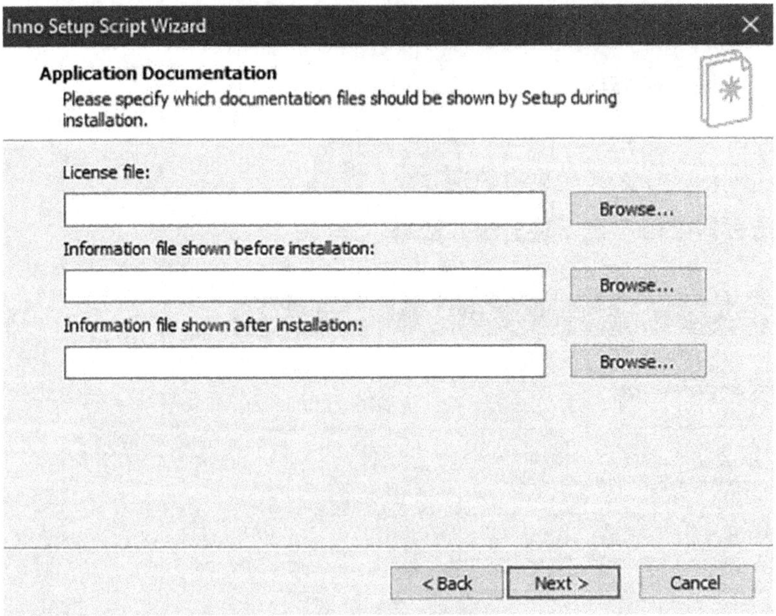

图 18.10 设置向导中的应用许可证信息配置项

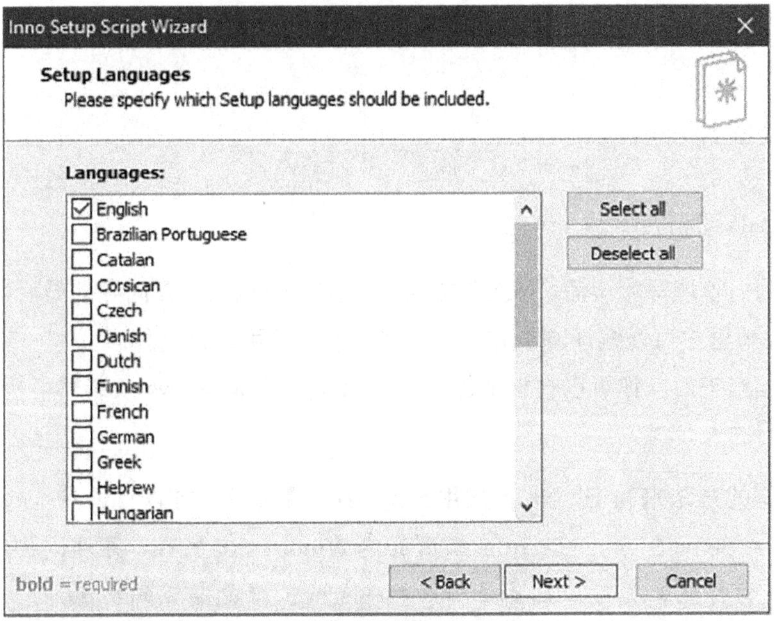

图 18.11 设置向导中的语言设置界面

选择好语言后，单击 Next 按钮会看到编译器设置界面，如图 18.12 所示。在那里你可以配置如下信息：

- setup.exe 文件要保存在哪里。
- 启动安装器的名字叫什么。
- 启动安装器的图标是什么（如果有的话）。
- 启动安装器是否需要用户在安装前输入密码。

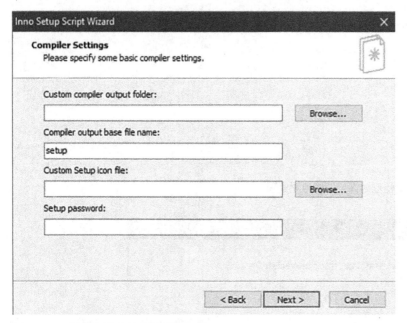

图 18.12　设置向导中的编译器设置界面

这个界面显示的内容填写完毕后，再次单击 Next 按钮，一直到设置向导的最后，如图 18.13 所示，在那里你可以编译脚本并创建安装启动器的可执行文件。

安装启动器创建完毕后，你可以将该文件分发给想要通过 Windows 安装器可执行文件来安装你应用的人。

　　我能用同样的方法来为 Electron 应用创建 .exe 文件吗？可以！没有理由不能用 Inno Setup 5 来为 Electron 应用创建 Windows 安装器。另外，Electron 有大量的打包工具可以让你使用一些 Electron 中更高级的功能，如通过 Electron 的 Squirrel 框架来自动更新应用。

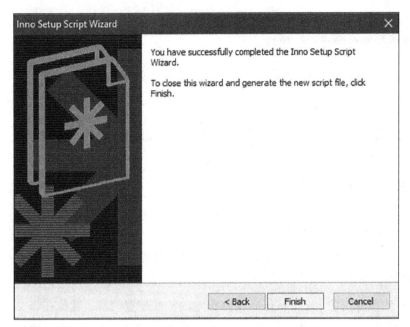

图 18.13 当完成脚本向导后应当能看到这最后一个界面

以上介绍了很多关于如何为一个 NW.js 应用创建 Windows 启动安装器的内容。对于 Electron 而言，方法不一样但更加简单，我们将在接下来的部分中进行介绍。

18.2.2 使用 Electron 创建 Windows 系统启动安装器

Electron 提供了多种方法来为 Electron 应用创建 Windows 启动安装器。通过在 Google 中搜索能查到一些方法和要安装的代码库。下面是一些代码库可用于帮助构建 Windows 安装器：

- Grunt-Electron-Installer
- Electron-installer-squirrel-windows
- electron-packager
- electron-builder

我会介绍其中一个，npm 模块 electron-builder。它不仅可以用来针对多个平台构建 Electron 应用，还会处理一些平台相关的问题：

- 打包你的应用，使得它支持应用更新。
- 可以对代码进行签名，符合 Mac 和 Windows 应用商店的安全要求。

- 对构建的应用进行版本管理。
- 为每个操作系统平台编译原生模块。

要安装 electron-builder，通过命令提示符 / 终端应用运行如下命令：

```
npm install -g electron-builder
```

这会在你的计算机中以全局 npm 模块来安装 electron-builder。现在，我们介绍一个例子，用它来为一个 Electron 应用生成 Windows 安装器。

首先，从 GitHub 获取 Hello World Electron 版应用代码：

```
git clone https://github.com/paulbjensen/book-examples.git
cd book-examples/chapter-18/hello-world-electron
```

这个 Electron 应用将会使用 electron-builder 来打包，这样你就能创建一个可以有 Windows 安装器的应用了。

electron-builder 依赖应用中 package.json 文件指定的构建配置信息，就像在该文件中配置 NW.js 和 Electron 应用的样式一样。electron-builder 要求 package.json 文件中有以下字段：

- name
- description
- version
- author

以下是一个例子，看看这些字段长什么样子：

```
{
  "name": "hello-world",
  "description":"A hello world Electron application",
  "version": "1.0.0",
  "author" : "Paul Jensen <paul@anephenix.com>"
}
```

在 Hello World Electron 版应用的 package.json 文件中，没有 description 和 author 字段。将它们添加到 package.json 文件中（改成你喜欢的）。下一步就是在 package.json 文件中添加关于要使用的 Windows 图标这样的构建配置信息。

为应用指定 Windows 的 .ico 文件的时候，你需要提供一个公网可以访问的文件 URL，不可以是本地文件。你可以将文件放到以下几个地方：

- 托管在 Amazon S3 的文件。
- 托管在 Dropbox 文件夹中的文件。
- 放在一个公共 GitHub 仓库中的文件。

不管你选择将文件托管在哪里，确保任何人都可以访问到它（可以在运行在隐私模式下的 Web 浏览器中进行测试）。这里是你可以使用的 .ico 文件的 URL：https://github.com/paulbjensen/lorikeet/raw/master/icon.ico。

在应用的 package.json 文件中，添加如下代码：

```
{
  "build": {
    "iconUrl":" https://github.com/paulbjensen/lorikeet/raw/master/icon.ico"
  }
}
```

确保在应用的 build 文件夹中有这个图标文件。然后，添加以下脚本命令到 package.json 文件中：

```
"scripts": {
  "pack": "build",
  "dist": "build"
}
```

这些脚本文件可以通过在命令行中执行 npm run 来运行。最后，你需要将 Electron 作为开发时的依赖进行安装。可以通过运行如下命令来实现：

```
npm i electron -save-dev
```

如果你在命令行提示符中运行 npm run pack，就能在新创建的 dist 文件夹中看到打包出来的可执行文件。浏览 dist 文件夹，你会发现 Electron 应用根据不同的处理器架构（ia32 以及 x86-64）被转变成了对应的 .exe 文件。

目前，electron-builder 封装了另外一个负责将 Electron 应用构建为 Windows 安装器的 npm 模块。这个模块名叫 electron-windows-installer，文档在这里：https://github.com/electronjs/windows-installer#usage。

如果你将 package.json 文件中的 name 字段的值改为 hello，并运行 npm run dist，electron-builder 会为应用创建如下 Windows 平台的安装器文件：

- 一个可以通过 NuGet 包管理安装应用的 nupkg 文件。

- 一个 .exe 文件。
- 一个名为 setup.msi 的微软启动安装器（.msi）文件。

有了这些文件，通过一个文件就能在其他计算机中安装应用了。

以上介绍了如何为 Electron 应用创建 Windows 启动安装器。现在，我们来看看如何能够为 Mac OS 应用创建应用的可执行文件。

18.3　为 Mac OS 创建 NW.js 应用的可执行文件

要做这件事情有几种方法，不过目前最简单的方法是使用 nw-builder 来创建可执行文件，以及另外一个叫 appdmg 的 npm 模块来将该可执行文件封装为一个可以很容易在 Mac 上安装的 .dmg 文件。

我会先介绍 nw-builder 是如何工作的，然后再使用 appdmg 将一个应用可执行文件转化为 .dmg 文件。

18.3.1　创建 Mac 可执行应用

nw-builder 工具可针对不同的操作系统平台为你的 NW.js 应用创建对应的可执行文件。如果你还没有安装 nw-builder，可以在命令行中运行如下命令：

```
npm install -g nw-builder
```

现在，你可以使用 nw-builder 来构建一个 Mac 可执行应用了。找一个你想要为此构建可执行文件的 NW.js 应用。我会使用在本书此前内容中构建的 Lorikeet 应用，来为其构建可执行文件。

有了应用代码后，你可以使用 nw-builder 并通过命令行指令传递一系列参数。假设你已经将 Lorikeet 应用的源代码下载到你的计算机中了。cd 到应用目录，然后运行如下命令来生成应用的 Mac OS 可执行文件。

```
nwbuild lorikeet-nwjs -p osx64
```

第一条命令是进入 Lorikeet 源代码所在的目录，第二条命令是构建一个 Mac OS 64 位版本的应用。命令执行完毕后，你会得到一个新的 build 文件夹。在 build 文件夹中，有另外一个名为 lorikeet 的文件夹，在该文件夹中有 64 位的构建包，其中包含了可执行的应用。

下一步就是将这些可执行的应用构建包转化为 .dmg 文件，这是可视化的安装器，会让安装苹果 Mac 软件更简单。这个时候就该 appdmg 出场了。

要安装 appdmg，在终端应用中运行如下命令：

```
npm install -g appdmg
```

运行上述命令会将 appdmg 以全局的 npm 模块进行安装。这意味着，你可以用它来为你所有的 NW.js 和 Electron 应用的 Mac OS 构建包创建 .dmg 文件。

要使用 appdmg，在命令行中传递两个参数，就像下面这样：

```
appdmg <json-path> <dmg-path>
```

第一个参数是传递给 appdmg 命令一个 JSON 文件，其中包含 appdmg 的配置信息。第二个参数是你要存放创建出来的 .dmg 文件的路径。

JSON 文件包含了 appdmg 的配置信息，你可以为这个文件取任何名字。我将其名字取为 app.json。代码清单 18.1 所示的是一个你可能会用于 Lorikeet 应用的示例 app.json 文件。

代码清单 18.1 用于 appdmg 镜像创建器的 app.json 文件

```
                                              显示在           当挂载应用的时
                                              视窗中           候，要显示的图        在启动安装器视窗
                                              的标题           标的相对路径        中显示的背景
         {
             "title": "Lorikeet",        ◄──
             "icon": "icon.icns",             ◄──
             "background": "background.png",              ◄──
在启动
安装器 ──► "icon-size": 80,
视窗中       "contents": [
显示的         { "x": 448, "y": 220, "type": "link", "path": "/Applications" },  ◄──
图标尺         { "x": 192, "y": 220, "type": "file", "path":
寸          "build/lorikeet/osx64/lorikeet.app" }
                                                           在启动安装器视窗中显示的文件
             ]
         }
```

在 app.json 文件中设置好配置后，你可以在 Mac OS 计算机中运行 appdmg 命令，就像下面这样：

```
appdmg app.json ~/Desktop/lorikeet.dmg
```

运行完这个命令后，创建出来的 .dmg 文件会放在你的桌面文件夹中，因此在桌面上就能看到了。终端输出的结果如图 18.14 所示。

完成了这个操作后，你的桌面上就会有一个 .dmg 文件，双击打开它，能看到如图 18.15 所示的样子。

```
●○○                    lorikeet — -bash — 91×26
Pauls-MBP:lorikeet pauljensen$ appdmg app.json ~/Desktop/lorikeet.dmg
[ 1/20] Looking for target...              [[object Object]]
[ 2/20] Reading JSON Specification...      [[object Object]]
[ 3/20] Parsing JSON Specification...      [[object Object]]
[[ 4/20] Validating JSON Specification...  [[object Object]]            ]
[ 5/20] Looking for files...               [[object Object]]
[ 6/20] Calculating size of image...       [[object Object]]
[ 7/20] Creating temporary image...        [[object Object]]
[ 8/20] Mounting temporary image...        [[object Object]]
[ 9/20] Making hidden background folder... [[object Object]]
[10/20] Copying background...              [[object Object]]
[11/20] Reading background dimensions...   [[object Object]]
[12/20] Copying icon...                    [[object Object]]
[13/20] Setting icon...                    [[object Object]]
[14/20] Creating links...                  [[object Object]]
[15/20] Copying files...                   [[object Object]]
[16/20] Making all the visuals...          [[object Object]]
[17/20] Blessing image...                  [[object Object]]
[18/20] Unmounting temporary image...      [[object Object]]
[19/20] Finalizing image...                [[object Object]]
[20/20] Removing temporary image...        [[object Object]]

[object Object]
/Users/pauljensen/Desktop/lorikeet.dmg
Pauls-MBP:lorikeet pauljensen$
```

图 18.14　运行在 Mac OS 上的 appdmg。如果一切顺利，你就能看到显示出用于创建 .dmg 文件的一系列任务列表，显示颜色为绿色

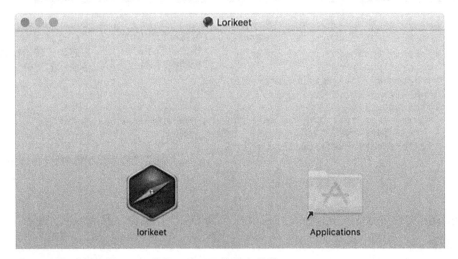

图 18.15　运行中的 .dmg 文件，显示了应用安装器

在图 18.15 中，你能看到 .dmg 文件中的应用安装器视窗，在那里，你可以将 Lorikeet 应用拖曳到 Applications 文件夹来将其安装到你的计算机中。

以上就是如何为 Mac OS 创建独立的 NW.js 应用以及将它打包成更容易在用户计算机中安装的 .dmg 文件的方法。接下来将介绍如何为 Electron 应用实现同样的事情。

18.3.2　为 Mac OS 创建 Electron 应用的可执行文件

Electron 提供了一些 npm 模块用来创建 Mac OS 可执行文件，包括此前提到过的 electron-builder。你可以使用 electron-builder 模块，因为它提供了很好的用户体验来创建 Electron 应用打包过的构建包。

首先，获取 Electron 版 Hello World 应用来创建 Mac 的 .dmg 文件。下载好应用源代码后，cd 进入包含应用的目录，然后在终端运行如下命令来将 electron-builder 作为开发时的依赖进行安装：

```
npm i electron-builder --save-dev
```

在你的应用中将 electron-builder 作为开发时的依赖安装好后，看一下应用中的 package.json 文件，确保它包含了以下字段：

- name
- version
- author
- description

在 package.json 文件中填入以上字段后，接下来要做的就是在 package.json 文件中添加构建配置信息，如代码清单 18.2 所示。

代码清单 18.2　在 package.json 文件中添加构建配置信息

```
{
  "name": "hello-world",
  "version": "0.0.1",
  "main": "main.js",
  "description":"A hello world application for Electron",
  "author": "Paul Jensen <paul@anephenix.com>",
  "scripts": {                                    ←  添加脚本来处理.app
    "pack": "node_modules/.bin/build",               和.dmg文件的创建
    "dist": "node_modules/.bin/build"
  },
  "build": {                          ←  在这里添加构
    "mac": {                             建配置信息
      "title": "Hello World",
      "icon": "icon.icns",
      "background": "background.png",
      "icon-size": 80,
      "contents": [
        {
          "x": 448,
```

```
        "y": 220,
        "type": "link",
        "path": "/Applications"
      },
      {
        "x": 192,
        "y": 220,
        "type": "file",
        "path": "dist/hello-world-darwin-x64/hello-world.app"
      }
    ]
  }
},
"devDependencies": {
  "electron-builder": "^13.5.0",
  "electron ": "1.4.15"
}
}
```

如果你仔细观察 package.json 文件，会发现 build 属性看起来和使用 appdmg 为 NW.js 应用创建 .dmg 文件时候的配置信息十分相似。这是因为 electron-builder 底层就使用了 appdmg，并且会将这些配置信息传递给它，而不需要再另外通过一个单独的 JSON 文件。

有了这些脚本后，接下来要确保你的应用有以下图片资源：

- 一个用于应用图标的 icon.icns 文件。
- 一个用在应用安装器中显示的 background.png 图片。

在应用的源代码中有了上述提到的内容后，你就可以运行 npm 命令来生成 .app 和 .dmg 文件了。在终端，运行如下命令：

```
npm run pack && npm run dist
```

上述代码使用了 UNIX 的 && 操作符来按次序运行这两条命令。第一条命令（npm run pack）完成后，它会触发第二条命令（npm run dist）。npm run pack 会创建一个独立的可执行 .app 文件，其中包含所有的应用源代码，npm run dist 会做如下事情：

- 创建一个用户可以用来在计算机中安装的 .dmg 文件。
- 创建一个 mac.zip 文件，支持通过 Squirrel 自动更新。

第一个文件用来给新用户安装你的应用。zip 文件是给已经在用你应用的用户，它是一个包，提供了自动更新功能。当你运行 .dmg 文件时，能看到如图 18.16 所示的界面。

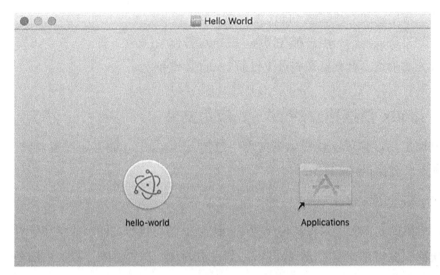

图 18.16　Hello World Electron 版应用的 .dmg 安装器

以上展示了如何使用一些工具来为 Mac OS 创建启动安装器。重点内容是，appdmg 是一个很棒的用来创建 .dmg 文件的工具，不过，当为 Electron 应用创建 .dmg 文件的时候，你有一个更好的选择：electron-builder，它会帮你处理更多的事情。

下一节我们会介绍如何为 Linux 创建独立的可执行文件。

18.4　为 Linux 创建可执行应用

当为 Linux 创建应用的可执行文件时，要注意有很多种 Linux 发行版，有些比较常见和流行（首先想到的就是 Linux Mint、Ubuntu、Fedora 以及 openSUSE），有些则是较小众的发行版。要为 Linux 发行版安装软件，有一些不同的包管理工具：

- Yum（用于 RedHat、Fedora 以及 CentOS）
- YaST（用于 OpenSUSE）
- Synaptic（用于 Ubuntu、Linux Mint）

你总是可以将你的软件做成 tarball 包并让 Linux 用户运行 make 和 make install 命令在他们的计算机中安装，不过并非所有的 Linux 用户都知道如何操作，而且

Linux 已经进军到各个领域，包括教育以及当地政府。为了更好地支持 Linux 用户，
需要做如下事情：

- 确定你的应用框架支持哪些 Linux 发行版。
- 找到（如果可以的话）用户都在用哪些 Linux 操作系统。
- 如果你无法确定，就支持那些最流行的 Linux 操作系统。

18.4.1　为 Linux 创建独立的 NW.js 应用文件

对于 NW.js 应用，你可以使用本书前面用过的 nw-builder。如果还没有安装，
就运行如下命令来安装 nw-builder：

```
npm install -g nw-builder
```

接下来，你需要一个应用来将其转化成 Linux 独立的可执行文件，并使用针对
该 Linux 系统的配置信息来运行 nw-builder。到目前为止，在本章中，我们用的是
Lorikeet 应用，不过，为了增加一些新鲜感，现在我们用另外一个本书前面构建过
的应用，名为 Cirrus 的所见即所得应用。

从 GitHub 获取应用代码：https://github.com/paulbjensen/cirrus/archive/master.zip。
下载 zip 文件后，将它解压到一个文件夹中，cd 到该文件夹，并运行如下命令来安
装软件依赖：

```
npm install
```

现在，你可以使用 nw-builder 来构建 Linux 独立的可执行文件了。在终端应用中，
运行如下命令来为 Linux 构建 32 位和 64 位版本的应用：

```
nwbuild cirrus -p linux32,linux64
```

上述命令会创建应用的两个构建包——一个是为 32 位架构的，另外一个是为
64 位架构的。nw-builder 完成包构建后，会出现一个 build 文件夹。该文件夹中包含
另外一个以软件名字为名（本例中是 Cirrus）的文件夹，这个文件夹中有两个文件夹：
linux32 和 linux64。这些文件夹中有你此前指定的不同的应用构建包。

构建好后，你就可以用产生的文件在 Linux 中运行了，如图 18.17 所示。

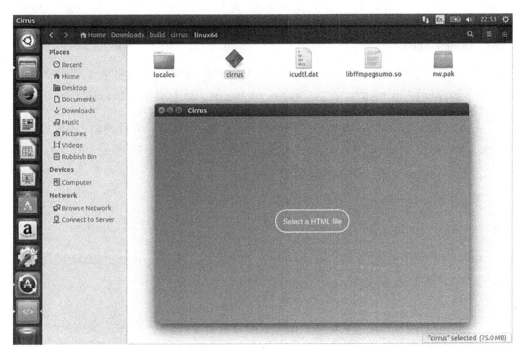

图 18.17 运行在 Ubuntu Linux 14.04 LTS 上的 Cirrus 应用。屏幕前面就是运行中的 Cirrus、后面是该应用包含的文件。你可能还注意到了左下角的应用图标

这个软件目前包含如下这些文件：

- cirrus（一个二进制的可执行文件，名字和应用名字一样）
- icudtl.bat（NW.js 需要的一个二进制数据文件）
- libffmpegsumo.so（一个 Chromium 用于支持多媒体的文件）
- locales 文件夹（一个包含针对不同国家做了本地化的文件）
- nw.pak（NW.js 需要的文件）

要将这些文件打包成 RPM、Yum、Apt 以及 dpkg 包的话，需要将它们都添加进去，并将二进制可执行文件的名字命名为和应用主执行文件一样的名字。

以上介绍了针对 NW.js 项目的情况，那么 Electron 呢？

18.4.2 为 Linux 创建独立的 Electron 应用文件

Electron 中有一些工具可以用来将 Electron 应用构建为一个独立的 Linux 可执行文件：

- Grunt-build-atom-shell（grunt 插件：https://github.com/paulcbetts/grunt-build-atom-shell）
- electron-packager（npm 模块：www.npmjs.com/package/electron-packager）
- electron-builder（npm 模块：https://github.com/electron-userland/electron-builder）

本章前面部分已经用 electron-builder 构建了 Mac OS 和 Windows 的构建包，这次我们用 electron-packager。electron-packager 在 GitHub 上属于 Electron-userland 组织，主要由一些来自 Electron 社区的贡献者维护。

将 electron-packager 作为全局依赖安装到你的计算机中：

```
npm install -g electron-packager
```

cd 到应用源代码所在的位置（本例中，你将使用 Hello World Electron 应用作为例子），然后运行 electron-packager 命令：

```
cd hello-world-electron
electron-packager FULL_PATH_TO/hello-world-electron --name=hello-world
--platform=linux --arch=x64 --version=1.4.15
```

上述命令会将 hello-world-electron 目录中的源代码转化为一个名为 hello-world 的采用 Electron 版本 1.4.15 的应用，并针对 64 位 x86 架构的 Linux 平台构建该应用。

上述命令执行完成后，你会看到一个名为 hello-world-linux-x64 的新文件夹。在该文件夹中，包含如下文件：

- content_shell.pak（Electron 需要的文件）
- hello-world（以应用名为名的二进制可执行文件）
- icudtl.dat（Electron 需要的二进制数据文件）
- libffmpeg.so（Chromium 用于支持多媒体的文件）
- libnode.so（Electron 需要的文件）
- LICENSE（一个文本文件，包含了软件许可证）
- LICENSES.chromium.html（一个 HTML 文件，包含了 Chromium 中用到的软件许可证，Chromium 是 Electron 用的开源版的 Chrome）
- locales 文件夹（包含了针对不同国家做了本地化文件的文件夹）
- natives_blob.bin（Electron 需要的文件）
- resources 文件夹（包含了应用源代码的文件夹）

- snapshot_blob.bin（Electron 需要的文件）
- version（一个文本文件，包含了软件的版本号）

当你在安装了 Linux 的机器上（假设一台运行了 Ubuntu 14.04 的机器）运行应用以及它的文件时，会看到如图 18.18 所示的内容。

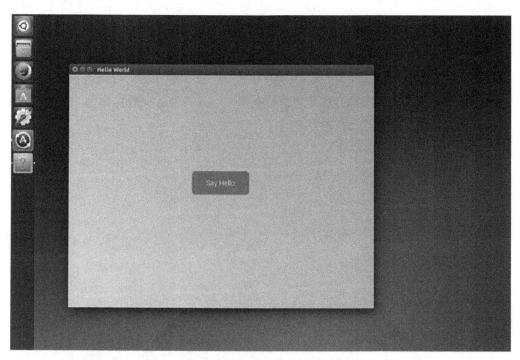

图 18.18　作为独立在 Ubuntu 上运行的 Hello World Electron 版应用

以上展示了如何使用 electron-packager 将一个 Electron 应用打包成一个在 Linux 中独立可执行的文件。NW.js 和 Electron 都可以做这件事情意味着，在选择桌面应用开发框架的时候你的选择将更加灵活。不过，要留意的是，当选择了 Electron 并要支持 Windows 系统的话：如果要支持 Windows XP（在中国还有一定量的用户在用），Electron 是无法支持的。

18.5　小结

本章我们介绍了针对不同操作系统构建 NW.js 和 Electron 应用的不同方法。根据用户使用的操作系统，你需要花时间对你要支持的平台进行开发。能够用像 nw-builder、electron-builder 以及 electron-packager 这样的工具为你的应用构建 Windows 和 Mac OS 可执行文件可以为你节约大量打包应用的时间——花更多的时间在应用的功能开发上。

本章还介绍了如何为应用的可执行文件创建启动安装器，这样用户可以很容易地安装你的应用。你会发现，Inno Setup 5 是一个用来创建启动安装器很棒的工具，而且易于使用，它能帮助你为 Windows 应用创建启动安装器。

对于 Mac OS，appdmg 是可以选择的工具，可用来为 Mac OS 应用创建 .dmg 文件。

这些工具都长期致力于帮助你为用户提供更好的安装体验。注意，目前在 NW.js 和 Electron 领域并没有构建工具可以简化将 Linux 可执行文件构建为 Yum、YaST 以及 Apt 安装包。你得手动处理这部分工作。

附录A 安装 Node.js

安装 Node.js 有多种不同的方法，但最简单的方法是通过访问 https://nodejs.org 并单击顶部导航栏中的下载链接进行安装。你会看到页面中显示了针对不同操作系统的下载选项。如果你运行的是 Windows 或者 Mac OS，那么可以选择下载一个安装器。如果你运行的是 Linux，那么可以选择一个包含源代码的 tarball 文件并对其进行编译或者通过包管理器进行安装。要查看使用 Linux 包管理器安装 Node.js 的方法，可以参见 https://nodejs.org/en/download/package-manager。

使用 nvm 安装多版本的 Node.js 对于使用 Mac OS X 和 Linux 的开发者而言，还有另外一个选择，就是使用 nvm（Node 版本管理器）来安装 Node.js。nvm 可以让你在机器中安装多个版本的 Node.js，并在不同版本之间进行切换。这对于要在更新版的 Node.js 中测试代码非常有用。它还能让你在使用 Node.js 版本的不同 Node.js 项目中使用。要了解更多关于 nvm 的信息，请访问 https://github.com/creationix/nvm。